suhrkamp taschenbuch
wissenschaft 1837

»Zu den Sachen!« Das war die Devise und das Programm der von Edmund Husserl begründeten Phänomenologie. Die Art, wie Hans Blumenberg an sie anknüpft, wird bereits im Titel seines Buches deutlich. Neben und nach der Unmittelbarkeit der Anschauung muß auch die Distanz zu ihrem Recht kommen: der Begriff, das Symbol, die Metapher, alle Formen der Indirektheit und der Delegation. Zu den Themen Blumenbergs, die sich daraus ergeben, gehört das Verhältnis von Tastsinn und Sehsinn, von Aufmerksamkeit und Auffälligkeit, von Reflexion und Reduktion, von Retention und Erinnerung, von Subjektivität und Intersubjektivität. *Zu den Sachen und zurück* erweist sich als eine philosophische Grundlegung für Blumenbergs Projekt einer im Gegenzug zu Heidegger konzipierten genuin phänomenologischen Anthropologie.

Hans Blumenberg (1920-1996) war Professor für Philosophie an der Universität Münster.

Zuletzt erschienen: *Die Verführbarkeit des Philosophen* (2000), *Löwen* (2001), *Ästhetische und metaphorologische Schriften* (stw 1513) und *Beschreibung des Menschen* (2006).

Hans Blumenberg
Zu den Sachen und zurück

Aus dem Nachlaß
herausgegeben
von Manfred Sommer

Suhrkamp

Bibliografische Information der Deutschen Nationalbibliothek
Die Deutsche Nationalbibliothek verzeichnet diese Publikation
in der Deutschen Nationalbibliografie;
detaillierte bibliografische Daten sind im Internet
über http://dnb.d-nb.de abrufbar.

suhrkamp taschenbuch wissenschaft 1837
Erste Auflage 2007

Umschlag nach Entwürfen
von Willy Fleckhaus und Rolf Staudt
Druck: Druckhaus Nomos, Sinzheim
Printed in Germany
ISBN 978-3-518-29437-6

1 2 3 4 5 6 – 12 11 10 09 08 07

Inhalt

Die Nähe ging verträumt umher...
Sie kam nie zu den Dingen selber.

Morgenstern, »Die Nähe«

I

Philosophie ist, worauf man beinahe von selbst gekommen wäre

Philosophie ist, worauf man beinahe von selbst gekommen wäre.

Und das, worauf man beinahe von selbst kommt, sind ›die Sachen‹.

Und das muß so genommen werden, daß die Zugangsweise, die Einstellungsart, bestimmt, was im Sinne dieser ›Sachlichkeit‹ zur ›Sache‹ *wird*: das, wohin und wozu es so wenig ›weit‹ war, daß es dem Sehen zum Anstoß wird, es bis dahin übersehen zu haben. Deshalb ist der lachende Tadel der Thrakerin gegenüber dem milesischen Protophilosophen der Philosophie geblieben, mißverstanden als ihr Äußerliches, verstanden als der jedem ihrer ›Schritte‹ inhärente Vorhalt.

Damit sind nicht nur professionelle Distanzen gemeint. Wenn es im Lebensbericht des ganz unphilosophischen Theodor Fontane »Zwischen Zwanzig und Dreißig« heißt: *Die meisten sehen an der Hauptsache vorbei*, so ist das nicht nur die übliche kulturkritische Nörgelei des Sehgeübten und Vielgewandten *(polytropos)* an der Menge – dann wäre es nur eine billige Arroganz –, sondern es ist die Kurzformel für eine in *allen* Lebensformen vorhandene und durch diese variantenreich bewirkte ›Verfehlung‹ der Anschauung des Wesentlichen.

Denn diese Anschauung als sie selbst ist gar nicht zu haben. Es war Husserls platonisierende Illusion, es *gebe* die Wesensanschauung als eine Besitztum begründende und in diesem immer wieder begründete. Dabei hätte ihn der methodische

Initialgedanke der *freien Variation* darauf stoßen müssen, daß es das gesuchte Endgültige solange nicht gibt, als es keine Einsicht in die Vollendung der *Variation* gibt, also eine Präevidenz für die geforderte Evidenz. Denn wäre man sich der Vollständigkeit der durchlaufenen Varianten nicht sicher, wäre jede neue und nächste Variante virtuell die Korrektur des Endgültigen. Es ist nicht von Falsifikation die Rede, denn die *freie Variation* führt nie zu Hypothesen; sie verschärft tatsächlich den Kern des Wesentlichen – und das im Maße der Beanspruchung ihrer ›Freiheit‹ –, und es ist nicht die Rede vom Widerruf, etwa gar vom vernutzten ›Paradigmawechsel‹. Doch bedeutet der Mangel an jener Präevidenz der vollendeten Variation, daß der Wesenskern die denkbar letzte Stabilität nicht erreicht. Daher gibt es Evidenzen über die jemals erreichte hinaus – und die Pflicht, jede Möglichkeit zur ›Ausschöpfung‹ der Variation zu nutzen. Nur diese Pflicht – keine ›Gegenbeweise‹ – kann den Phänomenologen vorantreiben, und ihn dazu anzutreiben mag die Funktion – oder eine der Funktionen – der gerühmten *Intersubjektivität* sein. Es wird ihm nicht gestattet, sich auf die ›Wesensschau‹ zu berufen, und darin liegt das höhere Recht ihres Verrufs, das sogar den Meister und Schulgründer dazu gebracht hat, sich vom Rechtstitel der ›Schau‹ und ›Wesensschau‹ zurückzuziehen. Das hätte am zwingenden Zusammenhang von Wesensgewinn und freier Variation vorausgesehen werden können. Doch ist damit nichts ausgemacht gegen die Anschauung als das in der Variation ins Spiel Kommende. Sie mag ein Titel der Verlegenheit sein, weil sie einfach mitentscheidet, was nicht zu den ›Sachen‹ gehört: so die ›Ursachen‹, so die ›Konsequenzen‹ aus Prämissen.

Deshalb hat das implizite Postulat der Art von Wissenschaft, die nicht mit Hypothesen arbeitet und nicht zu solchen als ihrem Ertrag kommt, sie müsse dazu führen und darin ihren Erkenntnisgewinn haben, *mehr zu sehen* und *mehr sehen zu lassen*, auch eine *quantitative* Bedeutung seines Komparativs. Denn die *freie Variation* als ihre Methode ist wiederum so frei nicht, wie es der Begründer der ›Reduktion‹ als der Trennung des Faktischen vom Wesentlichen, des Diskurses von der Anschauung, der Welt von ihrem Residuum, erwartet haben mochte und sogar mußte, sollten seine ›Überwindungen‹ so vieler -ismen in Erfüllung gehen. Man muß sich von dieser Überwindungsfinalität trennen, um zu sehen, daß die *freie Variation* wegen der der Phantasie gesetzten Beschränktheit – der Fatalität der Gedankenarmut der Gedankenexperimente wie des dürftigen Reichtums ihrer Anreicherung – auf *Fakten* wegen des Mangels an *Fikten* angewiesen ist und damit die philosophisch so begründungslosen ›positiven Wissenschaften‹ neben der ›reellen‹ Fiktion der Literatur *und* der Kultur in Riten und Mythen ihre wichtigste *Quelle* – fast in einem philologischen Sinn der Textsicherung – sein müssen. Nach der Indienstnahme der Phänomenologie, zumal auf dem Marburger Katheder des Jäger-Kostümierten, für die Polemik gegen ›die Wissenschaften‹ – als bliebe nur die eine und schließlich nicht einmal die, wegen Verwechslungsgefahr – mag das eine herbe Enttäuschung sein. Aber wie sich die Philosophen abgewöhnen mußten, den exakt Erfolgreicheren zu zeigen, wie es zu den ›Bedingungen der Möglichkeit‹ ihrer Erfolge gekommen sei, sie sich nicht bewährten als Beistand bei ›Grundlagenkrisen‹, müssen sie auch auf die Rolle von ›kritischen‹ Schiedsrichtern verzichten.

II

Eine absolute Metapher

Mit Recht wird als tiefe Weisheit bewundert, was als Fragment des Heraklit überliefert ist: man könne nicht zweimal in denselben Fluß steigen. Es ist eine absolute Metapher und darin eine der frühesten Errungenschaften der Philosophie, daß man die Wirklichkeit nicht festhalten könne, weil sie nicht das ist, als was sie uns erscheint. Die bloße Vermutung, der Fluß könne immer derselbe sein, wann man auch in ihn steige, beruht auf dem Anblick, den er dem Zuschauer als ein Stück Landschaft bietet.

Merkwürdig aber ist, daß dieser Spruch niemals weitergedacht worden ist. Tut man es, stößt man auf eine andere Unselbstverständlichkeit, die in der Metapher verborgen ist. Man kann nicht zweimal in denselben Fluß steigen, aber man kehrt an dasselbe Ufer zurück, und dies sogar dann, wenn man sich im Fluß, um mit ihm als demselben wenigstens für eine Zeit eins zu bleiben, hat treiben lassen. Ist man an das Ufer zurückgekehrt, ist es dasselbe, an welcher seiner Stellen auch immer. Da schert es einen nicht mehr, daß es nicht mehr derselbe Fluß ist, in den man ein weiteres Mal steigen würde.

III

Wozu gefragt

Höre ich die Frage *Wozu Philosophie?*, greife ich – einem unweisen Rat des dubiosen Dramatikers Hanns Johst folgend – nach meinem Revolver, um festzustellen, daß ich keinen besitze.

Das ist noch kein Grund, als Pflicht zu akzeptieren, auf jene Frage nach einer Antwort zu suchen, die gefundenenfalls doch niemanden befriedigen würde. Ausgenommen die, die sie ohnehin für überflüssig gehalten hatten.

Es gibt Dinge, die es geben muß, weil es sie gibt. *Wozu Musik?* – käme man sich nicht albern vor, das zu fragen? Aber doch wohl nicht, weil es mehr Leute mit dem erklärten und zahlenden Bedürfnis nach Musik als mit dem nach Philosophie gibt? Sogar die Frage *Wozu Religion?* hat ihre alten Anhänger verloren, weil selbst die bekennenden und praktizierenden Atheisten nicht mehr an die Verlegenheit glauben, die mit jener Frage zu bewirken mal deren durchdachtester Zweck war.

Das ist ein Lehrfall: *Wozu*-Fragen werden nicht mit der Absicht gestellt, scharf- oder tiefsinnige Antworten zu erhalten, als vielmehr dazu, den Adressaten der Frage in Verlegenheit zu versetzen. Bietet nicht einer das Bild der Erbarmungswürdigkeit, der eine Sache mit Hingabe und gar professionell betreibt und nicht einmal sagen kann *Wozu*?

Im Gegenteil, meine ich. Zwar ist, wer die Frage *Wozu Philosophie?* zu beantworten versagt, nicht *deswegen* schon ein Philosoph mit allen Stigmata dieser Disziplin – aber es wird die geringste Sorge dessen, der Philosophie zu irgendeinem Anteil in sein Lebenskonzept aufgenommen hat, sein oder jemals werden, sich diese Frage oder dieser Frage zu stellen. Eine unnötige, wenn nicht ärgerliche Unterbrechung dessen, was man nicht entbehren mag und mit der Gegenfrage verteidigen würde *Wozu auf Philosophie verzichten?* Da sie doch nicht einmal, wie gelegentlich Musik, irgend jemanden stört.

Die problematische Figur im *Wozu?*-Dialog ist der Frager. Er will offenbar kein Stückchen seines Lebens an eine Sache wenden, von der er nicht *vorher* sicher ist, ob sie ihm ›etwas geben‹ wird und, gegebenenfalls, was. Wer nach diesem Schema verfährt, wird sehr viel von dem einen Leben, das er nur hat, daran wenden müssen, um sich ins Bild zu setzen, was er damit denn ›vertretbarerweise‹ anfangen könnte und sollte. Er wird sich daran reiben und aufreiben, das Verschiedene, was zu kennen er doch erst gerechtfertigt wissen will, gegeneinander abzuwägen und daraus seine Lebensportionen zuzuteilen. Es sind die Leute, die zuerst sicher wissen, wieviel Frühsport man treiben muß und was man keinesfalls essen darf – im günstigeren Fall: täglich essen muß. Schon die Beschäftigung mit dem soliden theoretischen Unterbau für diese beiden ›Entscheidungen‹ kostet Aufwand, liefert aber auch das verführerische Muster für die Art und Weise, wie man an andere Entscheidungen heranzugehen hätte – etwa die, ob sich mit Philosophie zu beschäftigen begründbar und, gegebenen Falls, anderen Angeboten von Beschäftigungen vorzuziehen oder gleichzustellen sei. Ich vermute, daß keine der Antworten, die jemals auf die Frage *Wozu Philosophie?* gegeben worden sind, zu einer Lebensanteilentscheidung verholfen haben. Aber ich spreche als Laie: Die Antworten auf die Frage *Wozu Philosophie?* haben mich nie interessiert.

Wenn man in manchen Sachen erst mittendrin steckt, kann man nicht mehr so tun, als stände man noch davor. Allerdings, das Mittendrinstecken erlaubt auch nicht die schöne Nebentätigkeit, sich den Luxus der Frage zu leisten, ob es nicht *noch* frágloser gemacht hätte, in einer anderen Sache mittendrin zu stecken. Das Leben läßt uns diese Parallelschiene nicht, von der aus wir uns und andere ständig als ›Zuschauer‹ begleiten könnten, wie man einen Schulversuch durch eine Begleitstudie auf seine Erfolgsquote überwachen läßt und nicht nach dem ›Schicksal‹ der armen Versuchsschüler fragt, die für den Mißerfolg der an ihnen studierten Theoriepraxis einstehen, fast gleichgültig, ob als Mehrheit oder Minderheit.

Sokrates und Schopenhauer war gemeinsam, daß sie auf die Frage *Wozu Philosophie?* keinesfalls die Antwort zulassen wollten: *Weil man davon leben kann.* Einer, der von Philosophie lebt, muß vorsichtig sein mit der Konfession, er lebe für die Philosophie, gar mit der Pathosformel eines der Großen dieses Jahrhunderts, er hätte ohne Philosophie nicht leben können. Daran muß Zweifel erlaubt sein: Es läßt sich auch ohne Philosophie leben. Der Mensch ist nahezu dadurch definitionsfähig, daß er ohne das meiste leben kann. Mir würde die Stärke der Erklärung bei weitem genügen, jemand möchte *nicht mehr* ohne Philosophie leben. Nur wenn es das gibt und weil es das geben kann, ist die Frage nach dem *Wozu?* der Philosophie lästig: Sie wird von den Falschen an die Falschen gestellt.

Raffinierter, obwohl auch zur Erzeugung von Verlegenheit bestimmt, fällt die Frage den Bedenkenden an: *Ist das noch Philosophie?*, beliebt im innerdisziplinären und interdisziplinären Abtausch. Mit diesem rhetorischen Versatzstück sollte der Adressat fertigwerden, indem er nicht versäumt, die Wichtigkeit der Frage zu bestätigen und sogar noch zu steigern: dem Fragenden anheimzustellen, sie als das Problem zu betrachten, das sich ihm sogleich und zugleich in bezug auf seine Frage stellen müsse. Von woher fragt man, ob etwas *noch* Philosophie sei? Und wohin will man es mit der Frage treiben: in sie hinein oder aus ihr heraus?

Wozu Philosophie? Vielleicht als Test darauf, ob es *schon* oder *noch* Philosophie sei, so zu fragen. Man wird sehen. Und man muß *sehen* wollen – nicht *hören* –, wie der Test ausgeht.

IV

Selbstaufklärung

Voraussetzung der Phänomenologie ist die Trennbarkeit von Existenz und Essenz. Sie soll ermöglichen, daß bei allen Erlebnissen und Gegebenheiten davon abgesehen werden kann, ob es sie faktisch gibt oder nicht; es ist sogar gleichgültig, wenn ein Sachverhalt ausgedacht, fingiert oder variiert ist – ja, dies ist sogar der ›Witz‹ der Methode. Am auffälligsten, sogar anstößigsten wird das bei den Wissenschaften, und es sieht aus, als ob sich da der heftigste Konflikt mit dem Neukantianismus anbahnen sollte. Wenn dieser auch vom ›Faktum der Wissenschaften‹ spricht und nach den Bedingungen ihrer Möglichkeit als *dem* Thema der Philosophie forscht, ist er doch zugleich von seinem historischen Flügel her dazu angehalten, daß der Prozeß wissenschaftlicher Erkenntnis seit Plato (Natorp, 1903) seine strikte Logik und damit im Endergebnis, wie es an der Jahrhundertschwelle erreicht zu sein schien, keine Kontingenz an sich hat. Die Wissenschaft wäre dahin gekommen, wohin sie kraft ihres ›Wesens‹ auf dem Weg gewesen war.

Die Phänomenologie sieht das anders. Zumindest bis sie sich selber in der Schlußphase zu einer teleologischen Geschichtsphilosophie verwandelt. Mit einer Geschichte, die nicht mehr erkennen läßt, wie die ›Reduktion‹ auf sie angewendet werden könnte, da sie das Wesen *als* Faktum geworden ist.

Die Wissenschaften nehmen in den ersten drei Jahrzehnten des Jahrhunderts an der Resistenz gegen die ›Reduktion‹ nicht teil. Jede muß sich befragen lassen, ob sie ihrem ›Wesen‹

genügt, also der Idealität, die ihr von ihrem Gegenstand vorgegeben ist: unverschoben und unverfälscht durch Akzessorien individueller oder geschichtlicher Art, etwa so, wie Galilei sich verkürzte Verfahren und Begriffslässigkeiten erlaubt hatte. Die Phänomenologie ist richtende Instanz. Vor das Tribunal ihrer Methode wird alles gebracht, was sich als Theorie ausgibt.

Nun kommt man da unweigerlich zu dem Einwand, wer denn dieses Verfahren an der Phänomenologie selber vollzieht. Ist sie dazu verpflichtet, sich der ›Reduktion‹ zu unterziehen? Und wenn, wie könnte das stattfinden, da sie nichts über sich anerkennt? Wo liegt die Zuständigkeit für die Phänomenologie *als* Faktum, insofern sie doch auch nach Datum und Urheber kontingent ist: existiert als Produkt einer Situation, die durch eine andere Existenz, die des Psychologismus, bestimmt war.

Ein einziger Satz Husserls macht dem Dilemma ein Ende: *Die Phänomenologie klärt sich selbst auf.* (1907) Mit nur einem Jahrzehnt Abstand folgt auf die Selbstanalyse die Selbstaufklärung – aus Mähren.

V

Der Phänomenologe kann sich nur selbst berichtigen

Das Bewußtsein ist selbstkonstitutiv und selbstrestitutiv. Nur deshalb kann es eine genetische Phänomenologie des Bewußtseins geben: Jede seiner Leistungen gibt Aufschluß über ihr Zustandekommen. Das war schon Kants Einsicht, als er die Urteilstafel zum Leitfaden der Kategorientafel als des Katalogs der synthetischen Handlungen des Verstandes machte und zugleich die Vollständigkeit der Urteilstafel für ausgemacht, wenn nicht sogar beweisbar, annahm. Die Phänomenologie kann auf den Leitfaden der Urteilsformen nicht verzichten, will aber die Erfahrung zur Quelle statt zum Produkt dieser Handlungsarten des Bewußtseins machen. *Wie* das Bewußtsein mit seinen Inhalten verfährt, ist erst die Konsequenz daraus, *daß* es sie hat und als *was* sie ihm gegeben sind.

Das Bewußtsein ist ein zweckmäßiges ›Organ‹ im Hinblick auf die wesentliche Typik seiner Inhalte, die – wenn sie es nicht schon sind – als ›Gegenstände‹ das volle Maß ihrer Selbstdarbietung ausschöpfen. Wenn es nur bei dem bleibt, was es einmal durch Affektion ›aufgefaßt‹ hat, sucht sich das Bewußtsein den Weg zur Gegenständlichkeit. Das besagt die wesentliche Prädikation, es sei *Intentionalität*. Ob es allerdings bei dem bleibt, was es einmal durch Affektion ›aufgefaßt‹ hat, ist Sache der unaufgebbaren Dienstbarkeit des Bewußtseins für das Leben: Jeder seiner intentionalen Prozesse kann unterbrochen, abgebrochen, überlagert und erdrückt werden von einem jeweils anderen, der den stärkeren

Akzent eines wiederum auf seine Weise intentionalen Zusammenhangs trägt: der Selbsterhaltung des Lebewesens, dessen ›Organ‹ dieses Bewußtsein ist und als das es niemals die ›Reinheit‹ einer Wesentlichkeit besitzt, auf die als Regulativ hinzublicken unerläßlich ist, ohne daß sie zur ›transzendentalen‹ Hypostase gemacht werden müßte.

Deshalb ist die These, von der hier auszugehen war, das Bewußtsein sei selbstkonstitutiv und selbstrestitutiv, alles andere als ›idealistisch‹. Vielmehr ist das Bewußtsein so selbstkonstitutiv und selbstrestitutiv wie das Leben selber, in dessen Dienst es steht und aus dessen Dienstbarkeit es einzig zu verstehen ist. Allerdings ließe sich sagen, hinsichtlich der Tüchtigkeit zur Selbstkonstitution und Selbstrestitution ›idealisiere‹ das Bewußtsein das Leben. Als sein letztes Produkt und ›Organ‹ treibt es elementare Lebensleistungen auf die Spitze, zur Reindarstellung, ›übertreibt‹ sie im auszuhaltenden Doppelsinn dieses Wortes. Insofern ist das Urteil – um nur bei diesem ›Repräsentanten‹ der Logik zu bleiben – reine ›Übertreibung‹ (und was mit Urteilen gemacht wird, erst recht). Es artikuliert nicht nur das Resultat des Bewußtseinsprozesses, indem es dieses ›feststellt‹, sondern geht intentional auf das, was ›feststeht‹, auch wenn dies die heraklitische Resignation enthielte, nichts stände fest, alles fließe. Diese Erinnerung liegt nahe, wenn man an den *Strom* als Standardmetapher für das ›Erlebnis‹ des Bewußtseins von sich denkt: Wie erstaunlich, daß Feststehendes in ihm ›zu Stande‹ kommt!

Die Restitutionsfähigkeit des Bewußtseins scheint gegenüber seiner Produktionsfähigkeit sekundär zu sein: Das verneinende Urteil hilft dem bejahenden, sofern es sich nicht zu behaupten vermag, wieder auf, läßt aber seine Verneinung nur als den Ausschluß dieser einen Position aus der Unendlichkeit möglicher bestehen – insofern in Kants Urteilstafel die dritte Stelle bei den Qualitäten die restitutiv entscheidende, jedoch prädikativ unartikulierbare Form – und gibt dem Bewußtsein seinen Zuschlagsspielraum zurück. In der Kategorientafel ist entsprechend die ›Limitation‹ die Begrenzung des Unheils, das aus der ›Negation‹ der ›Realität‹ entstanden ist. Das beschreibt die ›Genetische Logik‹ Husserls seit 1920 als einen schon vorprädikativ sich vollziehenden Prozeß, der insofern harmloser erscheint, als er sich nicht auf ›Feststellungen‹ festgelegt haben muß. Dennoch ist, was das Bewußtsein vor allen Urteilen schon zu leisten vermochte, erst prädikativ zur übertragbaren, immer verfügbaren ›Form‹ geworden: Bestandteil einer Verfahrensordnung für ›Vergehen‹, in die das Bewußtsein seine eigene Natur der Intentionalität hineintreibt (wie auf der höheren synthetischen Ebene die Vernunft ihre Natur in die ›Dialektik‹ nach dem Gebrauche Kants). Die an ›Reinheit‹ maßstäblichen Produkte des Bewußtseins sind standardisierte Medikamente der ›Unfälle‹, die es im Vollzug der Intentionalität erleiden muß, weil es bei perfekter Programmierung auf die Realität zwar enttäuschungsfrei, aber auch erfahrungsunfähig und damit jeder Veränderung der Realität hilflos ausgeliefert wäre. Doch werden Restitutionen thesauriert und damit ›Freiheit‹ fürs Unvorhergesehene auch der selbsterzeugten ›Überraschungen‹ – etwa der Nebenfolgen gewollter Handlungsfolgen – freigesetzt. Wer für *alles* frei werden will, wird es für *nichts* bleiben.

Methodisch ergibt sich, daß der Thesaurus der Erfolge des Bewußtseins und ihrer formalen Fixierungen zwar verfügbar gehalten werden muß, aber sachlich nicht vergleichbar aufschlußreich ist wie die genetische Deskription. Nur darf diese nicht von vornherein auf die ›Erklärung‹ der Endprodukte fixiert sein, wie es schon der Titel der »Genetischen Logik« unterstellt. Dann geht vor allem die Vorbildlichkeit der früheren Untersuchungen Husserls zur Genese des Zeitbewußtseins leicht verloren, wie es ihm exemplarisch in

»Formale und transzendentale Logik« ergangen ist. Denn schon die Konstitution des Zeitbewußtseins, wie Husserl sie aus Franz Brentanos Ansatz weitergeführt hat, ist radikal als eine Selbstrestitution des Bewußtseins zu verstehen: Es zieht sich aus der Verlegenheit, die ihm zuströmenden jeweils nur augenblicklichen Weltdaten *nicht mehr* je für sich als zureichende Information in Verhalten umsetzen zu können und folglich deren Komplexionen sich im Griff *eines* Zugleich halten zu müssen – was es nicht kann. Die Zeit, in ihrer Keimzelle der *Retention*, löst diese Antinomie auf, indem sie das Verfahren ist, wie auch ein Nicht-Zugleich *noch* in *einem* Blick gehalten werden kann. Es ist dieser Kunstgriff an der Wurzel der Intentionalität, der diese neue ›Lösung‹ für den Informationsbedarf des Lebens möglich macht. Alle anderen, nachmals als logische Prädikationsformen erfaßten Restitutionsleistungen sind auf jene erste bezogen und in rein ›wesenstheoretischer‹ Zuordnung nicht von derselben ›Nähe‹ zur Natur des Bewußtseins.

Ohne die Zeitverfassung gäbe es Bewußtsein ›von etwas‹ nicht, ohne die Negation wäre es günstigstenfalls denkbar; ihr Mangel wäre nicht wesenswidrig für die *notwendig mögliche Vereinigung alles dessen, dessen ich mir soll bewußt werden können, in der Einheit des Bewußtseins meiner selbst.*[1] Der Phänomenologe muß erst seinen Begriff von Bewußtsein mit dem einer ›Welt überhaupt‹ zusammenbringen, um dennoch als dieser Konfrontation wesentlich beschreiben zu können, daß das Ideal eines überraschungsfesten und enttäuschungsfreien Bewußtseins der Konstitution einer Welt als *eines* Horizonts unbestimmt *vieler* Horizonte zuwiderliefe. Daß auch der Begriff einer ›Welt‹ noch ein Restitutionsmittel ist, bleibt der Einsicht am schwersten zugänglich. Aber im Horizontbegriff ist wieder

1 J. Ebbinghaus, Gesammelte Aufsätze. Darmstadt 1968, 215.

die Unverträglichkeit zusammengepreßt, daß er einerseits die anschauliche Einheit einer Mannigfaltigkeit bestimmt, die nur in der sensorischen Erreichbarkeit ihr Muster hat, *und* andererseits das Risiko einer Grenze angibt, über die hinweg das Und-so-weiter nur in einer letzten Typik reicht, die vage genug bleibt und bleiben muß, um das Bewußtsein für *den* Anderen und *das* Andere sensibel zu erhalten.

1929 veröffentlichte Ernst Cassirer als dritten Band seiner »Philosophie der symbolischen Formen« eine der Schule Husserls unverpflichtete »Phänomenologie der Erkenntnis«. In ihr wird etwas getan, was Husserl und seinen Nachfolgern ganz fremd geblieben wäre: die Heranziehung pathologischer Sachverhalte der Neurologie und Psychiatrie. Daß darin auch eine ›unzünftige‹ Phänomenologie Vorteile erwirtschaften kann, ergibt sich nicht nur aus dem authentischen Postulat der *freien Variation* und ihrem Bedarf nach vorgegebenen Varianten mangels Reichweite der Phantasie; es gehört noch präziser zur Thematik der restitutiven Leistungsfähigkeit des Bewußtseins. Cassirer waren viele Befunde der gehirnphysiologischen Kompensationsfähigkeit aus den Verwundetenbeobachtungen im und nach dem Ersten Weltkrieg bekannt, Befunde überwiegend von ›Selbsthilfen‹ des Lebens unter den Augen hilfloser Helfer. Zurückhaltender hat Cassirer die Materialien der schon aufgespaltenen Psychotherapie herangezogen, die in Freuds Postulat der ›freien Assoziation‹ ein der phänomenologischen ›freien Variation‹ verwandtes Verfahren (primär gegen den Gebrauch der Hypnose) zum Ausgangspunkt hatte und sehr schnell – zu schnell wohl – nach immer neuen Regionen erschließbarer und erschließender Äußerungen des ›Unbewußten‹ ausgriff. Es ist wohl kein nur flüchtiger Verdacht, daß sich in Freuds und seiner Apostaten Schulen mehr freie Phantasie versammelt hatte, als jemals unter der Strenge einer akademisch-philosophischen Disziplin und ihren Abwehrmechanismen gegen ›bloße Literatur‹ hätte zu Lebensrecht kommen können. Man zögert zu wünschen, daß es zu schnelleren Kreuzungen gekommen wäre, wenn man das Unheil betrachtet, das eine wuchernde Psychologisation ringsum angerichtet hat.

Husserls Unsicherheitserfahrung am Psychologismus der Logikbegründung versah auch noch seine Schule mit Immunität, die eher ein Ausweichen in den Husserl noch fernliegenden Soziologismus zu empfehlen schien, erreichbar über den Brückenbegriff der ›Lebenswelt‹. Die Suche nach inhaltlichen Präokkupationen zur Auslegung der ›Lebenswelt‹ übersieht deren Funktion, das Bewußtsein zugunsten seiner Intentionalitäten vom ›Geräusch‹ zu entlasten: Auf einem Sockel von Ungegenständlichkeit kann sich das Bewußtsein den Luxus der Gegenständlichkeit leisten, den die ›theoretische Einstellung‹ mit ihrem immer ungewissen Lebensbezug voraussetzt. Die Phänomenologie wollte zwar in allem von vorne und von Grund auf beginnen – nachdem Descartes dieses Programm in Übereilung nicht eingehalten hatte –, aber sie gab in der Vorschrift der Deskription von Anschauungen zugleich die Bedingung dafür an, daß *nicht jeder* wieder von vorne und von Grund auf beginnen müsse. Doch könnte es an der Ungefügigkeit der von Anschauung wegführenden Sprache liegen, daß die Umständlichkeit der Beschreibung von Anschauung zu groß ist, um sich als Entlastung durch schon Geleistetes zu rechtfertigen. Wie die individuelle Erinnerung das Datum eines ›Anfangs‹ ausschließt, ist ein philosophisches Programm des »Einmal im Leben von Grund auf von vorne« *(semel in vita funditus denuo)* ein Einfall von höchster Künstlichkeit wie Unvollziehbarkeit, Herstellung eines theoretischen Ausnahmezustands unter verschärften Bedingungen – und Folgen: Es gibt die Evidenz des realisierten Angefangenhabens nicht nur faktisch, sondern auch wesensmäßig – aus dem ›Wesen‹ des inneren Zeitbewußtseins – *nicht*. Einschlägig ist hier auch das keineswegs gattungsweite Phänomen des ›Generationenkonflikts‹, der von der Unterstellung getragen ist, *alle* Erfahrungen müßten jeweils erneut gemacht und ausgewertet werden. Dagegen steht die Evidenz einer phänomenologischen Beschreibung von ›Erfahrung‹, daß sie nicht vom Nullniveau aus realisiert werden *kann*, allenfalls von Nullniveaufiktionen her sich zu ›rationalisieren‹ vermag.

Die Störanfälligkeit des Bewußtseins ist das genetische Substrat der Logik – wie der Träume. Der Traum war der alte Feind der Philosophie, das vitalste Argument jeder Skepsis, unsere Weltgewißheiten könnten in der absoluten Metapher des *Erwachens* ihr Desaster finden. Doch in dieser Hinsicht war zuzulernen: Der Traum ist seinerseits Behebungsverfahren für eine Störung, deren Besonderheit darin besteht, daß sie den Schlaf trifft, der sich aus den Beständen des Unbewußten *seine* Selbsterhaltung beschafft, indem er die Störung in einen freilich unter Druck verformten Kontext einarbeitet, dem auf die Spur zu kommen nach orthodoxer Lehre nicht die Aufgabe des Therapeuten, sondern die seines Patienten ist, den jener ›gewähren läßt‹.

Daß die phänomenologische Variation *frei* zu sein habe – diese Affinität zur Freiheit der Assoziation des analytischen Patienten –, hat seine Bedingung in der befreiten Einstellung des Subjekts dieser Theorie: es ist *endgültig* theoretisch als *unbeteiligter Zuschauer*, der den höchsten Grad dieser Qualität durch die *Reduktion* erreicht, die ihm die Existenz der Welt ausschaltet und damit das Feld auch nur möglicher Ablenkungen vom Desinteresse depotenziert. Die Analogie zur analytischen Konstellation nach Freuds Idealisierung ist damit perfekt. Auch Freud macht den Analytiker zum unbeteiligten Zuschauer, der nicht einmal auf die Projektionen des Analysanden, dessen ›Übertragungen‹, mit Gegenprojektionen antwortet, jedenfalls das Maß des Unvermeidlichen dieses Hin und Her unter Kontrolle behält. Doch ist der Patient unter diesem Aspekt ›aggressiv‹ und muß es sein, um ›aus sich herauszukommen‹. Darin ist er aber auch die ständige *Störung* des unbeteiligten Zuschauers, des Spätlings der reinen Theorie, wie der Phänomenologe Spätling der reinen Anschauung ist. In dieser Parallelisierung fällt auch einiges Licht auf Husserls lebenslange Abmühung an der Verschärfung und Reinigung der Reduktion bis hin zur meditativ-asketischen Überhöhung des Phänomenologen, dem alles ›Menschliche‹ fremd werden muß, damit er den Zugang zu seinem letztlich *einen* Gegenstand findet: zu sich selbst als transzendentalem Subjekt. Auch Freud hat das Thema des unbeteiligten Zuschauertums und seiner Gefährdungen wie aufschlußfördernden Verstrickungen nie aus dem Auge gelassen und den Rigorismus bis zur obligatorischen Honorarforderung ausgefeilt.

Beide Schulgründer sind getrieben von der Sorge um den Theoretiker, der dort wie hier immer auch das Objekt der Theorie ist, wenn auch die Kalamität des Analytikers darin besteht, daß seine ›Selbstanalyse‹ zwar schönste Funde einer Neurose, aber doch nur den Sonderfall eines nur aus ›Sonderfällen‹ bestehenden Materials dargeboten hatte. Dennoch bleibt ein gravierender Unterschied: Bei Freud hatte die ›Selbstanalyse‹ am Anfang gestanden und sollte die Singularität der künftigen ›Bewegung‹ bleiben; bei Husserl ist die ›Selbstanalyse‹ der Konvergenzpunkt aller Beschreibungen und die Wiederkehr der Welt aus der Reduktion für den an ihr nun endgültig unbeteiligten Zuschauer, der sogar die Regressionen und Aggressionen seiner in den Anthropologismus und Historismus abfallenden Schüler – statt ›Patienten‹ oder als solcher – ohne Gegenübertragung erträgt, ja zum Leitfaden noch nötiger letzter Abwehrhandlungen macht.

Die Analogien der Meister- und Schulgeschichten in Wien und Freiburg sind kaum Symptome von Zeitgeistkonformierung; sie sind eher die ausgebreitete Typik der Abläufe theoretischer Normierungen: der Überforderungen, die nur der Primarius hochtreibt und erträgt, wie der Ausweich- und Ermäßigungsmanöver der Adepten und Epigonen, die als teilnehmende Traditoren eben doch nur als Rivalen zur Selbstbehauptung kommen: Jung und Adler dort, Heidegger und Scheler hier. Der Gründungsakt *sollte* nicht wiederholt werden, aber er *konnte* auch nicht übernommen werden. Das Dilemma ist wie ein Präparat.

Die Intentionalität besorgt zwar die Einheit des Bewußtseins – als die seiner Gegenstände, deren Horizonte und des Horizonts aller Horizonte: der Welt –, aber es ist trotz dieser konstitutiven und restitutiven Selbstbezogenheit nicht wesentlich ›Sorge‹, wie Heideggers Dasein als In-der-Welt-Sein. Denn obwohl es dem Dasein als ›Sorge‹ um sein Sein geht, bleibt es doch unabtrennbar gerade darin Weltbezogenheit. Darin läßt sich die ›Sorge‹ als Distanzbegriff zur ›Reduktion‹ Husserls erkennen, der die deskriptive Polemik gegen den unbeteiligten Zuschauer der Phänomenologie trägt, dessen theoretische Einstellung den defizienten Modus des ›bloßen Begaffens‹ darstellt. Kein Wort darüber, daß die aus diesem Ansatz – oder: zu diesem Zweck – entfaltete Beschreibung des Daseins notwendig dieses auch ›bloß begaffen‹ muß – denn wie sollte es je die Sorge als elementare Selbsterhaltung sein, die zur Deskription in Buchgestalt – dazu als Qualifikationsnachweis für die Nachfolge Husserls auf dem Freiburger Ordinariat – antreibt und in Gang hält? Diese Fraglichkeit hatte mit anderen in der Reduktion behoben werden sollen, und die Totalität ihres Zugriffs auf die Welt und deren Existenz erklärt sich eben aus dem, was Heidegger gegen sie restituierte: daß der Grund der ›Sorge‹ das In-der-Welt-sein selbst ist.

Unbeteiligtsein kann also, in letzter Instanz, nur aus der Weltbehebung – oder: Weltenthebung – hervorgehen, damit präventiv auch aus der Destruktion der ›Sorge‹ ihrem Grunde nach. Man hat es am Ende aller phänomenologischen Selbstpurgationen nicht mehr mit der Welt zu tun, die eher überraschend als Letzthorizont des ›reinen‹ Bewußtseins im Verbundbezug von Intersubjektivität wiedergewonnen werden soll. Aber das ist dann eben nicht mehr die ›Welt‹ der Reduktion, die das Bewußtsein durch Evokation zum ›Beteiligtsein‹ in Mannigfaltigkeit und Unbestimmtheit stört oder zu stören drohen kann – es ist vielmehr die ›Welt‹ der final abgesicherten oder abzusichernden Gegenständlichkeit und ihrer Horizonte, die gerade die Unstörbarkeit des Bewußtseins – also: seine Identität als transzendentaler Begründung der Übereinstimmung mit Seinesgleichen – konfirmiert. Vom Ausgangsproblem her geht es um nichts anderes als um die Risiken des ›unbeteiligten Zuschauers‹, daß ihn das Leben in dieser Einstellung nicht leben läßt. Alles andere über dieses hinaus ist schöne Zutat und ›Nebenfolge‹, erst recht für den, der den vormals so hochgeschätzten erkenntnistheoretischen Gewinn so hoch nicht zu schätzen vermag, weil ihm die Geschichtsgebundenheit dieser Problematik ebenfalls zur Sache der Reduktion geworden ist. Da wird dann klar, wie recht Husserl hatte, dem eigenen ›Reduktionserfolg‹ lebenslang zu mißtrauen. Das ist in der Tat eine Obliegenheit, bei der es mit der Vorurteilsthematik der Neuzeit erst so richtig losgeht.

Und merkwürdig: Das *Ursetting* der Analyse Freuds mit seiner Rollenverteilung von überbeteiligtem Analysanden und unbeteiligtem Analytiker ist wie ein *experimentum crucis* auf diese These, gleichgültig wie man die therapeutische Probehaltigkeit der Resultate einschätzt. Das ist weder hier noch sonst meine Sache, nicht einmal die meiner Neigung. Es geht um das Ursprungssyndrom der Idee. Der Therapeut sichert dem Patienten kraft seiner bloßen Gegenwart die mögliche Integrität des Bewußtseins zu, indem er den ›Störungen‹ der

Übertragung standhält, wie delikat es sein mag – so wie der Arzt durch die Schrecknisse der Leiden, mit denen er es zu tun hat, nicht zum Hypochonder wird, wie selten das auch gelingen mag. Der Phänomenologe erweist die Weltresistenz des Bewußtseins, die der Asket als Unverführbarkeit bezeichnen würde. Sie ist seit Sokrates und Plato auch das Ziel aller philosophischen ›Bildung‹ *(paideia)*, indem sie unter dem Begriff der Rhetorik alles versammelt, was Schein mit Sein verwechselbar machen kann, und unter dem Namen der Sophisten alle, die sich dieser Möglichkeit gezielt und instrumentiert verfahrend *(goēteuein)* bedienen.

In der Phänomenologie ist vom anfänglichen ›Platonismus‹ der Wesenswahrheiten die Qualität der absoluten Konstanz auf den unbeteiligten Zuschauer übergegangen, wie es schon einmal in der Stoa mit der *constantia* des Weisen als platonischem Residuum passiert war, nach dessen Typik bei Horaz nicht nur der Welt, sondern sogar ihrem Untergang unbeteiligt *(impavidum)* standhaltend. Das wäre der Grenzbegriff der ›Sorge‹ in der Negation ihres Weltanteils: *Si fractus illabatur orbis/Impavidum ferient ruinae.* Dies hereinziehend, hätte Heidegger die Welt gerettet (wie mancher vor und nach ihm), indem er schlichtweg ihren Untergang für unmöglich erklärte, weil sich das Dasein seines Wesens als ›Sorge‹ wie deren Bedingung des In-der-Welt-seins nicht entledigen kann. Doch hat Husserl dieses schwer erkennbare Stück ontologischer Rhetorik nachgeliefert, indem er die Notwendigkeit der Welt für die absolute Subjektivität als transzendentale Intersubjektivität ›deduzierte‹. Die Methode der Reduktion hatte ihre Münchhausiade bekommen, wie sie die Psychoanalyse in der unwiederholbaren Selbstanalyse ihres Begründers – bei ungetrübt fortbestehender Neurose, *ipsissimo verbo* – vorgeprägt hatte. Die Leugnung der Reduktion sollte der Weltrettung dienen, aber die Reduktion holte auf und tat es auch.

Gibt es ein Kriterium für das Gelingen der Unbeteiligtheit des Zuschauers, in welcher Schulrolle auch immer? Seine Unerschrockenheit? Wenn diese, wovor dann sie: vor der nackten Wahrheit, vor der eigenen Weltentfernung, vor der Unvermeidlichkeit von Rhetorik, vor der Angst (Phobophobie)? Das hier liegende Dilemma ist nicht zu beheben, doch legitimiert diese Feststellung nicht, es im rhetorischen Handstreich aus der Welt zu schaffen, indem man die pure Beteiligtheit der ›Sorge‹ zum Standard erhebt. Daß Gesundheit – dieses ungestörte Wohlbefinden der WHO – nicht selbst erfahren werden kann, sondern aus all den Einzelnegationen besteht, die Kranke am Gesunden, als den sie primär den Arzt sehen müssen, feststellen, dieser schlechthinnige Kriterienmangel für Ungestörtheit läßt nicht die Folgerung zu, dann sei Gesundheit eben *das* Täuschungsprodukt jenes cartesischen *genius malignus*, von dem Phänomenologie wie Psychoanalyse – diese mit der Drohung der Sinnzerstörung durch Nichtintegrierbarkeit des Traums ins Bewußtsein – schließlich herkommen: Ersatz dort wie hier für das verlorene *ens perfectissimum*.

Der unbeteiligte Zuschauer ist eine schwierige Figur. Er ist nicht der Nachfolger des ›edlen Wilden‹, der *noch nicht* in die Kulturverbildung abgetrieben sein sollte, sondern eher der Spätling des Kulturüberdrusses, der die Last der Konventionen *nicht mehr* erträgt und in die Wüste geht. Er ist eine Figur der Katharsis, nicht der Ursprünglichkeit. Auch darin gleicht er dem Analytiker, der doch *seine* Analyse durchgemacht haben muß, wobei der Lehrling eine nachträgliche Rationalisierung ist, während es genuin darauf ankam, dem Analysanden einen von eigenen Trübungen befreiten Reflektor zu geben. Der phänomenologische Zuschauer hat es noch weiterzutreiben: Er *macht sich* unbeteiligt durch eine Reduktion, die immer weniger die der ›Existenz‹ der Welt und immer mehr die der eigenen ›Existenz‹ ist – worin vor allem begründet liegt, daß die Opposition gegen die Reduktion sich der Aufwertung des Begriffs der ›Existenz‹ bedient. Die Reduktion als transzendentale verändert das Ich der Reflexion: zuerst ist es der Objektgrund der absoluten Gewißheit und danach wird es zur Subjektinstanz der in diese Gewißheit hereinzuziehenden Objekte. Das »Ich denke« ist nicht die Vorstellung, die alle Vorstellungen muß begleiten *können*, damit sie *meine* Vorstellungen sind, was zur Bedingung hat, daß sie durch Handlungen des Verstandes *vereinbar* sein müssen – im Unterschied zu dieser Lösung Kants ist es bei Husserl das »Ich denke«, das, sofern es intentional wesensmäßig haben muß, *was* es denkt, dieses sich entweder assimiliert oder produziert. Es scheint, daß da die cartesische Substanz als *res cogitans* noch kräftig genug ist, um nicht zu versagen, und für den Fall der Widersetzlichkeit der *cogitata* die Logik generiert, um sie der Einheit des Bewußtseins zu integrieren. Die Logik ist ihrer Funktion nach therapeutisch.

Da ist ein Haken, schreibt Husserl sich später an den Rand eines Manuskripts von etwa 1904 zu den Schwierigkeiten, die bei dieser Konzeption die Erinnerung macht, die durch keine Therapie mit der Gegenwartsinsel wieder zusammenheilen kann.[2] Ist die Folge der Erscheinungen wirklich *in einem intuitiven Bewußtsein* wahrnehmend zu erfassen? Oder ist schon dies von keinem anderen Gewißheitsgrad als dem der Erinnerung, wie es bei Descartes' Zeitatomismus durch die *creatio continua* der Fall gewesen war? Kann es sein, daß die Reflexion mit Evidenz anderes lehrt? Oder, wenn nicht die Reflexion, dann die Analyse? Aber Freud erfuhr in dieser Hinsicht noch vor allen Gefälligkeitsträumen die herbe Enttäuschung der fiktiven Traumata früher Verführungen seiner Patientinnen: man ist nicht nur, was man war, sondern auch,

2 Husserl, Gesammelte Werke (Husserliana) X 194 Anm.

was man gewesen sein *will*. Der Therapeut ist *kein* unbeteiligter Zuschauer, kein Reflektor, an dem sich die Identität des Patienten restituiert; er ist über die Schulen hinweg einer, der eine Theorie hat – und in Abweichung von ihrem Namen, der gerade das Zuschauen normiert, ist Theorie eine verschärfte Beteiligtheit, eine Erwartungshaltung, auf deren Identität sich der Proband schließlich mehr einläßt als auf seine eigene.

Kein Zweifel: *Da ist ein Haken*. Aber was hakt an ihm? Es ist, so weit es hergeholt erscheinen mag, der Haken der Selbstanalyse. Doch mit der Verschärfung, daß die Phänomenologie aus nichts anderem als aus *Selbstanalyse* besteht, und nicht nur für jenes eine oder für jene conditorischen Male. Was sie auch über ›Intersubjektivität‹ herausbringen sollte, deren Anschauung ist ihrerseits *kein* intersubjektiv abgesicherter Akt. Über sie wird nicht anders ›geforscht‹ als über die Konstitution von Zeit oder Ding oder Bildbewußtsein. Folglich gibt es für die Misere der Erinnerung keinen intersubjektiven Sukkurs: Erinnerung des anderen ist nicht evidenzhaltiger als die eigene. Und zunächst kommt es darauf auch gar nicht an: Evident ist und bleibt, daß der Erinnernde identisch ist mit dem erinnerten Ich, nur nicht mit dem erinnerten Erlebnis dieses Ich, das Wahrnehmung wie Fiktion wie Suggestion sein kann.

Dieser Sachverhalt nimmt sich allzu ›formal‹ aus, ist aber entscheidend, denn er versichert das Subjekt seiner Identität in der Zeit über das unbestimmte Entgleiten der Retention hinaus und über die ›Dunkelstrecken‹ des Unerinnerten hinweg. Diese unerfüllte Identität mit ihren dubiosen Interruptionen bis zu ihrem unerlebbaren Ursprung hin ist die verläßliche Basis der Selbstkorrektur und damit der virtuellen Selbstrestitution des Subjekts, das keinen anderen braucht – oder so viel oder wenig wie ein Protokoll oder ein Erinnerungsfoto –, um zu seinem nie abschließbaren: *Nicht so war es, sondern so!* zu kommen. Das Ich erfindet sich *und* es ergründet sich – und es ist *auch* eine phänomenologische Frage, wie sich beides zueinander verhält, sobald man die ›erkenntnistheoretische‹ Norm verläßt oder zumindest partialisiert. Den Hiatus von Subjekt und Objekt gibt es auch ohne Heidegger nicht: Das phänomenologische Subjekt ist mit sich allein, und selbst wenn es seinen ›Weltbedarf‹ erreicht, ist es zunächst mit seinem Leibbewußtsein die Quelle der Fähigkeit zur *Appräsentation* als dem Schema der Fremdwahrnehmung, das virtuell ausgebildet werden könnte, wenn es niemals einen reellen anderen gäbe, auf den es sich projizieren ließe. Wir verstehen, was ›objektive Welt‹ ist, auch im Hinblick auf Erlebnisse, die wir noch niemals hatten, die hinter dem aktuellen Horizont auf uns warten mögen. Der Wesenssachverhalt geht dem Faktum voraus; ob er es entbehrlich macht, ist eine ganz andere Frage von wiederum phänomenologischer Triftigkeit, denn es läßt sich *nicht* antizipieren, *was* der andere zum Weltbewußtsein mitbringt, ohne daß damit die empirischen Zutaten gemeint wären. Was heißt *Ungleichzeitigkeit* anderer Erfahrung? Was heißt, daß sie als gleichzeitige andere Lokation haben muß?

Der *Solipsismus,* den der Erkenntnistheoretiker mehr gefürchtet hatte als alles sonst, holt das phänomenologische Subjekt ein – und dieses flüchtet sich auf die transzendentale Position. Nur um von dieser schließlich zu entdecken, daß sogar die absolute Subjektivität sich um alles brächte, hätte sie keine Aussicht auf eine ›Welt‹ und damit nicht *ihre* Intersubjektivität, die, dem Wesenssachverhalt unterworfen, keine andere als eine durch *Appräsentation* sein kann, also: nicht durch Selbstgegebenheit. Die Befunde von Fremdwahrnehmung und Erinnerung sind einander ganz nahe, auch wenn man auf die reinste Ausprägung blickt. Und doch gibt es eine kapitale Differenz: Das absolute Subjekt ist denkbar als eines der unabreißenden Retention und damit der

Freiheit vom Evidenzmangel der Erinnerung; aber es ist nicht denkbar ohne Intersubjektivität, weil es dann eben jenen Mangel, den es mit der Unbedürftigkeit nach Erinnerung unter sich läßt, mit der Entbehrung der dem Subjekt wesensnotwendigen ›Welt‹ auf sich lasten hätte. ›Welt‹ heißt immer: Es bleibt an Wirklichkeit, was ist, unabhängig davon, wie das Subjekt sich verhält – ob es etwa imaginiert oder träumt oder sich jeden anderen Luxus seiner Möglichkeiten außerhalb der ›erkenntnistheoretisch‹ ausgezeichneten leistet. Und das muß, als wesensmäßig, auch für die absolute Subjektivität gelten, sogar dann, wenn sie es auf sich beruhen ließe.

Es bleibt dabei: *Da ist ein Haken.* Der unbeteiligte Zuschauer, der zur Phänomenologie disponiert ist, unterliegt dem Mangel: Es gibt keine Erinnerung an Evidenz, weil es keine evidente Erinnerung gibt. Der Psychologe kann da rücksichtslos sein, zumal wenn er Fictionier ist und er für alles selber aufkommen kann: *Daß man sich zu erinnern glaubt, ist meistens eine Selbsttäuschung*, notiert Arthur Schnitzler.[3] Auch wenn es nicht ganz so günstig für die Imagination stehen sollte, genügt ein Bruchteil davon. Nur ist es, dank der Logik der ersten Person Singularis, nicht katastrophal: Es ist dasselbe Ich, das sich selbst täuscht und auch die Täuschung korrigiert, wie es das Ich wäre, das sich aufs richtigste erinnert, weil es selbst für sich selbst die einzige Instanz ist, die darüber befindet: die formale Identität über die materiale. Die Verachtung des Formalen ist die billigste, wie schon der törichte Applaus für die ›materiale Wertethik‹ gegen den ›kategorischen Imperativ‹ gezeigt hat und die Selbstausbreitung der Ethik – zumal in ›Kommissionen‹ – immer wieder zeigt.

3 Aphorismen und Betrachtungen. Gesammelte Werke. Frankfurt 1967, 336.

Nichts ist reparaturbedürftiger als die Erinnerung, und dafür gibt es Unablässigkeit der Arbeit. Daß da der ›Haken‹ der Phänomenologie liegt, ergibt sich aus ihrer Angewiesenheit auf eine Form der Erinnerung, die am unverdächtigsten erscheint: auf die *Deskription*. Husserls Nachlaß ist das einzigartige Dokument dieser Erinnerung durch Beschreibung für ein identisches ›unbeteiligtes‹ Subjekt. Was durch Anschauung *endgültig* beschreibbar geworden und beschrieben sein sollte, gerät immer wieder unter die Revision desselben Zuschauers, der es eben dadurch mit dem Unbeteiligtsein schwer hat, daß er sich selber schon Evidenz bescheinigt hat. Und nicht etwa aus Leichtfertigkeit nicht hätte bescheinigen dürfen! Der Haken ist, daß auch die Beschreibung nicht ›die Sache selbst‹ ist, nur das Rezept für diese – eine Eselsbrücke der Erinnerung zur Restitution von Anschauung. Doch wo ist der Zuschauer des Zuschauers – das wahre und nötigste aller ›Intersubjekte‹ –, der dafür einstehen könnte? Er erst könnte der Unbeteiligte sein, und da man des Interesses eines Gottes nicht mehr so sicher ist, hat man an technische Hilfsvorrichtungen gedacht, etwa an jenen imaginären Film, der das Leben eines Menschen ohne Unterlaß vom ersten Schrei bis zum letzten Röcheln aufgezeichnet hätte, wie Erich Rothacker es einmal ausdachte. Doch wäre das Produkt nichts wert. Zu welcher Zeit sollte es der sich ansehen, den es beträfe und der weniger garantierte Lebenszeit hätte als er brauchte, um sich das eigene Leben vorführen zu lassen, das ihn womöglich mehr langweilte als das eines anderen, dessen Erinnerung nicht seine wäre. Doch viel einschneidender: Es gibt keine Optik von ›Erlebnissen‹, wie jeder am Familienalbum prüfen kann, über dessen putzigen Fossilien er sich um keinen Deut sicherer wird, was im fixierten Moment denn in ihm ›vorgegangen‹ sei. Auf das lebenslange Elektroenzephalogramm wird man weder warten noch Erwartungen setzen wollen. Dennoch wäre es der Funktionstüchtigkeit nach mehr als jener ›Daseinsfilm‹ – auch wenn nur psychophysische Träumer glauben können, man sei dann dem ›Bewußtsein‹ oder seinen kongruenten Spuren nähergekommen. Der Vorteil bestände äußerstenfalls darin, daß der Zuschauer ein unbeteiligter wäre, sowohl der in Gestalt des Meßstreifens als auch der ›Analytiker‹ der vier Kurven (Alpha-, Beta-, Theta- und Deltawellen). Doch ist wiederum dieser Aufwand am fähigsten, die Abweichung vom Normalbefund zu registrieren – und das wird alsbald der unbeteiligteste aller Zeugen, ein Computer, machen können. Der Gipfel der Leistungsfähigkeit wird, nicht zufällig, bei der Feststellung des Hirntodes erreicht. Dies ist am ehesten eine Metapher für den Grenzwert der Unbeteiligtheit.

Die pathologische Funktion des ›unbeteiligten Zuschauers‹ wird nochmals verdeutlicht, wenn an die *Simulation* der Präsenz des Analytikers gedacht werden kann. Ohnehin ist umstritten, ob Theorie und Praktik des Therapeuten von Einfluß auf den Heilvorgang sind. Es muß nur jemand da sein, der sich uneingemischt gefallen läßt, was auf ihn losgelassen wird; und zur Markierung solcher Einlassung genügt Joseph Weizenbaums Computerprogramm »Eliza«, das einmal gerade zum Gegenbeweis dessen erdacht worden war, was es zu leisten ironisch unter Beweis stellt. Die Patienten werden nicht getäuscht, sie vergessen so schnell den Computer, wie sie nach Freuds Ureinfall den Analytiker vergessen sollen – der aber diese stumme Rolle zumeist gar nicht erträgt –, sowenig das phänomenologische Subjekt das ›reine Zuschauertum‹ erträgt, es muß durch Beschreibung belehren, verkünden, schulbildend werden, am Ende die ›Krisis‹ therapieren. Doch ließe sich einwenden: Von denen, die wahrhaft Unbeteiligte waren und sind, erfahren wir nichts, denn sie *wollen* gerade das nicht, was vom stillen ›Genuß‹ ihrer Anschauung ›etwas her macht‹. Warum nur durfte Sokrates nicht nach Passage der Totenrichter aus der Geschichte ver-

schwinden, da er doch in Schreibenthaltung nichts zu hinterlassen gewollt hatte?
Was der Phänomenologe in der Nachfolge des Ideals der antiken Skepsis und der unentschiedenen Urteilsqualität der Stoiker die *epochē* nennt, ist die formelle Entsprechung der Reduktion als des durch sie bewirkten ›reinen‹, also weltenthobenen Zuschauers, der es ›nicht nötig hat‹, Ja oder Nein zu sagen, es also erst aus dem Nicht-nötig-haben heraustretend sagt. Es ist, als sei jenes von Wittgenstein wie von Freud gleichermaßen empfohlene Schweigen nur interimistisch möglich, nicht als vollendete wie vollendende ›Entsagung‹ (welche Genauigkeit des Ausdrucks stellt sich zur Verfügung!). Der jeder Führungsrolle ›entsagende‹ Analytiker hat nicht die theoretische Pflicht zur Beschreibung; im Gegenteil die ärztliche der Verschweigung. Er beginnt nicht mit der Reduktion, sobald und solange die ›Selbstanalyse‹ unmöglich oder nur für den Singularfall rätselhaft einmal möglich war, weil wirklich war und nur *daher* möglich sein mußte. Denn nur die Selbstanalyse enthält das Dilemma der Dualisierung des Subjekts ohne Verfall in den Dualismus. Die eine *causa sui ipsius* genügt als genealogische Instanz für alle Abkömmlinge: das eine reine Subjekt darf das selbstgereinigte sein und den Schulgründer zum ›Vater eines großen Volkes‹ machen: auf dem Fortpflanzungsweg der Lehranalyse. Dieses Mittelglied fehlt der Phänomenologie, und das nicht zufällig. Ihre Dogmatik des Absolutismus der Vernunft läßt jeden *ex nihilo sui* beginnen, als könne es eine Anleitung geben, die begreifen läßt, was erst begriffen werden dürfte, *nachdem* sie befolgt worden ist. Der Psychoanalytiker, durch die Lehranalyse fremdgereinigt, tritt dem Patienten als dem der Entlastung von seiner Welt Bedürftigen nicht gegenüber, sondern in den Rücken, in den ›toten Winkel‹ seiner Aufmerksamkeit. Das Risiko des Analytikers ist sein Versagen in Entsagung, die falsche Beredsamkeit der Gegenübertragung

im Nichtertragen der Übertragung. Er versagt im Ausbruch aus der *epochē*. Aus dem schon reinen Subjekt wird, als trüge es die Sünde der Welt, das unreine. Wie gemeinsam auch die Ideale sein mögen – die reellen Tendenzen der ihnen unterworfenen Subjekte sind *gegenläufig*. Der unbeteiligte Zuschauer seiner Anschauung wird sein mönchhaft-klösterlicher ›Schreiber‹: Beschreiber, als ob er das ›Protokoll‹ jener anderen Philosophenart führte, deren Satztheorie Wittgenstein im »Tractatus« lieferte wie gegen ihn widerrief.

Kann es eine *Protokollmaschine* geben? Alle, die das bejahen, stehen implizite auf dem Boden des ›Tractatus‹: Was der Fall ist, muß sich durch Operationen mit Zeichen feststellen und verknüpfen lassen. Es bedarf keines gereinigten Subjekts zur Protokollführung: Jedes Subjekt ›mischt sich ein‹. Das nicht lassen zu können, die Kunst der *epochē* nicht zu beherrschen, ist ihm wesentlich, wie es der *Artificial Intelligence (AI)*-Maschine wesentlich wäre, eben dies nicht zu tun. Sie wäre wie geschaffen, derselben Philosophie zu dienen, aus der heraus ihre Möglichkeit konzipiert wurde, weil und solange es der Evidenz von Anschauung nicht bedarf. Da verläuft die Grenze: eine Evidenzfeststellungsmaschine kann es nicht geben.

Protokolle von Beschreibungen sind nicht dialogisch, und deshalb ist der Dialog das emphatische Stichwort jeder gegen Anschauung und Beschreibung gerichteten, etwa im ›Diskurs‹ auf den ›Konsens‹ zulaufenden Philosophie. Bei dieser Differenzierung braucht noch nicht beachtet zu werden, daß wider alles Erwarten auch Husserls Phänomenologie mit der Thematisierung der ›Welt‹ unter deren vorheriger Reduktion zur ›Intersubjektivität‹ kommt; doch ist es voreilig, den Dialog als das ›Wesen‹ der Intersubjektivität und nicht als eine ihrer Beschleunigungsformen zu bestimmen. Für den Begriff der transzendentalen Intersubjektivität – falls es deskriptiv dazu eine ›Anschauung‹ gäbe – genügte Einstimmigkeit von

Verhalten anstelle von Übereinstimmung in Urteilen oder Atomsätzen. Ist die genuine Monologizität eine Bedingung für die Möglichkeit der AI-Protokollmaschine?
Der Anschein spricht dagegen, wenn man zugesteht, daß der Dialog nicht genuin in die analytische Konstellation gehört. Der Analytiker macht ›sich bemerkbar‹, er hilft dem Monolog ein und verhilft zur Übertragung. Aber dazu genügt, daß er auf bestimmte Signale des Analysanden standardisierte Mittel einsetzt. Das nach George Bernard Shaws Pygmalion-Parodie und ihrer Kunstfigur Eliza Doolittle benannte ELIZA-Artefakt Joseph Weizenbaums von 1967 ist kein Dialogautomat, obwohl das Programm auf ein *contextual understanding* in der Beziehung von Mensch und Automat zugeschnitten ist. Nicht zufällig hatte Weizenbaum damit den Anfang gemacht, seinen Automaten als Psychotherapeuten nach einem der zahllosen Schulverfahren zu programmieren. Obwohl die Vorgabe auf eine einleitende Besprechung mit dem Patienten abgestellt ist, beruht sie auf einer schmalen Toleranzbreite von ›Auslösern‹, die den Analysanden kommen lassen, und das wohl kaum, ohne daß er schon mit bestimmten Erwartungen gekommen ist, worauf es ›ankommt‹. Es ist wie einer der ›falschen‹ Dialoge, die im Zusteuern auf die wirkungssicheren ›Reizwörter‹ bestehen und deshalb im Typus ›rhetorisch‹ sind. Wie schnell kann man den gepriesenen Konsens erreichen, wenn man die kleinen Gefälligkeiten erweist, mit denen man bei jedermann Beifall findet, ohne etwas gesagt zu haben. Aber genau dies ist – ungeachtet dessen, wo es sonst noch seine Funktion haben mag – die Rolle des ›reinen‹ Subjekts des Therapeuten. Die Objekte seines Programms, so Weizenbaum, die *genau wußten, daß sie es mit einer Maschine zu tun hatten, vergaßen diese Tatsache schnell, genau wie Theaterbesucher ihre Zweifel bald beiseite schieben und vergessen, daß die Handlung, der sie beiwohnen, nicht ›wirklich‹ ist... Der ›Sinn‹ und*

die Kontinuität, die die mit ELIZA sprechende Person wahrnimmt, werden weitgehend von dieser selbst hergestellt.[4] Deshalb auch ist ein Automat als Wahrsager prinzipiell möglich. Beide, Therapeut und Wahrsager, sind ideale ›unbeteiligte Zuschauer‹; und *weil* auf sie ›übertragen‹ wird, bekommen sie die ›Stichworte‹ für ihren Part. Der sie ihnen gibt, erfährt dabei sich als das stimmige Bewußtsein, läßt sich den Zweifel an seiner Identität beheben, auf deren Konfirmation die ganze Therapie abgestellt ist. Doch bleibt als Gefährdung, als Bedrohung, daß die Evidenz der Erinnerung problematisch ist. Ausgenommen davon die eine zwingende Feststellung: Das *erinnernde* Ich ist identisch mit dem *erinnerten*, also mit dem, das die ›Erlebnisse‹ samt ihrer ›Gegenstände‹ in deren Horizont gehabt hatte, auf die sich die Erinnerung bezieht. Gilt das nun auch für die Reflexion? Ist das *reflektierende* Ich identisch mit dem *reflektierten*?

Man kann argumentieren: Wäre das nicht so, hätte die Reflexion den Höchstwert an Erkenntnisgewißheit nicht, den sie haben *muß*, soll es überhaupt eine absolute Selbstgewißheit geben. Doch genügt dieses Argument nicht in derselben Weise wie die Bezugnahme darauf, was Bedingung für die Möglichkeit aller Erfahrung ist, da es ohne *diese* die Identität des Ich als des »Ich denke«, das alle meine Vorstellungen muß begleiten können, nicht gäbe. Das »Ich denke« als die Vorstellung »Ich denke« begleitend *muß* es nicht geben. Ein Subjekt *ohne* Reflexion ist widerspruchsfrei denkbar. Also muß die Gewißheit der Reflexion als *Erlebnis* gegeben sein, und zwar unmittelbar in der Anschauung, wenn das Ich sie *faktisch* besitzt. Es ist nicht *Cogito* durch diesen Besitz; es iteriert sich als *Cogito me cogitare* zu einem Grad des *Cogito*, den man als dessen ›Reinheit‹ bezeichnen kann: Es stellt

4 Joseph Weizenbaum, Die Macht der Computer und die Ohnmacht der Vernunft. Frankfurt/M. 1977, 251, 253.

nichts *anderes* vor als sich in seinem Vorstellen. So formuliert, ist das Ich des Vorstellens identisch mit dem Ich des Vorstellens seines Vorstellens. Das aber ist nur widerspruchsfrei, weil es das Erlebnis seiner *Tatsächlichkeit* ist, die uns dazu zwingt, es anzuerkennen: Was wirklich ist, muß möglich sein.

Diese Überlegung ist unerläßlich, wenn man an den unbeteiligten Zuschauer denkt. Als phänomenologischer ›Theoretiker‹ ist er doch nicht primär Zuschauer der Dinge, der Dinghorizonte, der Welt, sondern Zuschauer seiner selbst, insofern er Dinge wie Dinghorizonte und deren Welt erlebt. Der Phänomenologe ist reflexiv, und darin erst so ›unbeteiligt‹, wie er in der *intentio recta* auf die Welt hin nicht sein *kann*. Das ist die Prämisse der Reduktion: Das Wesen muß von der Weltexistenz gelöst werden, und allem voran das Wesen des Ich als des *Cogito*, und das ist nur zu denken als Gegebenheit eines sich selbst denkenden Denkens, eines *Cogito me cogitare*. Das aber wirft die Frage nach der Identität des Subjekts auf, weil die Reflexion ihre absolute Dignität daraus gewinnt, daß das *Cogito* zweiten Grades dem *Cogito* ersten Grades unmittelbar ›aufsitzt‹ und ›beiwohnt‹, ohne Verzug und Versetzung – das *reine* Ego dem weltkontaminierten. Diese Differenz ihrer ›Qualität‹, die selbst dann gefordert ist, wenn die ›Gegenstände‹ der Anschauung ersten Grades durch Reduktion freigelegte und ›entweltlichte‹ Wesenheiten sind, macht die Identität von reflektierendem und reflektiertem Subjekt, die unter dem Evidenzaspekt unverzichtbar bleibt, unmöglich.

Es sind zwei Subjekte: eines, das agiert, und eines, das dabei unbeteiligt zuschaut. Dieser fatalen Dissoziation hat sich Husserl stetig genähert, und die philosophische Tradition (die er nicht kannte) hätte ihn gewiß nicht im Stich gelassen, etwa mit dem *intellectus agens* oder mit dem *sich selbst denkenden Denken*. Nur daß dieses den unschätzbaren Vorteil hat, die Welt gar nicht denken zu müssen, indem es sich selbst denkt, damit das reine Ego schon das reine Ego vor sich und für sich hat: den Attributen nach Identität also nicht ausschließt. Die Lösung des aller Metaphysik Valet gesagt habenden und dazu der Reduktion allem voran bedürftigen Phänomenologen kann dies nicht sein. Er müßte auf die Evidenz der Reflexion verzichten, wäre nicht sein Anspruch an ihr erfüllt, in unmittelbarer Anschauung die absolute Evidenz zu haben nicht nur dessen, daß aus ihrem *cogito* das *sum* so zwingend sich ergibt, wie es Descartes gesehen hatte, sondern daß es diese *Reflexion* als solche und noch unangesehen dessen, worauf sie sich bezieht, gibt. Das Offenlassen der Beschränktheit auf das singuläre *cogito sum* im Hinblick auf einen weiteren und sogar unabschätzbar weiten Horizont von reflexiven Gewißheiten als Implikationen jenes *Cogito* ist sogar das Signum und Stigma der phänomenologischen Philosophie als solcher. Sie ist die Selbstentfaltung des Ego vor sich selber, des mundanen vor dem transzendentalen. Die metaphysische Drohung der Dualisierung des reflektierenden und des reflektierten Ich erscheint harmlos, gemessen am ›Dualismus‹ der Prinzipien von Gut und Böse, an den Gegengöttern vom gnostischen Typus also. Dagegen ist vertraut und dogmatisch abgesegnet die Dreiheit der Personen in der einen Gottheit, der beiden Naturen in der hypostatischen Union des einen Menschensohnes. Doch ist die philosophische Lizenz solcher Vorgängerschaft erloschen. Phänomenologisch ließe sich sagen, *der Intention nach* seien mundanes und transzendentales Ego im Zuge der *Reduktion* konvergent; *präsumtiv* ist die Einheit des Subjekts in jedem phänomenologischen Anschauungsakt gegeben. Aber *deskriptiv* ist das eine Ausflucht. Das Subjekt ›erschöpft sich‹ in seinem unmittelbar erlebenden Akt, und selbst wenn es einen Spiegel hätte, könnte es sich nicht dabei *zugleich* zusehen. Mir ist nur eine schematische Lösung des Problems plausibel, die der *Intermittenz.* Reflektierend ›unterbricht sich‹ das Subjekt, um seiner unmittelbaren Affektion ebenso unmittelbar den Akt der Reflexion beizugeben, so daß in derselben Dimension zwei diskrete, aber zueinander strikt homogene Erlebnisreihen entstehen: die der Wahrnehmung und die der Reflexion. Es ist das identische Subjekt, das über die Reihen wechselt und dies ohne Bruch seiner Selbigkeit kann.

Die Intermittenz ist keine mechanische Interjektion. Sie ist genuin so etwas wie die ›Prüfung‹ der Impressionen auf ihre Verträglichkeit untereinander, die Homogenisierung des ›Bewußtseinsstroms‹. Es ist, geht man der konsequenten Ausgestaltung dieser elementaren Leistung nach, nur noch eine Sache der Benennung zu sagen, diese alle meine Vorstellungen virtuell begleitende Vorstellung sei eben das »Ich denke« in seiner geringeren Mannigfaltigkeit gegenüber den unmittelbaren Affektionen, sei das unbeteiligtere, weil mittelbarere *Cogito* gegenüber allen Vorstellungen *als der eben dadurch meinigen.*

VI

Innersubjektive Intersubjektivität

Wir würden unserer Wahrnehmung nicht trauen, daß es andere als uns, doch gleiche wie uns gibt, wüßten wir nicht von deren Möglichkeit durch eine Art von Vor-Erfahrung an uns selbst. Gegen die Übermacht der Evidenz des Ich käme keine Ähnlichkeit oder Gleichheit des uns je gegebenen Leibhaftigen auf, wäre nicht unsere eigene Leibhaftigkeit von der Zweideutigkeit des Eigenen und des Fremden. Jeder stellt selbst die Vorbereitung auf den Schock des Anderen dar. Jeder nimmt die unwahrscheinlichste aller Erfahrungen derart vorweg, daß sie sich seiner Lebenswelt wie die größte der Selbstverständlichkeiten eingepaßt hat. Auch definitorische Dekrete wie das vom *animal sociale* bringen nur auf die Form des Wesensentscheids, was gar nicht die Evidenz der Wesensmäßigkeit haben kann. Was immer nur Faktum der *äußeren* Erfahrung ist, freilich dies nicht ohne Antizipation der *inneren.*

Daß bei dieser Vorgefaßtheit die Phänomenologie um die Zulassung einer anthropologischen Komponente nicht herumkommt, erlaubt freilich noch nicht zu sagen, die Lehre von der Fremderfahrung *sei* bereits die phänomenologische Anthropologie. Sie wäre damit das Zugeständnis des Schulgründers, seinen schwersten Befürchtungen und tief sitzenden Widerständen abgerungen: der Furcht vor dem ›Naturalismus‹, als der ihm jede Art von Anthropologie erscheinen mußte.

Das läßt sich an der Art erkennen, wie Husserl mit der Vorfrage jeder Theorie der Fremdwahrnehmung, der nach der Bildung des *Begriffs* vom ›anderen Ich‹, fertig zu werden suchte: Das erinnerte Ich – in seiner Differenz zum sich erinnernden die Notwendigkeit der ›Einfühlung‹ von diesem in jenes mit sich führend – konnte noch im engsten Kernbereich dessen, was ›reines Bewußtsein‹ heißen durfte, dem Erfordernis der Reduktion genügen. Freilich wäre dann zu fragen, weshalb dieses unentbehrliche Stück der Fremdwahrnehmungstheorie so zögernd und schwächlich, episodisch und unanhaltend ausgebildet wurde. Traute Husserl ihm nicht zu, die ganze Last bei Durchsetzung der *Möglichkeit* des Anderen gegen die *Evidenz* des Einen, des Selbst, zu tragen? Erinnerung war ja für den Cartesianer, der die Rettung der Evidenz in der Retention gefunden hatte, ein Ärgernis an Unsicherheit, wenn auch ein mit Evidenzresten durchsetztes. Die Zugehörigkeit der Erinnerung zu einem ›reinen‹ Bewußtsein ist schon deshalb zweifelhaft, wenn nicht widerspruchsvoll, weil jede Begrenzung der Retention nur als faktisch-empirische gedacht werden kann.

Durch Unbegrenztheit der Retention – also wesensmäßigen Ausschluß von Erinnerung – hergestellte Einheit des Bewußtseins enthält keinen Widerspruch. Also läßt sich umkehrend argumentieren: Wenn Erinnerung als faktische und damit anthropologische Komponente bei der Konstitution der Fremderfahrung ein unvermeidliches Minimum darstellt, kann die weitere Öffnung des Einstiegs in das anthropologische Substrat keine qualitative Verschärfung des Fehltritts ausmachen.

Mehrsinnigkeit ist ein biologisches Faktum. Denn es wäre ein reines Bewußtsein widerspruchsfrei denkbar, dessen Affektion nur aus dem Material eines einzigen Sinnes bestände. Faktum ist aber auch, daß ein und derselbe Sinn in Paarigkeit seiner Organe ausgebildet sein kann, wie es beim Menschen nicht nur mit Auge und Ohr, sondern auch mit dem Hauptorgan seines Tastsinnes, der Hand, der Fall ist. Diese Paarigkeit hat eine weit über die Reservefunktion eines jeweils überschüssigen Organs hinausgehende Funktion für die Gegenstandsfähigkeit des Bewußtseins.

Die Mehrsinnigkeit ist nicht unproblematisch für die Leistungen gegenständlicher Koordination, die in einem *synchronen* Aspekt die Einheit dessen ausmachen, was in der *diachronen* Blickrichtung die Identität des Subjekts heißt. Es ist keine unkontrollierte Redeweise, jedem der Sinnesorgane seine ›Sinneswelt‹ zuzuschreiben. Schon Aristoteles hatte das Problem ihrer Vereinbarkeit für das eine Subjekt gesehen und mit der immer handhabbaren Lösung eines Über-Vermögens, des Einigungssinnes, entschärft. Kein deskriptives Verfahren kann sich solche Lösungen leisten. So besteht die Pluralität in der Unizität nicht nur fort, sondern gewinnt in genetischer Zuordnung eine spezifische Funktion.

Maurice Merleau-Ponty hat die eigentümliche Raumverengung beschrieben, die der Hörer im Konzertsaal erfährt, wenn er die beim Hören geschlossenen Augen wieder öffnet und der Enge des optischen Raumes im Unterschied zu der des eben noch beherrschenden akustischen Sinnesraumes gewahr wird. Was er den *domaine spatial* jedes Sinnes nennt, sei für die anderen Sinne unzugänglich und unverständlich *(un inconnaissable absolu)*, so daß jeder dieser Räume den anderen begrenzt.[5] Ganz beiläufig und nur, um diesem Phänomen der Pluralität schärfere Konturen zu geben, vergleicht es Merleau-Ponty mit den Grenzverhältnissen der Fremderfahrung. Die Herrschaftsräume der Sinne ein und desselben Subjekts ständen zueinander wie die Weltperspektive des einen Subjekts zu der des anderen: *Comme la perspective d'autrui sur le monde pour moi*... Wie es dennoch aus den differenten Sinneswelten zur Einheit des Weltraumes eines Subjekts kommen kann, ist nicht minder rätselhaft als die

5 Maurice Merleau-Ponty, Phénoménologie de la Perception. Paris 1945, 257 (dt. Übersetzung S. 260).

andere Raumeinheit für die Mannigfaltigkeit der Subjekte. Sie ist die wesentliche Bedingung ihrer Erfahrung von einander durch Ineinandergreifen, Überschneidung, Grenzunschärfe der je zugehörigen ›Welten‹: *l'engrenage l'un sur l'autre des domaines sensoriels.*

Jeder Sinn ist für den anderen ein Quasi-Subjekt mit einer ihm spezifischen Sphäre und allein durch diese wie eine Art von ›Appräsentation‹ gegeben, die sich wiederum über den Leib vollzieht. Er leistet die Zuordnung der Sinnesvermögen auf ein identisches Subjekt über das Bewußtsein der absoluten Identität des Bezugspoles der einzelnen Sinne, den der Leib als in Bewegung und Handlung erlebbare Einheit des Trägers der Rezeptoren bildet. Denn die durch Verfügbarkeit dieser Bewegung erzeugte Veränderung von Lagen im Raum wirkt sich auf die Situierung in allen sensoriellen Domänen gleichermaßen und gleichgerichtet aus. Veränderung konstituiert das Bewußtsein der Identität, wie sie zugleich deren Inanspruchnahme ist.

Zwar ist das Tasten von einer anderen und engeren Räumlichkeit als das Sehen, doch beide beziehen sich als Organe ein und desselben Leibes auf diesen nicht nur als identischen Nullpunkt eines raumzeitlichen Gesamtsystems, sondern als ihre in allen Bewegungen mitbewegte Polarität. Die Sinne stehen in Kommunikation miteinander, obwohl sie einander fremd sind. Daher nochmals der Vergleich einer Differenzerfahrung der Sinne mit der Differenzerfahrung am anderen Ich: Der durch Operation sehend gewordene Blinde findet die Welt in derselben Weise anders als er erwartete, wie die Fremdwahrnehmung den Anderen immer anders findet, als sie es erwartet hatte *(comme nous trouvons toujours un homme différent de ce que nous savions sur lui)*.[6] Auf den anderen

6 A.a.O. 259; nach M. von Senden, Raum und Gestaltauffassung bei operierten Blindgeborenen, vor und nach der Operation. Leipzig 1932, 23.

als leibhaft appräsentiertes Subjekt gerichtet, ist jede Erfahrung wie der ›Übergang‹ in ein anderes Sensorium, was der unvermeidliche physiognomische Vorgriff in jedem ›Fehlschlag‹ bestätigt.

Nun ist Mehrsinnigkeit noch nicht das ganze Problem der Zuordnung von Sinnessphären zu einer weitgehend symmetrisch gebauten Leiblichkeit. Zwar kann kein Auge das andere sehen, ausgenommen im Spiegel, aber eine Hand kann in genauer Deckung mit der anderen zusammengelegt werden und dabei die Verwechselbarkeit von aktiver und passiver, subjektiver und objektiver Empfindung erzeugen. Nicht nur, daß das im Nahraum des Leibsubjekts möglich ist; es definiert geradezu dessen Grenze zum Fernraum: Sie liegt dort, wo solcher Kreisschluß des Leibes nicht mehr geht. Und wo etwas anderes nicht mehr geht, was mit dem Tastdoppelorgan Hand möglich ist: Verschiedenes zu berühren oder zu greifen, wobei nur Greifen die Gewißheit herstellt, es handle sich gegebenenfalls um mehr als ein Körperding, was zunächst nur berührt worden war.

Im Fernraum, jenseits des Tast- und Greifradius, läßt auch die Leistung der Doppeläugigkeit nach, deren primärer Gewinn im Zusammenwirken mit den Händen liegt. Für eine anthropologische Erörterung versteht sich von selbst, daß Doppeläugigkeit in der frontalen Zusammenrückung die Evolution der Primaten entscheidend zur Hominisation disponiert hat. Mit der optischen Frontalität wurde die Freisetzung der vorderen Extremitäten erst zu dem Leistungssprung, den sie ausmacht; aber auch die Selbstaufrichtung zum zweibeinigen Gang erst zu der Art von *Raumgewinn*, der als Distanz zum jeweils Anstehenden auch *Zeitgewinn* werden konnte. Nicht nur, daß der optische Raum sich im Maße ausweitete, wie es außerhalb der Urwälder in der aufrechten Position möglich, aber auch notwendig war; darüber hinaus konnten innerhalb des neuen Horizonts Entfernungen und Veränderungen von

Entfernungen geschätzt, die Aufmerksamkeit rechtzeitig auf Bewegungen in Richtung der Blickachse konzentriert und Handlungen über bewertete Distanzen hinweg auf solche bewegten Ziele hin genauer vollzogen werden.

Dies alles verfällt in einer phänomenologischen Erörterung der Reduktion. Nicht nur und zuerst, weil es anthropologische Sachverhalte einschließt; vielmehr, weil diese Sachverhalte nur in Bezogenheit auf die *Existenz* des derart thematisierten Wesens behandelt werden: auf seine Selbsterhaltung und Überlebensfähigkeit. Allerdings, die dem Phänomenologen freistehende Variation gestattet es, ein unabhängig von dem Aspekt der biologischen Subsistenz beliebig reduziertes Sinneswesen zu denken, dessen Bewegungsfähigkeit etwa durch Einwurzelung pflanzenhaft auf Null tendierte und dessen Optik die des Polyphem sein könnte. In einer Kulturwelt kann der Einäugige leben, als Gattung wäre die des Einauges zum anthropogenetischen Leistungsverbund unfähig geblieben. Erst der späteste Husserl, der eine in der Welt gegenständlich leistungsfähig gewordene transzendentale Intersubjektivität zur Wesensnotwendigkeit erhoben hatte, würde die Verschlossenheit des Weges zum Menschen auch als phänomenologische Erheblichkeit anerkannt haben – sofern er sich nicht die Frage nach der Wesensmäßigkeit sogar der Evolution versagt hätte, die unter der Oberfläche seiner Geschichtsphilosophie verdeckt lag. Zur transzendentalen Intersubjektivität gehört zwar notwendig eine ›Geschichte‹ ihrer Leistungen, nicht aber eine Geschichte der organischen Voraussetzungen ihrer Leistungsfähigkeit. In einer Aristoteles-Welt wäre diese immer gegeben.

Man kann diesen Zusammenhang getrost auf sich beruhen lassen, weil es noch einen anderen Zugang zum Phänomen der Duplizität des optischen Organs gibt. Man kann sich fragen, ob die Differenz von Einäugigkeit und Doppeläugigkeit auch mit jener ›Vorerfahrung‹ der Fremderfahrung etwas zu tun haben könnte, die zunächst nur als Fremdheit der Sinnessphären des identischen Leibsubjekts gegeneinander eingeführt worden ist.

Es gehört zu den Eigentümlichkeiten der Doppeläugigkeit beim Menschen, daß jedes der beiden Augen getrennt geschlossen oder durch Gebrauch der Hände beliebig abgedeckt werden kann. Das muß so nicht sein; es läßt sich unschwer vorstellen, daß Sehen nur doppeläugig möglich wäre. Dann jedoch gäbe es nicht als unmittelbare Erfahrung, daß jedes der beiden Augen ein von dem anderen verschiedenes Bild liefert, was beim doppeläugigen Sehen die räumliche und körperliche Bestimmung von Gegenständen ermöglicht. Der jugendliche Pfadfinder wie der Schützengildner erlernten den ›Daumensprung‹, ein Verfahren zur Schätzung von Entfernungen, das die Binokularität mit dem Wechsel des Augenschlusses und die Beweglichkeit der Hand im Nahraum zu dessen Überschreitung verbindet. Die deskriptive Pointe liegt im Minimum der Kinästhese beim Eindringen in den Fernraum. Der von Natur Einäugige wüßte nur durch Erfahrungen des Tastsinnes, wie er die für ihn zweidimensionale Gegebenheit zu ›interpretieren‹ hätte als das, was er nicht wahrnimmt. Das muß auch der Doppeläugige an der Fernwahrnehmung leisten, für die der Augenabstand zur Bilddifferenz nicht mehr zureicht. Er projiziert aus den Vertrautheiten seiner Nahwahrnehmung heraus auf das, was vermutungsweise deren räumlich-körperlichen Aufbau hat.

Über die Rangordnung der Sinne ist viel gestritten worden. Wenn nichts entschieden werden konnte, kommt gelegentlich doch bei Rangstreitigkeiten ein Nebenertrag heraus. Der Tastsinn hat einen phänomenologischen Vorzug für die Konstitution des Wirklichkeitsbewußtseins. Er ist nicht identisch mit der Zuerkennung von Leistungsfähigkeit für Erkenntnis als inhaltliche Bestimmung von Gegenständen. Nun läßt sich

sagen, daß dieser Eigenheit des Tastsinnes die Optik durch die frontale Verdoppelung ihres Organs wenigstens nahe kommt. Das Doppelauge, stationär gedacht, würde das kinästhetische Verfahren vertreten, mit dem ein bewegungsfähiges Sensorium durch Umschreitung von Körpern und Synthese der dabei gebotenen Abschattungen nicht nur deren primäre und sekundäre Qualitäten aufnimmt, sondern so etwas wie deren Realitätstiefe – als schlichten Gegensatz zum bloß Bildhaften – vergegenwärtigt. Das doppelte optische Organ vertritt im Ansatz den Tastsinn, wie er jene kinästhetische ›Umschreitung‹ ohne den Vollzug von Schritten – gleichsam aus dem Stand heraus und in damit gegebener partieller Beschränktheit – vornimmt, indem der Körper mit ›etwas mehr‹ als seiner Vorderseite gesehen werden kann. Ein Körper, der im Gesichtsfeld genau nur mit einer Seite als der Vorderseite erscheint, ist ein Artefakt, ein auf diesen Grenzfall präpariertes Werkstück, das auf die dem Präparat zugemessene Distanz in der Blickachse justiert sein muß.
Das Doppelauge ›betastet‹ den Gegenstand, weil es mehr liefern kann als dessen Vorderseite, die streng genommen in jedem der beiden Bilder als eine andere gegeben wäre. So liegt in der Doppeläugigkeit eine Bewegungsimplikation. Sie führt der bloßen Optik als dem distanziertesten und darin nobelsten aller Sinne ein Additum zu, das die Leistungsfähigkeit eines Sehorgans überschreitet und daher auch eine zerebrale Zusatzleistung erfordert. Die Plastik des Dinges hebt es aus der den Weltausschnitt bestimmenden planen Bildlichkeit heraus, die das Standardprodukt der Optik ist. Zweidimensionalität enthält immer eine Verdachtsimplikation: die der Täuschung, der Bühnenmäßigkeit, der Unwirklichkeit.
Plato hatte die Sophisten als bildermachende Zauberer verhöhnt und dämonisiert, die solches durch die Ohren, durch das Anhören ihrer Reden bewirkten; damit hatte er ihnen als

Produkt untergeschoben, was in der Skala seiner Abweichungen vom Seiendseienden die unterste Stufe und letzte Entstellung bildete, die der Schatten. Der *genius malignus* des Descartes war nur deshalb nicht zum bloßen Bildermacher degradiert, weil ihm die unbegrenzten Fähigkeiten eines allmächtigen Wesens beim Vollzug der gedachten Irreführung des Menschen über die Realität der Welt zwanglos untergeschoben werden konnten.

Es gibt sicher keinen Beweis nach der Art des Descartes dafür, daß man um die Welt herumgehen könnte wie um einen Körper, um ihr daraufhin unumstößliche Solidität als ›Existenz‹ zu bescheinigen; aber die Entstehung des Begriffs, der in einem solchen Anspruch überhaupt stecken könnte, wird in der Analyse des Vollzugs der Sinnesleistungen und ihres Verhältnisses zueinander, in einem Verfahren der genetischen Phänomenologie der Bedeutungen also, erkennbar.

Was man als ›Realitätsglauben‹ bezeichnet hat, ist nicht zu verstehen als Annäherung an irgend einen denkbaren Wert von Unüberbietbarkeit; es ist vielmehr so etwas wie die Steigerung eines Abstandswertes von dem bestimmbaren niedersten Grad planer Bildlichkeit. Darin liegt die von der Phänomenologie vielfältig beschriebene Funktion einer Mehrheit von Subjekten für die Herstellung eines Bewußtseins von der objektiven Realität der Welt, in der sie existieren, und jedes der Gegenstände, auf den sie sich intentional einstellen. Sie begreifen, was sie konstituieren, durch die mit jedem von ihnen gesteigerte Entfernung von einem Niveau, auf das jeder von ihnen als vereinzelter reduziert wäre. Aber auch als dieser tendierte er in jeder seiner intentionalen Leistungen bereits auf Entfernung von dem Status, auf den er bei ›intentionaler Trägheit‹ fixiert bliebe.

Was Intersubjektivität zuwege bringt, hat seine Vorzeichnung und muß sie haben in der Subjektivität selbst: in ihrer Selbstangewiesenheit. Ließe sich in freier Variation denken, daß trotz Vielheit der Subjekte alle nur von ein und demselben Standpunkt aus – etwa durch ein einziges Guckloch in einer unendlichen Wand – die Welt betrachten könnten, so zögen sie aus ihrer Pluralität – der Ablösung am Guckloch als absoluter Ungleichzeitigkeit im Weltanblick – nicht den geringsten Vorteil. Da sie auch je als Solitäre weder von ihrer Beweglichkeit noch von ihrer Mehrsinnigkeit, noch von ihrer Doppeläugigkeit Gebrauch machen könnten, wüßten sie nicht einmal, welche zusätzliche Anforderung an das zu stellen wäre, was sich ihnen durch jenes Guckloch zeigte. Sie hätten weder den Begriff von der bloßen Bildlichkeit des ihnen Sichtbaren noch den Gedanken der möglichen Entfernung von dieser Gegebenheitsstufe, schon gar nicht den der solche Distanz gewinnenden Leistungen. Das Höhlengleichnis ist schön und ehrwürdig, aber es simplifiziert die Bedingungen unnötig, um den Wirklichkeitsverlust darzustellen, indem es schon dem Gegenstand selbst alles nimmt, was seine höhere und höchste ontologische Dignität ausmachte, und damit in die Parabel von allem Anfang an einbaut, daß man mehr wissen kann, sogar am Ende, was die Evidenz des Seiendseienden ausmacht. Die Variante mit dem Guckloch in der Weltmauer hat den Vorzug zu veranschaulichen, daß auch unter Voraussetzung der höchsten und schönsten Seinsqualität der Welt selbst ihre Betrachter Dinglichkeit und Bildlichkeit nicht unterscheiden könnten, gar nicht den Begriff dieser Differenz hätten.

Ausgehend von diesen Überlegungen, läßt sich die stereoskopische Wahrnehmung als Vorgriff auf die minimale Multiplikation der Subjekte, deren Duplikation, dem Zug der genetischen Phänomenologie einordnen – ohne also diese sensorische Ausstattung dem anthropologischen Kriterium der Selbsterhaltung und Lebensdienlichkeit zu unterwerfen. An einem einzigen und für ein einziges Subjekt wird ›eingeübt‹ und ›vorbegriffen‹, was ›Umfassung‹ des Dinges ohne dessen ›Umschreitung‹ oder ›Umgreifung‹ zu bieten haben könnte. Noch ohne auf einen anderen angewiesen zu sein oder sich dessen Existenz auch nur vorstellen zu müssen, ist das Subjekt vor dem gefürchteten Solipsismus geschützt, indem es zu präsumieren und zu intendieren vermag, was ein anderer in bezug auf dasselbe zu leisten in der Lage wäre, könnte es die Basis seiner Bildverschiebung vergrößern. Es wäre imstande, den Mangel zu begreifen, der durch die frontale Engführung der beiden Teilorgane bestehen bleibt und ständig durch die Bewegungen ihres Leibträgers im Raum und im Verhältnis zu den Dingen gemildert werden muß, obgleich nicht behoben werden kann. Es ist ein Vorgriff nötig, um das Gesamtorgan der Wahrnehmung derart in Bewegung zu setzen, daß es zu ein und derselben Sache verschiedene Standorte zu durchlaufen und auszuwerten angetrieben sein kann: so etwas wie ›transzendentale Motivation‹, wenn es das denn geben sollte. Sie hat zwei Möglichkeiten, sich zu realisieren: einmal Bewegung des singulär-identischen Organsystems um den Preis unerreichbarer Abstimmbarkeit auf gleichzeitige Befunde; dann Streichung des ersten Gebots im Dekalog, Verzicht, keinen anderen neben sich zu haben, Dreingabe der Einzigkeit zugunsten des Weltbesitzes.

Gegen die Relativierung, die jedes Erlebnis durch die Zeit erfährt, sowohl das erinnerte als auch das des sich Erinnernden, hat die frontale Binokularität den Vorzug der strikten Gleichzeitigkeit der *in sich* multiplen Subjektivität, die darauf vorbereitet, daß nicht Subjektives den Standard der Sache abgibt. Keines der beiden Augen liefert das ausgezeichnete Bild, das gegenüber dem anderen den Vorzug des Nullpunktes in einem System räumlich-dinglicher Gegebenheit und ihrer Aspekte beanspruchen könnte. Indem sie sich gegenseitig relativieren, *leisten* sie *mehr als* Relativität, *fordern* aber zugleich *noch mehr* Relativierung, als sie gegeneinander aufzubringen vermögen.

Wir sehen nicht nur *auf* die Welt, als wäre sie ein Panorama, wie der Riese Polyphem sie gesehen haben muß, bevor ihm Odysseus auch dies Vergnügen verdarb; wir sehen *in* die Welt *hinein*, weil wir immer etwas mehr als die Vorderseite der Dinge wahrnehmen und dies aus der Nahwelt auf die Fernwelt projizieren können. Die Passung der Bilder ist nicht nur lineare Mannigfaltigkeit ihrer partiellen Deckungen und Verschmelzungen in Bewegungsvorgängen in der Zeit: sie ist Gleichzeitigkeit ihrer Duplizität, ihrer innersubjektiven Versetzung gegeneinander noch vor jeder Bewegung des Organs.

Man kann sich leicht vergegenwärtigen, was das bedeutet, wenn man die Differenz der beiden Bilder des einen Sehfeldes ein bestimmtes Maß an ›Erträglichkeit‹ ihrer Versetzung überschreiten läßt. Das Stereoskop erlaubt, die Grenze der Oberdehnung der Koordinationsfähigkeit experimentell darzustellen. Kann die Koordination zum Stereoeffekt nicht mehr erreicht werden, zerfällt das Bild, aber nicht in zwei simultane Komponenten, vielmehr in deren Alternation im Zeitverlauf. Bei all diesem ist Okulomotorik noch nicht im Spiel, so wenig wie die Beweglichkeit des Kopfes oder die des Leibganzen. Das aber sind die drei Stufen, auf denen die elementare Leistung der Binokularität verstärkt und dabei reflexiv allererst bemerkbar gemacht wird. Nicht erst die Beweglichkeit des Subjekts und damit seine Temporalität ist Präsumption der Intersubjektivität, sondern schon seine Mehrsinnigkeit und deren organische Duplizität.

Als Husserl in der »Ding«-Vorlesung von 1907 erstmals die Funktion der Doppeläugigkeit zu beschreiben ansetzte, konnte er seine Analyse nicht von den Entsprechungen und Voraussetzungen im Psychologismus ablösen. Reduktion reicht nicht hin, die inhaltliche ›Reinheit‹ zu sichern. Husserl konnte nicht evident machen, wodurch die Okularität das Bewußtsein intentional begünstigt: seine elementare Disposition zur Objektivität befördert. Der naheliegende Einwand erfordert Entkräftung, ein Subjekt könne durchaus mit einer planen Bildlichkeit der ihm gegebenen ›Welt‹ abgesättigt werden, auch wenn seine Intentionalität als auf theoretische Finalität angelegt gedacht werden müßte. Es versteht sich, daß die phänomenologische Reduktion jede Zurückweisung dieses Einwandes verbietet, sofern sie mit dem Argument erfolgt, ein solches Subjekt könne unter Weltbedingungen, wie sie faktisch sind, nicht leben und nicht überleben. Eben das soll kein Thema der Phänomenologie sein.

Was sie beizubringen hat, ist der an der Wurzel liegende Defekt einer panoramatischen Weltansicht in ihrer bloßen Bildlichkeit. Diese hätte den unüberwindlichen Mangel an einem Realitätsbewußtsein von einer Welt, die nicht darin aufgeht, Inhalt dieses einen Bewußtseins zu sein, also wesentlich so beschaffen ist, daß beliebig viele Subjekte ebenso viele differente Ansichten von ihr haben *können*. Es macht die Grundbestimmung der Welt aus, daß das so ist und für alles gilt, was zu ihr gehört – also für ideale Gegenstände nicht. Der Hiatus zur Intersubjektivität ist dabei jedoch noch zu klaffend, um dem Subjekt seine solipsistische Verlassenheit zu nehmen. Allein die kaum zu behebende Unterstellung, Intersubjektivität spiele sich vornehmlich in der Sprache ab, wirft den Verbund der Subjekte auf eine anthropologische Bestimmtheit zurück, von der sich schwerlich wird zeigen lassen, daß sie zwingend aus der Intentionalität hervorgeht und diese wesensmäßig vollstreckt. Bei aller Zuneigung für den engsten Zusammenhang zwischen Menschenwesen und Sprachbesitz muß zur Vorsicht angehalten werden, dies Tandem der Phänomenologie zu überschreiben. Dies ist der Punkt, an dem die anthropologischen Implikationen unübersehbar sind, so unbestreitbar ist, daß die Sprache die Intersubjektivität perfektioniert – aber auch konstituiert?

Was gesucht werden muß, ist der ›Übergang‹ von der elementaren Sinnesaktion zur Intersubjektivität als der Voraussetzung von vorwissenschaftlicher Objektivität. Und da ist Husserls Bevorzugung der kinästhetischen Sinnesleistungen nicht unfragwürdig. Denn auch an ihnen ist das Phänomen des ›Übergangs‹, des intentional leitenden Vorgriffs, ein Grundproblem. Dieses ist, was rückwirkend die Binokularität aufwertet. Sie ist das *missing link*, durch das jede plane Gegebenheit den ›Überschuß‹ erhält, der ihre Randunbestimmtheit zur Verweisung auf die nur kinästhetisch erreichbaren Folgepositionen macht: die anschließenden Abschattungen, die aktuell werdenden Vorderseiten, die Sequenzen adäquater Darstellungen dessen, was selbstgegeben nicht sein kann.

Entscheidend bleibt, daß die Primärstufe dieser immanenten Annäherung an die transzendentale Intersubjektivität sich durch Gleichzeitigkeit der zum Gesichtsfeld koordinierten Doppelbilder auszeichnet. Mit einer Qualität auszeichnet, wie sie keine Kinästhese haben kann, die aber die Intersubjektivität zurückgewinnt und dadurch erst zur Vollfunktion bringt. Diese ›Strecke‹ ist definitiv vom Psychologismus unbedroht, weil sie ausschließlich Implikationen der Intentionalität realisiert. Es ist, als ob sich das Bewußtsein seine organische Ausstattung selbst beschafft hätte.

Im Gegensinn zum Neukantianismus, der vom Faktum der exakten Wissenschaft ausgeht, präsentiert die Phänomenologie einen von der Sache her geregelten Gedankenzug, der bei den elementaren Ausgangsleistungen des Bewußtseins ansetzt und diesem eine Dimension eröffnet, in der Wissenschaftlichkeit das konsequente *Endfaktum*, nicht das nach den Bedingungen seiner Möglichkeit zu befragende *Urfaktum* ist. Erst die genetische Eingliederung des Themas der Doppeläugigkeit hätte dem Systemmangel der »Ding«-Vorlesung von 1907 ein Ende gemacht: die Hauptthemen der Phänomenologie in einer nach Wichtigkeiten geordneten Kapitelreihe ohne zwingende Folgeverhältnisse zu behandeln. Husserl hat in einer Beilage zur Vorlesung des Wintersemesters 1908/09 den Strukturmangel seiner Phänomenologie tief beklagt, indem er notierte: *Was mich beunruhigt ist, daß ich noch immer keine völlig klare innere Einheit all der Probleme besitze, reinlich auseinandergelegt und geordnet und systematisiert.*[7]

Es war der Zustand der Selbstdarbietung seiner Phänomenologie, der Husserl zu diesem Fazit veranlaßte und damit eine Wende vorbereitete, die den gegen alle Systematik gerichteten Ansatz der Phänomenologie korrigieren sollte und im Konzept einer genetischen Transformation der Methode die längst fällige Ordnungsform ihrer Darbietung fand und ihren systematischen Bedarf deckte. Diese Verspätung ist kein Zufall. Die Zurückführung aller Begriffe auf Anschauungen ist ihrer Natur nach unsystematisch, atomistisch, seriell, auf keine Einheit ihrer Mannigfaltigkeit zulaufend.

Bei der Einordnung der »Ding«-Vorlesung muß zwar das Aufkommen der Wahrnehmung systematischer Mangelerscheinungen beachtet werden: doch darf dies nicht zur retrograden Umdeutung der Teilstücke dieser wie anderer früher Vorlesungen und Aufzeichnungen führen, sie hätten bereits ihre Funktionsstelle in einer genetischen Sequenz gehabt. Was die Analyse hier tut und darf, ist die Explikation von immanenten Tendenzen, die sich zur Unvermeidlichkeit verdichten. Das harmlose Auftreten der Binokularität im Nexus mit dem Thema Kinästhesen hat nichts Belegbares an Vorblick und Vorgriff auf die Einführung der Intersubjektivität; und doch vergeht sich der Nachvollzug jener Beschreibungen nicht am Sachverhalt der singulären Entstehungsart der Phänomenologie, wenn er die Rücksicht auf den faktisch-historischen Status des Problems hintansetzt und das Potential solcher Analysen favorisiert.

7 K. Schuhmann, Husserl-Chronik. Haag 1977, 121.

Also nochmals ein Blick auf diese. Doppeläugigkeit liefert Teilbilder, deren Symmetrieachse in die Tiefe des Sichtraumes von der planen Bildlichkeit des fernen Gesichtsfeldes Schicht um Schicht in allmählicher Vertiefung zu reliefartiger Körperlichkeit führt. Aus diesen Abhebungen, diesen sich ›verkörpernden‹ Schichtungen, konstituiert sich der optische Sinnesraum. Es ist nicht der euklidische Raum, wie Husserl 1916 zeigen wird, *weil Tiefe keine Dimension ist, die mit Länge und Breite vergleichbar wäre.*[8] Ein solcher Satz gibt sich ostentativ in seiner phänomenologischen Rücksichtslosigkeit auf das, was wir ›wissen‹. Wissen hat aber keineswegs eine andere Welt von Gegenständen jenseits eines platonischen *Chorismos,* muß also prinzipiell immer in einsichtigen Schritten von den unmittelbaren Erlebnissen und den auf sie begründeten Bedeutungen her ›erreichbar‹ sein, auch wenn man dies nicht als Begründungsaufgabe fassen will. Wenn also der Erlebnisraum nicht euklidisch ist, bedarf es doch der Herstellung von Anschaulichkeit für die Konstitution des Raumbegriffs der klassischen Geometrie, die man fälschlich für die ›anschauliche‹ Theorie des Raumes hält. Diese Trennung aber ist gar nicht Sache irgendeiner Theorie über den Raum. Der Raumbegriff ist genuin ein Interpretament von ›Erlebnissen‹, reellen und imaginären. Diese Erlebnisse zu beschreiben, ist noch nicht die ›Theorie‹, die ihre Bedingungen einheitlich erklärt.

Was am Erlebnisraum genetisch die dritte Dimension vorbereitet, sind erst die Abweichungen von der in die Tiefe des Blickfeldes führenden Symmetrieachse der Doppeläugigkeit; sie ist immer und wesentlich von unbestimmter Erstreckung, hat also das für begriffsbildende Leistungen des Bewußtseins so unentbehrliche Moment des Undsoweiter. Dies beruht auf Unvorstellbarkeit einer abschließenden Bestimmtheit,

8 Husserl, Gesammelte Werke XVI 354.

sobald so etwas wie Verstellung der Tiefe durch den vordergründigen Prospekt erreicht wäre. Es ist die Bewegungsphantasie, die der geringen Eindringtiefe der Optik eine Dimensionalität gibt, wie sie das Blickfeld durch die mit keiner Augenbewegung je auslöschbare oder einholbare Unschärfe der Ränder für die plane Bildlichkeit erzeugt.

Räumliche Tiefe ist die präsumptive Objektivitätsform des fiktiven Robinson, des gefürchteten *Solus ipse*. Auf der Blickachse seiner doppelbildlichen Optik schreitet er, reell oder imaginär, in die sensorischen Bestätigungen dessen hinein, was zuvor immer nur ›Weltansicht‹ gewesen war. Daß er von der einmal gefaßten und als Orientierung genommenen Perspektive abweichen, aus der gerichteten Kinästhese heraus irreguläre ›Seitensprünge‹ machen und das im Mythos zu Recht für gefährlich gehaltene Sichumblicken riskieren kann – also ein nicht nur zielgerichtetes Verhalten von Ablenkbarkeit und Abschweifigkeit, Umwegigkeit und Umwendigkeit besitzt –, erschließt ihm die Rückseiten der Dinge als die Welt möglicher Positionen erst zu denkender Anderer. Diese hätten ihre eigenen optischen Welttiefen oder sogar solche antipodischer Richtung – auch dann, wenn hinter den Dingen Besetzer solcher Positionen nicht zu sehen wären. Entscheidend ist, daß sie überhaupt *als leer* erlebt werden können.

Dennoch wäre es irrig, erst in dieser Konstitution des dreidimensionalen Raumes, dessen Tiefe ihre Entsprechung zu Länge und Breite hätte, den Begriff der ›Rückseite‹ der Dinge fundiert zu sehen. Sie müssen diese schon in den koordinierten Erlebnisweisen des optisch-taktil komplexen Nahraumes angenommen haben. Dieser Nahraum aber ist derart exklusiv der Eigenraum des Ich-Subjekts, daß in ihm die taktile Erreichbarkeit des optisch Unzugänglichen nichts bedeutet für die Annahme auch nur der Möglichkeit eines anderen Subjekts, für das die Rückseite Vorderseite wäre.

Die phänomenologische Unterscheidung von Nahraum und Fernraum ist zwar präzise definiert durch die Reichweite des Tastorgans sowie den Überschuß der Optik; aber gerade diese Bindung der Differenz an die faktische Ausstattung des Sensoriums wirft die Frage auf, ob nicht schon hier ein Verstoß mit Anthropologismus gegen die Reduktion vorliegt. Darauf ließe sich erwidern, es käme auf die Art der sensorischen Leistung gar nicht an, sondern auf deren Differenz unter dem einzigen Merkmal der Nicht-Deckung der Reichweiten. Aber es geht auch um Unterschiede der ›Verfügbarkeit‹ des Wahrgenommenen. Der operierte Blindgeborene von Cheselden konnte beim optischen Erwachen nicht begreifen, daß die gesehenen Dinge nicht seine Augen berührten, und er war ratlos darüber, daß die außerhalb des Tastraumes liegenden Dinge trotz ihrer Sichtbarkeit nicht ohne die weitere Anstrengung einer Bewegung zu ihnen hin berührt werden konnten.

Ohnehin forderte die Optik im ungleich höheren Maße das Zugeständnis, daß die Dinge nicht so waren, wie sie erschienen. Weshalb konnte man durch das Fenster der Stube ein ganzes Haus auf der anderen Straßenseite sehen, obwohl doch das Fenster viel kleiner war als das Haus? Da ging es um einen deskriptiven Begriff von Nähe und Ferne, der sich durchaus perspektivisch bestimmen ließ, wenn auch immer nur als Relation: das Größere ließ sich auf das Maß des Kleineren bringen, wenn es nur die genügend größere Entfernung hatte. Helmholtz hat diese Fälle in seiner »Physiologischen Optik« (§ 28) besprochen und gezeigt, wie das Kind durch Vergleich mit dem Tastergebnis die Relativität der optischen Größen zu bewältigen lernt. Aber wie waren ›Haus‹ und ›Fensterausschnitt‹ für den Blindgeborenen zu Tasterlebnissen geworden, daß er sich über ihre unerwartete Kompatibilität wundern konnte?

Nähe und Ferne haben für den identischen Gegenstand mit

seiner ›erlebbaren‹ Größe zu tun; die Erlebnisweise ist immer die des Komparativs. Wichtiger noch ist das Erlebnis der optischen Verformung von Dingen, die in der Tasterfahrung als ›starre Körper‹ befunden worden sind, optisch jedoch niemals die standardisierte Position haben können, in der sie die getastete Form aus dem Nahraum bewahrten. Es geht also nicht nur um das Molyneux-Problem der Identifikation geometrisch bestimmbarer Körper mittels ihres Begriffs beim Übergang von der ausschließlich haptischen Erfahrung in die optische; auch der ›wiedererkannte‹ Würfel hat sich, als dieser selbe, scheinbar verformt, wenn er nur noch optisch identifizierbar ist: in der Perspektive besteht die Gleichheit seiner Kantenlängen nicht mehr, die Winkel stimmen nicht etc. Ferne könnte sein, was die vermeintlich starren Körper aus der nahräumlich gesicherten Form bringt. Die Grenze zwischen Nahraum und Fernraum wäre dann eine solche der sensorischen Inkonstanz und Unzuverlässigkeit: noch dasselbe, aber nicht das gleiche.

Wenn der absolute Raum nicht die naturgegebene Form des äußeren Sinnes und seiner Affektionen ist, vielmehr aus den Leistungen des seine Intentionen vollziehenden Bewußtseins allererst herausgetrieben wird, dann geht es bei den harmlos und simpel anmutenden Sachverhalten der Wahrnehmungsanalyse – wie Husserl nicht ohne Pathos schon in der »Ding«-Vorlesung von 1907 gesagt hatte – um das, was *gleichsam den Stoff ausmacht, mit dem das Bewußtsein die Schöpfung der Natur vollzieht.* Auf nichts Geringeres komme es dabei an als darauf, *in die Art dieser Schöpfung Blicke zu tun.*[9] Das ist sowohl die vermutlich früheste Formel für das Programm einer genetischen Phänomenologie als auch die Zuweisung eines Ranges an diese, den ihr kein statischer Platonismus der Bedeutungen verschaffen konnte.

9 Gesammelte Werke XVI 175.

VII

Von den Sachen zurück

Selbstaufklärung: Phänomenologie als Lebensform

Für den hellenischen Philosophen war es selbstverständlich, daß die Theorie, die er betrieb, eine Form, ein Inhalt, ein Ergebnis der Muße sei. Der Römer Cicero nutzte seine politische Zwangspause, um zu philosophieren; nur der Zwang rechtfertigte ihm, das Beste aus dem Ausschluß von den Staatsgeschäften zu machen. Ihm schienen im übrigen die Griechen schon alles besorgt zu haben, was da zu tun war; ihm blieb nur, den schwierigen Übergang jener Errungenschaften zu den Römern mit einiger Ehrbarkeit für die Armut ihrer Sprache zustande zu bringen.

Schwieriger ist sicher zu beschreiben, wie die mönchischen Scholastiker des Mittelalters die Emsigkeit ihrer Produktion von Kommentaren, Summen und freien Quaestionen aufgefaßt haben: ob als ein Stück der harten asketischen Ansammlung von Verdienstlichkeit für das jenseitige Heil oder schon als ein Stück der Vorwegnahme solcher Glückseligkeit der nur noch beschaulichen und anschaulichen Muße. Selbstzeugnisse gehörten schon nicht mehr zum Stil der sich da herausbildenden Professionalität.

Das wird erst recht zwingend der Fall auf allen Vorstufen und Stufen der Verbeamtung von Philosophen. Der Beamte stöhnt nicht, jauchzt nicht, klagt nicht, schweigt über seine Arbeit, sogar darüber, ob sie ihm Freude oder Verdruß macht – und danach sehen dann auch die Produkte aus, die sich im Kanzleistil aller persönlichen Formeln und Floskeln zu enthalten hatten, aber auch als Publikationen der Wissenschaft sorgfältig alles vermeiden, was Mut oder Unmut, Trost oder Trostlosigkeit, Selbstvertrauen oder Zweifel verraten könnte. So strömt, in Ermangelung anderer Ausgänge, die emotionale Energie des beamteten Theoretikers – vor allem, wie er sich in den großen Kontroversen des 19. Jahrhunderts darstellt – in die Polemik. Sie konnte sich ganz das Air des Dienstes an der Sache bei vollem Einschlagen auf die Person geben.

Tritt der beamtete Theoretiker außer Dienst, so kann er endlich etwas tun, was er bis dahin nicht durfte: sich selbst darstellen. So besitzen wir eine uferlose Literatur an Autobiographien, denen gegenüber es kein Vorwurf ist, wenn man sie als überwiegend aus sorgfältigen Selbststilisierungen bestehend charakterisiert – denn darauf durfte der Käufer und Leser vorbereitet sein, und so wurde er nicht betrogen. Aber was man wissen möchte, erfährt man nur selten: Wie es denn wohl zuging bei einer theoretischen Tätigkeit, die nicht schon durch die Geschäftigkeit von Laboratorium und Observatorium genügend legitimiert wird, nämlich als Arbeit. Selbstdarstellungen sind von großem Aufschlußwert, aber gerade nicht von dem, die Beobachtung des theoretischen Arbeiters bei seiner Arbeit zu ersetzen, die Frage zu beantworten: Wie machte das überhaupt einer? Wie schwer tat er sich dabei?

Glaubt man den Geschichtsschreibern der Philosophie, dann ähnelt das Philosophieren am ehesten der Abfassung eines Dekrets: ein Entschluß wird gefaßt, eine Wahl getroffen und nach dem so gefaßten Grundsatz die Sache einigermaßen widerspruchsfrei und, wenn möglich, eindrucksvoll dargestellt. Jede Spur von Ratlosigkeit, vorübergehender oder längerer Vergeblichkeit, ist getilgt. Noch das Ausbleiben des angekündigten zweiten Bandes eines bedeutenden Werkes kann zum Ausdruck des Triumphes in der Sache werden. Wer rechtzeitig über seinen unerfüllten Verheißungen wegstirbt, hat es

gut; man wird ihm nachsagen können, er hätte es doch nicht zustande gebracht, ohne es anhören zu müssen.
Augustin hat als letzte seiner Schriften kurz vor seinem Tod die »Retraktationen« geschrieben, um mit dem Eindruck lebenslangen Nachdenkens dieses und jenes an seinen vielen vorausgegangenen Schriften zu korrigieren und sogar zu widerrufen. Aber man sieht leicht, daß auch dies überwiegend ein Stück seiner großen Rhetorik ist. Die Besiegelung einer Wahrheit mit einem Leben, die letzte Wiederholung des Grundmusters der vielfältigen Bekehrungen, die Gewissenhaftigkeit der Richtigstellung zumal einzelner Formeln zur Willensfreiheit, sind auf den Eindruck angelegt, den ein letztes Wort nach so vielen Prüfungen auf die Zeitgenossen machen mußte. Diese Art der Rhetorik des Widerrufs gehört zur philosophischen Typologie.
Da jedermann weiß, wie schwer es gerade dem Theoretiker fällt, das einst unter Beschwörung der Beachtung aller Sorgfaltspflichten mitgeteilte Resultat zurückzunehmen und durch ein anderes zu ersetzen, gibt er zugleich ein Zeugnis für die Mächtigkeit des Zwanges, unter dem er dabei gestanden haben muß, und läßt niemand darüber im Zweifel, daß es nur die Macht der Wahrheit gewesen sein kann, die ihn ausgeübt hatte. Der experimentierende Naturforscher hat es leichter; er beruft sich auf die zwischenzeitlich vermehrten und verfeinerten Daten seiner Instrumente.
Dies alles habe ich nur vorausgeschickt, um die Besonderheit zu verdeutlichen, die darin besteht, die Tätigkeit des Phänomenologen zu beschreiben. Er hat diese Schwierigkeit selbst erzeugt durch die Methode, die zu befolgen er angekündigt hat: nichts anderes als Beschreibung von Phänomenen zu geben und dies auf der Grundlage der Anschauung und ihrer Evidenz. Da wird man von vornherein verstehen können, wenn er Schwierigkeiten mit der Sprache hat, um seine Anschauung in Beschreibung umzusetzen. Denn dafür ist diese

Sprache nicht gemacht; dazu muß sie erst zugerichtet werden. Aber das ist nun wiederum das älteste Problem der Philosophie. Eine der eindrucksvollsten Entdeckungen aus der Frühzeit der Beschäftigung mit dem Zusammenhang von Philosophie und Sprache war, in welch hohem Grade die Eigentümlichkeiten der griechischen Sprache die Entstehung der Philosophie begünstigt hatten (Verbalsubstantiv, Medium, Artikel).

Schwieriger wird es uns zu verstehen, wenn der Phänomenologe sich genötigt sieht, Korrekturen an früher Vorgebrachtem und Behauptetem anzubringen. Kann man in der Anschauung, gar in der der reinen Wesensschau, etwas Falsches gesehen haben? Ist Ungenauigkeit des Sehens dabei möglich? Was kann, wenn die Vorschriften der Methode eingehalten worden sind, überhaupt an Unglücksfällen passieren, was an Schwierigkeiten und Hindernissen auftreten, in welche Verlegenheiten oder Ausweglosigkeiten kann der Phänomenologe versetzt werden?

Hätten wir von Husserl nur die von ihm veröffentlichten Schriften, angefangen bei der »Philosophie der Arithmetik« und endend bei der fragmentarisch gebliebenen Abhandlung über »Die Krisis der europäischen Wissenschaften«, so könnten wir auf die Frage nach dem arbeitenden Phänomenologen gar keine Antwort geben. Aber inzwischen im Besitz der Edition eines mehr als zwanzig Bände umfassenden und noch immer weiter anwachsenden Nachlaßwerks haben wir in weiten Partien der täglichen Stenogramme so etwas Einzigartiges wie Selbstprotokolle des arbeitenden Gründers und Meisters seiner Disziplin vor uns. Auch dort, wo es sich um die eigenhändigen Vorlagen seiner Vorlesungen handelt, sind Spuren der Unebenheit, der Versetzungen und Verwerfungen im Arbeitsgang von einer Stunde zur anderen, nicht ganz selten. Es gehört zu den schönsten Eindrücken, die wir von der Ernsthaftigkeit dieses Philosophierens haben, daß Husserl sich vor der Selbstverwarnung nicht scheut.

Dabei geht es eben nicht um jenen rhetorischen Effekt, den Widerrufe allemal haben, und um den Verdacht, sie würden gerade um dieses Effektes willen getan, sondern um die Beantwortung der sachlichen Frage, wie sich in den Arbeitsweisen, den Fortschritten und Stockungen, die Eigentümlichkeit der Methode selbst darstellt.

Immer wieder läßt sich das auf den erstaunten Einwand des Lesers reduzieren: Darf so etwas überhaupt vorkommen, wenn man mit der Anschauung von Wesenssachverhalten zu tun hat, die durch kein Medium getrübt, durch keine optische Verzerrung entstellt, durch keine psychologische Indisposition behindert sein kann? Und weiter: Muß man dann, wenn offenkundige Widerrufe nötig geworden sind, nicht die Möglichkeit ins Auge fassen, der Phänomenologe irre sich womöglich über die Art seiner Methode, ihre Einhaltbarkeit und Durchhaltbarkeit, ihre Stichhaltigkeit – ja vielleicht sogar darüber, daß er jemals überhaupt schon von ihr Gebrauch gemacht habe? Es besteht ein enger Zusammenhang zwischen solchen Beobachtungen mit den zugehörigen Überlegungen einerseits und dem Komplex, den ich die ›Beweislastfrage‹ in der Phänomenologie nennen möchte.

Im Grunde arbeitet der Phänomenologe für sich selbst und in der Mitteilung an andere mit der Unterstellung, er biete in seinen Beschreibungen nur Einsichten und Wahrheiten an, die zu dem gehören, *was jeder zugibt*. Das ist zwar nicht eine Formel Husserls, sondern Wittgensteins; aber sie trifft, was aus den Voraussetzungen der Phänomenologie als Methode für die Philosophie, die sie erbringt, gefolgert werden müßte. Die Bedingung wird im gegebenen Fall schon als erfüllt gelten müssen, wenn keiner aufsteht und sagt, er könne nicht zugeben.

Dies alles läßt sich bei Husserl nur an Kleinigkeiten exemplifizieren. Denn, natürlich, der große Gestus der unversehenen Bekehrung fehlt gerade in der Alltäglichkeit des Selbstprotokolls. Wie die Vorlesungen nur von Mal zu Mal niedergeschrieben worden sind, soll zunächst ein Beispiel aus der bekanntesten aller Vorlesungen Husserls, der »Ding«-Vorlesung von 1907, zeigen, aus der die fünf ersten als Einleitung in die Phänomenologie entnommen sind, die zu den frühesten Editionen der Nachkriegszeit gehören.[10] Am 22. Juli 1907 beginnt Husserl seine Vorlesung folgendermaßen: *Ich habe heute damit zu beginnen, mich selbst zu korrigieren. Meine Darstellung gegen Schluß der letzten Vorlesung enthielt, als von den Modifikationen des Bildfeldes die Rede war, die der Entfernung und Annäherung entsprechen, eine unpassende Terminologie, die die Tendenz hatte, eine Behauptung, die nur als Definition Sinn hatte, in eine falsche Behauptung zu verwandeln...*[11] Ich stelle diesen Beleg an den Anfang, weil er besonders schön zeigt, wie ›Fehler‹ und deren ›Korrekturen‹ in der Phänomenologie aussehen können – auszusehen haben. Nicht aus psychologischen oder ideologischen Gründen, sondern weil die Methode diese Art von Fehlern geradezu einkalkuliert. Die Terminologie kann unpassend sein, sie paßt nicht auf den Sachverhalt; und da terminologische Mittel der einführenden Bestimmungen bedürfen, kann bei diesen, noch bevor es zur Beschreibungshandlung gekommen ist und man noch bei der Einführungshandlung verweilt, ein Fehler unterlaufen, der etwas, was bei der Definition noch zulässig gewesen sein mochte, in eine falsche Behauptung der Deskription umschlagen oder auswachsen läßt.

10 Die Idee der Phänomenologie. Fünf Vorlesungen. Ed. Walter Biemel. Haag 1950, Gesammelte Werke II.

11 Gesammelte Werke XVI 231f.

Im vorliegenden Fall geht es um das Verhältnis von Optik und Bewegung. Das Bildfeld eines optischen Subjekts verändert sich im Maße seiner Annäherung an seine Objekte oder seiner Entfernung von ihnen. Aber nur, wenn man schon einen bestimmten physischen Gegenstand ins Auge gefaßt hat, kann man die Annäherung an diesen mit der Dehnung seines Bildes gleichsetzen. Denn die Vergrößerung des Gegenstandes im Blickfeld erfolgt zugleich zu Lasten der Umgebung dieses Gegenstandes, so daß objektiv die Erstrekkung des Gesamtbildes schrumpft. Man wird, um das im Grenzwert zu zeigen, nur durch die eigene Nasenspitze davor bewahrt, optisch die Annäherung an den bestimmten Gegenstand so weit zu treiben, daß man vor lauter Bilddehnung von ihm gar nichts mehr sieht – zumindest nicht mehr weiß, was man eigentlich sieht. Es gibt die Aufhebung des Gegenstandes durch Annäherung genauso wie die durch Entfernung. Mit der optischen Aufhebung der Gegenstände durch Entfernung, durch ihre Schrumpfung zur bloßen Punktualität, hängt bei Husserl die Konstitution des Raumbegriffs eng zusammen. Dies nur zur Erläuterung der möglichen Bedeutung des terminologischen Fehlers bei der Bestimmung von ›Bilddehnung‹.

Wie sich fast von selbst versteht, *sollte* das *wichtigere* Thema bei der Erörterung der Phänomenologie und bei der Beschreibung des Phänomenologen sein, wie sie zu ihren Wahrheiten kommen, also wie man es ihnen richtig nachmachen könnte, wenn man wollte. Es liegt in der Eigenheit der Phänomenologie, daß die *interessantere* Frage ist, *wie* der Phänomenologe seine Fehler macht. Denn sollte jemand bestreiten, daß man auf dem Wege der Phänomenologie überhaupt Erkenntnisse erlangen kann, ist mit ihm sehr schwer zu streiten, weil man ihm äußerstenfalls Stücke geleisteter Beschreibung entgegenhalten kann. Hat aber jemand zugestanden, daß doch einiges recht Ansehnliche bei der Methode herauskommt, ist ihm um so schwerer verständlich zu machen, wie denn auch solches herauskommt, was von seinem Urheber sogleich oder etwas später oder nach langer Zeit wieder preisgegeben werden muß – und das zumeist, obwohl ihm niemand widersprochen hat.

Daß dem Meister so wenig widersprochen wurde, liegt auch an der Eigentümlichkeit der Methode. Sie erfordert sehr viel Übung; wer das Training vernachlässigt oder noch nicht lange und intensiv genug betrieben hat, widerspricht oft nur deshalb nicht, weil er überhaupt noch nichts sieht, geschweige denn etwas anderes. Das hat wiederum mit der Beweislastfrage zu tun: Widerspruch könnte nur heißen, es stände Beschreibung gegen Beschreibung, und nicht einfach nur der Einwand, man sehe das selbst nicht oder nicht so.

Es gibt so etwas wie den Platzvorteil der Erstbeschreibung in der Phänomenologie, wie es ihn einmal in der Geographie oder Ethnologie gegeben hat. Nur ist in der Philosophie kaum zulässig zu sagen, das sei eben die Auszeichnung, die dem Erstgekommenen gebühre.

Wenn es bei der reinen Anschauung Fehler am Gegebenen oder an den Bedingungen seiner Gegebenheit nicht geben kann, dann wird es doch Fehler auf der Seite des Subjekts geben, die nicht vom Typus der Sinnestäuschungen sind, also nicht dem Arsenal der Argumente der alten Skeptiker zuzurechnen sind. Sieht man sich solches bei Husserl an, so läßt es sich am ehesten unter die Titelzeile bringen: *Nicht genau genug hingesehen.* Das ist überall dort der Fall, wo eine aufgestellte Unterscheidung zwar bestätigt gefunden wird, aber als der nochmaligen Differenzierung bedürftig. Wie immer, wenn es nur an Aufmerksamkeit und Beharrlichkeit des Hinsehens gemangelt hatte, sehen sogleich alle, was einer erblickt, wenn er darauf ›aufmerksam gemacht‹ hat. Denn Aufmerksamkeit ist bewirkbar. Darin liegt die vorzüglichste Aufgabe aller Beschreibung, die die Phänomenologie mit anderen deskriptiven Disziplinen gemeinsam hat, so eigenartig auch ihre Gegenstände davon abstechen mögen.

Husserl reicherte seine Vorlesungsmanuskripte sowohl mit Randbemerkungen als auch durch Einlageblätter an. Beide Arten von Zusätzen sind Quellen für die Beobachtung des Phänomenologen bei der Arbeit. Nach einer Stunde der »Ding«-Vorlesung von 1907 muß ein solches Einlageblatt entstanden sein, auf dem steht: *Unmittelbar vor Beginn der Vorlesung bin ich dessen inne geworden, daß die geltend gemachte Unterscheidung in eine Doppelunterscheidung zerfallen müsse in Rücksicht nämlich auf meine Erkenntnis der Transzendenz in der Immanenz...*[12] Hier ist sowohl der Augenblick der Verfeinerung der Unterscheidungen als auch der Gesichtspunkt für die verschärfte Aufmerksamkeit notiert.

Die wichtige *Erkenntnis der Transzendenz in der Immanenz*, die ja so etwas wie der Beginn der Rückgewinnung der Existenz der Welt nach ihrer Reduktion sein mußte und fast gleichzeitig mit dieser angesetzt wurde, war in der Vorlesung des vorausgehenden Wintersemesters 1906/07 erstmals vorgetragen worden: Die Bewußtseinsimmanenz mußte alles enthalten, was die Bewußtseinstranszendenz zu leisten wie hinzunehmen ermöglichte. Es war also Konsistenz zwischen zwei, nur ein Semester auseinanderliegenden, Punkten zunächst voneinander unabhängiger phänomenologischer Entdeckungen herzustellen, was noch vor Beginn der nächsten Vorlesungsstunde dem Phänomenologen dringlich erschien: *Ich habe daher die Vorlesung anders gehalten, als niedergeschrieben wurde und wohl ziemlich korrekt unterschieden...*

Auch die unmittelbare Anschauung der Sache selbst kann eine nur partielle sein; zu den Fehlerquellen gehört also un-

12 Gesammelte Werke XVI 337.

ausbleiblich, daß die Aufmerksamkeit bei der einen Anschauung beeinflußbar bleibt durch die schon gewonnenen anderen Anschauungen. Konsistenz muß dann so etwas sein wie die Wahl der gleichen Maßstäbe des Kartographen oder die Wahl derselben optischen Vergrößerung des Mikroskopikers; sie ist also nicht primär ein systematisches Moment der Herstellung von Widerspruchsfreiheit, etwa vom Typus der »Reinen Rechtslehre« Hans Kelsens.

Im konkreten Fall genügte es nicht, bei der Wahrnehmung die adäquate von der inadäquaten, also die absolut gebende von der nicht gebenden, zu unterscheiden; es war der Unterschied von selbststellender und darstellender Wahrnehmung hinzuzufügen. Denn eine Wahrnehmung konnte durchaus adäquat – nämlich der einzig möglichen Gegebenheitsart ihres Gegenstandes – sein, ohne dessen Selbstgebung zu sein. So ist es bei allen physischen Körpern der Fall, deren Abschattungen jeweils nur eine ihrer Seiten gegeben sein lassen können – was nicht ihr Mangel ist, sondern ihnen derart zugehört, daß gar kein Wesen gedacht werden kann, das sie anders wahrnehmen könnte.

Auch bei adäquater Gegebenheit einer Seite in optimaler optischer Distanz und unverzerrender Einstellung zu ihr kann dies dennoch nur darstellende Wahrnehmung sein, insofern zunächst diese eine Ansicht des Körpers für alle anderen von ihm noch möglichen einzustehen hat. So ist zwar jede selbststellende (später: selbstgebende) Wahrnehmung adäquat gebend, aber nicht jede adäquat gebende auch selbstgebend.

Gerade deshalb aber, weil die adäquate Gegebenheit noch nicht die Selbstgegebenheit sein muß, schließt sie die Möglichkeiten *anderer* Gegebenheiten *für andere* ein: im Extremwert die der Gegenseite zur gegebenen Seite, der Rückseite zur Vorderseite. Sie eröffnet darin das Bewußtsein der nichtausschließlichen Gegebenheit des Gegenstandes durch seine

Immanenz in meinem Bewußtsein für mich. So entsteht jene Transzendenz in der Immanenz, die Husserl unmittelbar vor seiner Vorlesung wieder in den Sinn gekommen war, gerade im Zusammenhang mit der zunächst vergessenen Verfeinerung der Unterscheidungen an der Wahrnehmung.

Man lernt an dieser frühen Selbstkorrektur Husserls etwas, was für die weitere Geschichte der Phänomenologie von großer Wichtigkeit ist: die Veränderungsfähigkeit ihres Begriffes von Evidenz. Für jede Art von Gegenständen gibt es die ihnen spezifische Evidenz, die sich als optimale Qualität ihrer Gegebenheit bestimmen läßt. Solange die Phänomenologie beherrscht war vom Gedanken der Wesensschau als eines Gebietes ihr eigener Gegenstände, war die Forderung absoluter Evidenz scheinbar ganz homogen, also von der Art, wie sich Anforderungen an die Evidenz von Sätzen über Dreiecke stellen lassen. Sätze von dieser Dignität gibt es auch über die Konstitution der Zeit und deren immanente Gesetzmäßigkeiten, um nur ein weiteres Beispiel zu nennen.

Schwieriger ist es bei Sätzen über Wahrnehmung. Absolute Evidenz besitzt der Satz, daß es für jeden wahrnehmbaren Gegenstand ein Optimum seiner Gegebenheit geben muß; was aber die Evidenz der Gegebenheit dieses Optimum selbst betrifft, so ist sie gerade dadurch definiert, daß eine unmittelbare Feststellung aus ihr selbst oder an ihr selbst nicht möglich ist. So gibt es zweifellos ein Optimum der optischen Deutlichkeit eines physischen Körpers, wenn nicht den Punkt einer solchen Unüberbietbarkeit, so doch eine, wie Husserl sagt, *Sphäre des deutlichsten Sehens..., die keine Steigerung mehr offen läßt*; nur, daß es für die Erreichung dieser Sphäre ein Kriterium erst darin gibt, daß sie bereits durchschritten oder sonstwie verlassen sein muß. Man wollte noch besser sehen, indem man näher an den Gegenstand heranging, um nur enttäuscht festzustellen, daß man zugunsten der größeren Deutlichkeit von Teilen seiner

Vorderseite die Gestalt des Ganzen nicht mehr im Blickfeld hatte. Deutlichkeit ist also nicht beliebig steigerungsfähig, auch wenn der Zenit ihrer Erreichung nicht das Merkmal seiner selbst an sich trägt.

Hingegen ist Undeutlichkeit unendlich steigerungsfähig, indem sie gerade aus der Überschreitung der optimalen Einstellung zum Ding entsteht und beginnt, wobei sich Überschreitung als Annäherung und Überschreitung als Entfernung im Prinzip, aber nicht faktisch, gleichen. Von der Annäherung sagt Husserl: *Faktisch geht es nicht. Aber prinzipiell ist es denkbar.*[13] Für den äußeren Betrachter wäre dies – diese Vergeblichkeit der Annäherung bis zum Anstoßen an den Gegenstand – eine Gebärde des übertriebenen Interesses, als Antrieb, die Vergeblichkeit der Konvergenz von Optik und Haptik zu erreichen, die im Augenblick ihrer Realisierung das eine herstellt und das andere zerstört. Freilich, wie man zu Husserls Erörterungen dieser Unterschiede hinzufügen muß: Wer glaubt, den Punkt der günstigsten objektiven Distanz noch überschreiten zu können, stößt sich schließlich an der Sache den Kopf; er gewinnt damit die höchsterreichbare Evidenz ihrer Realität bei zugleich geringster Evidenz ihrer Anschaulichkeit im phänomenologischen Sinne.

Nach der anderen Seite hin, nach der der Divergenz von Optik und Haptik, des Zurücktretens vom Optimalwert der Deutlichkeit, ist Steigerung der Undeutlichkeit unendlich möglich: bis zum Grenzwert des Verschwindens des Dinges, um das es gegangen war. Die Erinnerung an das Ding mag bewahrt werden, indem sich das Maß der Sicherheit, sich an ihm nicht mehr stoßen zu können, steigert; zugleich damit aber verliert sich auch der Grenzwert der in der Immanenz überhaupt möglichen Transzendenz. Sie war die zur Selbst-

13 Gesammelte Werke XVI 131.

korrektur Husserls führende Einsicht gewesen, so wenig er jemals daran gedacht hätte, über die *Anschauung* zur *Anstoßung* hinauszugehen.

Aber die einmal vorgenommene Korrektur hat dann noch die Spätfolge, daß zu einem vorgesehenen Abschnitt der Vorlesung die Randbemerkung nötig wurde: *Nicht benutzt. Die folgende Lehre von der wesentlichen Inadäquatheit der Dingwahrnehmung, sofern sie nur einseitige sein könnte, ist neu zu erwägen aufgrund der späteren Raumanalyse, die wohl dagegen spricht.*[14]

Hat der Satz, ein Gegenstand entferne sich unendlich weit, eine phänomenologisch noch qualifizierbare Bedeutung? Widerspricht er nicht allem, was auf Anschauung fundiert sein kann? Selbstverständlich besagt diese Redeweise nichts über eine objektive Unendlichkeit der Distanz. Sie besagt nur, daß die Entfernung des Gegenstandes oder die vom Gegenstand – was der Beschreibung gleich gilt – als lineare Modifikation ihre Grenze erreicht hat, an der das Bild des Gegenstandes nicht weiter modifiziert werden kann: *Der Null-Grenze entspricht kinästhetisch die Unendlichkeit.*[15] Objektiv kann diese Null-Grenze in jeder beliebigen Entfernung vom sensorischen Ich als dem imaginären Bezugszentrum liegen.

Dieser deskriptive Befund ist, für sich genommen, ganz uninteressant; er wirkt sprachlich aufgedonnert durch Einbeziehung des Ausdrucks ›unendlich‹. Aber für die Unterscheidung zwischen beschreibenden und erschließenden Aussagen, zwischen Phänomen und Objekt, Reduktion und Position, ist er überaus aufschlußreich. Das bedarf der Entwicklung. Denn es zeigt, daß die Null-Grenze nichts anderes ist als die Linie, hinter der der Gegenstand dem Subjekt

14 Gesammelte Werke XVI 338.
15 Gesammelte Werke XVI 249.

gleichgültig wird. Jede Rücksicht auf ihn, jede Vorsicht vor ihm schwinden; die Erinnerung an ihn hat nur noch die Funktion, die Sicherheit vor ihm durch Distanz als Merkposten festzuhalten. Der Gegenstand mag sich, nach Feststellungen objektiver Beobachtung durch andere Subjekte, vom genuinen Subjekt immer weiter entfernen; tatsächlich hat er überhaupt keine Entfernung mehr zu diesem, sofern man dessen Erlebnissphäre als Gesamtheit der zu ihm möglichen Distanzen nimmt. Insofern der Gegenstand aber gewesener und über die Null-Grenze entschwundener Gegenstand dieser Erlebnissphäre war, bleibt so etwas wie eine ›Restintention‹ auf ihn gerichtet; er ist nicht nur in der Zeit erinnerter, sondern auch im Raum entschwundener und derart unendlich entfernter Gegenstand geworden.

Es kann sich freilich Erwartung auf seine Wiederkehr richten, doch muß man sich hüten, hier aus der Reduktion herauszufallen und Objektivierungsformen positiver Wissenschaftlichkeit heranzuziehen, etwa die Entdeckung, daß Kometen wiederkehrende Himmelskörper sind. Erwartung kann auch die auf Erfahrung eines ähnlichen Gegenstandes sein, der dann immer noch mit diesem verglichen werden könnte; doch darf auch hier für die Bildung der Erwartung keine objektive Gesetzlichkeit herangezogen werden. Jene ›Restintention‹ beinhaltet nichts weiter, als daß kein Ding aus der Welt ist; also etwa die Annahme, daß andere Subjekte darüber aus ihrer anderszeitigen und andersräumigen Erfahrung berichten könnten. Der entschwundene Gegenstand, mehr besagt die Rede vom Nicht-aus-der-Welt-sein-Können nicht, behält über jede unbestimmte objektive Entfernung hinweg beim Subjekt seiner gewesenen Erfahrung einen sensorischen Rest. Er gehört zur Geschichte des Subjekts, so wenig dieses zur Geschichte des Objekts gehört.

Das derart beschriebene Phänomen der unendlich entfernten Gegenstände der Wahrnehmung ist für Husserls Theorie der

Konstitution des Raumes und seines absoluten Begriffs von Bedeutung geworden, weil es von diesem Raum die phänomenologisch geforderte Anschaulichkeit im Grunde nicht geben kann. Bei Kant war das ja auch nur durch die Vorgegebenheit der Form des äußeren Sinnes erklärt, also letztlich auf eine Art von eingeborenem Begriff zurückgeführt worden. Bei Husserl muß ein ›Erlebnis‹ gefunden werden, das eine Totalität zwar selbst nicht *vorstellt*, wohl aber *darstellt*. Die Null-Grenze des aus dem Wahrnehmungsraum entschwindenden Körpers, der Ort seiner sensorischen ›Vernichtung‹, ist genau, was in der Totalität der Möglichkeit solcher Erlebnisse in allen Richtungen vom erlebenden Ich-Zentrum her den leeren Raum darstellt.

Auch dieser also kann, wie der endliche physische Körper, niemals anschaulich selbstgegeben, sondern nur in Abschattungen, nur in Darstellungen – und zwar diesmal in ausschließlich punktuellen Darstellungen – ›wahrgenommen‹ werden. Da es keine andere und optimierte Darstellung des leeren Raumes geben kann als diese, ist die beschriebene Erlebnisart spezifisch optimal, also adäquat, obwohl nicht selbstgebend.

Dieser Exkurs hat hier nur zu zeigen, in welchem Horizont möglicher Konsistenzen und drohender Inkonsistenzen sich Husserls Unsicherheiten bei elementaren Fragestellungen bewegen. Ein Fehler bei der schlichten Beschreibung der Entfernung eines Dinges in der Blickachse über die Null-Grenze hinweg könnte bedeuten, daß die Phänomenologie jede Möglichkeit verliert, den Begriff des leeren und absoluten Raumes auf eine Art von Erlebnis, also Anschauung, zu gründen.

Die Phänomenologie, die Husserl sich für die anschauliche Begründung des Raumbegriffs offen hält, ist eine, die es zu diesem Zeitpunkt noch gar nicht gibt, jedenfalls nicht als festgestellte und benannte Verfahrensart; es wäre ein Stück genetischer Phänomenologie. Das Erlebnis ist – anstatt des unmöglichen des leeren Raumes – das des sich leerenden Raumes. Der leere Raum würde das gedachte Gesamtresultat aller Leerungen des Erlebnisraumes sein. Merkwürdig: Der leere Raum ist phänomenologisch genauso schwierig, wie er seit der Antike – genauer: seit der Ausschaltung der Atomistik – gewesen war. Nur ist keinerlei Metaphysik in dieser Schwierigkeit mehr enthalten. Sie besteht schlichtweg darin, daß es vom ›leeren Raum‹ als einem ›gedachten Faktum‹ kein ›Erlebnis‹ gibt. Das war es, was Husserl zu suchen hatte.

Was hier als ›Erlebnis‹ bezeichnet wird, ist nicht als real vorkommende Tatsache des Bewußtseins beschrieben. Faktisch entschwinden uns Dinge kaum je, wie es die Beschreibung voraussetzt. Vielmehr verlieren wir sie aus dem Auge hinter anderen Dingen; am nächsten der gedachten Erfahrung kommend: hinter dem Horizont. Aber der optische Horizont ist eine Sache der faktischen Erdoberfläche, ihrer Krümmung, der Sichtverhältnisse im Medium der Atmosphäre. Das für den leeren Raum konstitutive Erlebnis ist durchgespielt in der freien Variation. Es findet nicht auf der Erdoberfläche statt, sondern als Verhältnis von Leib und Ding im Raum, als relative Bewegung beider gegeneinander. Sie wird subjektiv erlebt als Entfernung und Entschwinden des Dinges. Genau diese Art ›erfundener‹ Erlebnisse, projiziert in die Sphäre transzendental-genetischer Vorkommnisse, wird die genetische Deskription – zumal als genetische Logik – zum wichtigsten Instrument der Methode machen. Dort erst verbindet sich die Reduktion aufs genaueste mit der Variation, indem diese nicht mehr einen statischen Kern von Wesenhaftigkeit umkreist und ausgrenzt, sondern den genetischen Prozeß durch den der Variation selbst darstellt.

Die von Husserl sich selbst vorgehaltene Nichtbeachtung

der aus der Immanenz konstituierten Transzendenz – hier die seltsame des unendlichen leeren Raumes – erweist sich als Folge eines methodischen Mangels. Er besteht im Haltmachen der Imagination des Phänomenologen vor der genetischen Konstruktion – genauer: vor der Beachtung der faktisch schon erreichten Darstellungsstufe von ›Erlebnissen‹ als einer methodisch andersartigen Phänomenologie. Sie war, im Rückblick unverkennbar, schon in der Nominierung der Zahl zum philosophischen Leitthema angelegt. Denn das große Mißverständnis einer Philosophie der Arithmetik war die versuchte Idealisierung der Zahlentheorie anstelle ihrer entschlossenen Genetisierung. Das kann hier nur eine Nebenbemerkung sein.

Nicht immer bemerkte der Phänomenologe rechtzeitig, daß er mit dem vorbereiteten Text einer Vorlesung sich in Schwierigkeiten brachte. Zur Thematik der Entfernungsdeutlichkeit in der Theorie der Wahrnehmung findet sich etwa die folgende mit Blaustift eingetragene Randbemerkung: *Falsch! und leider vorgetragen, aber in der nächsten Vorlesung verbessert.*[16] Der tiefere Grund liegt hier in einer Vernachlässigung der Reduktion: Entfernungen sind statische Feststellungen, deren Äquivalent in der Wahrnehmung jedoch nur als Veränderung, niemals als absoluter Wert, auftreten kann. Woher denn auch die optimale Distanz nur durch ihre Überschreitung, also nachträglich, evident werden kann.

Dagegen zögert Husserl, den Wert der ›Aufmerksamkeit‹ als einen auch in der Reduktion gültigen einzusetzen. Da steht offenkundig die Drohung eines Psychologismus im Wege. Um so interessanter ist, daß er gerade im Zusammenhang mit dem Übergangswert optimaler Deutlichkeit die Aussparung des Themas der Aufmerksamkeit in einem mit

16 Gesammelte Werke XVI 340.

Tinte eingetragenen Zusatz sich selbst gegenüber reklamiert: *Jede Bildauffassung ist, können wir auch sagen, zum größten Teil verworren, unklar, aber sie hat in der Weise der Unklarheit in sich, was bei passender Augenbewegung und Explikation sich zur Deutlichkeit und Klarheit auseinanderlegt. Nicht in Rechnung gezogen worden ist die Funktion der Aufmerksamkeit.*[17]

Jetzt bemerkt Husserl, daß sogar im Gebiet *deutlichsten Sehens* noch nicht die volle Intensität der Wahrnehmung verbürgt ist, weil offenbar das Bewußtsein nicht die Fähigkeit der gleichmäßigen Beachtung einer Mannigfaltigkeit von Gegebenheiten besitzt, auch wenn diese objektiv unüberbietbar gegeben sind.[18] Daher fährt Husserl an der gerade zitierten Stelle fort: *Wäre das ganze Sehfeld ein Feld durchgehender höchster Klarheit, so würde doch der Aufmerksamkeitsstrahl nur durch gewisse Momente hindurchgehen und seine gebende Kraft den entsprechenden intentionalen Strahlen erteilen, welche auch ihren Reichtum hinsichtlich der quasi-Intentionen mitbestimmen werden.* Immerhin wird hier weniger korrigiert als moniert, aber doch etwas, was für den Zusammenhang wesentlich geworden war und dessen Fehlen damit selbst ein wesentlicher Mangel geworden ist.

Husserl schließt seinen Zusatz mit dem an sich selbst gerichteten Gebot: *Das wäre näher zu studieren.* Doch scheint gerade dies Thema als solches Schwierigkeiten der Eingliederung in die phänomenologische Reduktion geboten zu haben.

Dies waren Beispiele von Notizen, die nach Vollzug der

17 Gesammelte Werke XVI 340.

18 Die »Husserl-Chronik« vermerkt für den 27. Juni 1888 ein im Archiv von Löwen befindliches Manuskript über ›Enge des Bewußtseins‹ *nach Brentanos Vorlesungen* (23).

Vorlesung gemacht worden waren. Insbesondere betreffen sie die Optimierung der das Ding jeweils darstellenden Seite seiner Gegebenheit. In deren Steigerungsreihen gibt es Maximalpunkte, aber sie weisen sich nicht aus durch Selbstgegebenheit: *Ich selbst bin der hier so naheliegenden Täuschung früher unterlegen und habe darüber noch in meinen Vorlesungen vor zweieinhalb Jahren Falsches vorgetragen.*[19] Gemeint ist die Vorlesung über »Hauptstücke aus einer Phänomenologie und Theorie der Erkenntnis« im Wintersemester 1904/05, die in der Entfaltung der Zeitthematik als eines selbständigen phänomenologischen Kapitels eine Rolle spielt.

Dort war Zeit als erweiterndes Thema der Phänomenologie eingeführt, aber noch nicht in ihrer einzigartigen, weil alle anderen Bestimmungsstücke des Bewußtseins fundierenden, Bedeutung erkannt worden. Auch in der »Ding«-Vorlesung ist die Stelle der Zeitthematik in der Phänomenologie nur als Selbsttadel des vernachlässigten methodisch-didaktischen Vorrangs kenntlich gemacht: an der *Lehre von den Strahlenbündeln der Intention,* deren jedes durch jedes neue Jetzt und jede Erinnerungsmodifikation der ganzen Zeitreihe hindurchgeht, sich mit jedem neuen Jetztpunkt und seinem neuen Jetztbild verschiebend: *Das ist näher zu erforschen. Es tritt hervor, daß die Zeit viel früher, vor Eingang dieser Analysen schon behandelt werden muß.* Diese wichtige Selbsterinnerung an die Umstellung der phänomenologischen Hauptthemen befindet sich auf einem mit Bleistift beschriebenen Einschubblatt des Vorlesungsmanuskripts und kündigt zum ersten Mal an, welchen Rang das Zeitthema künftig haben wird.[20]

Wie schwierig ist Phänomenologie für den Phänomenolo-

19 Gesammelte Werke XVI 123.
20 Gesammelte Werke XVI 340.

gen? Anschauung, im Grunde die deutsche Übersetzung des griechischen Ausdrucks ›Theorie‹, ist der Tradition nach die leichteste, müheloseste Form der Erkenntnis dessen, worauf man nur hinzusehen braucht, um es zu ›haben‹. Dagegen ist die anstrengende Form der Erkenntnis die der diskursiven Tätigkeit der Vernunft als des ordnungsgemäßen Verfahrens der Ableitungen und Schlußfolgerungen, für die man die im aristotelischen Organon vorgegebenen Fertigkeiten beherrschen, also ein ganzes Handwerkszeug zur Verfügung haben muß. Der Tradition nach hätte es also der Phänomenologe leicht, wenn Anschauung sein sollte, worauf er sich allein beziehen darf.

Man muß sich auch hier auf die Selbstauskünfte des Phänomenologen stützen, in denen er Punkte besonderer Widerspenstigkeit kenntlich macht. Einer dieser Punkte ist die Problematik der Identität des Subjekts. Kann es Erfahrungen geben, die die Identität des Subjekts zerbrechen? Ein Kantianer müßte sagen, eine die Einheit des Bewußtseins brechende Erfahrung könne schlechthin nicht gemacht werden, weil sie die Bedingungen der Möglichkeit von Erfahrung selbst zerstören würde, also ein Widerspruch ist. Diesen Einwand halte ich für berechtigt, dennoch die Rede von der ständigen Erhaltungsbedürftigkeit der Einheit der Erfahrung als eines Inbegriffs von Bewußtseinsleistungen für unvermeidlich, damit den Grenzbegriff der faktischen Gegebenheit von Identität – etwa in der Identität des erinnernden mit dem erinnerten Ich – für zweckmäßig.

Aber gerade da sind eben mißverständliche Formeln, die den Grenzbegriff für einen Begriff des noch Möglichen nehmen, ganz naheliegend. Husserl sagt wiederum in der »Ding«-Vorlesung: *Nur wenn in der Einheit der Erfahrung der stetige Übergang von der einen Wahrnehmung in die andere gewährleistet ist, dürfen wir von der Evidenz sprechen, daß die Identität gegeben sei... Die Wahrnehmungen müssen sich als*

Phasen in die Synthesis einordnen, und das sehen wir eben nur, wenn wir die Synthesis vollziehen.[21] Hier geraten sich Beschreibung und Deduktion gegenseitig ins Gehege. Zwar ist es richtig, daß wir nur im Vollzug der Synthesis die Einordnung der Wahrnehmungen in ihren bruchlosen Zusammenhang ›sehen‹, aber es ist genauso richtig, daß wir dies als das ständig mit Notwendigkeit zu Vollziehende auch nur durch Denken deduzieren, was man bei vorsichtigem Gebrauch noch mit dem Ausdruck ›voraussehen‹ abdecken könnte.

Es gibt selbst im Gedankenexperiment – so viele Stellen bei Husserl dem auch entgegenstehen mögen – den Bruch der Einheit des Bewußtseins durch irgend etwas ihm Gegebenes nicht. Daß Husserl hier mit Schwierigkeiten sich konfrontiert sah, ergibt sich aus der Zusatzbemerkung über die Schwierigkeit der phänomenologischen Arbeit, die offenkundig am Schluß einer bestimmten Vorlesung jenes Semesters gemacht wurde und lautet: *Es ist leichter, Fragen zu stellen, als sie zu beantworten. Es wäre eine ungeheuerliche Anmaßung von mir, wenn ich beanspruchen wollte,... die Fragen beantwortet zu haben. Es handelt sich um erste Anfänge, die nur zeigen können, daß die Probleme angreifbar und wirklich lösbar sind, obschon man ohne Übertreibung wird sagen dürfen, daß sie zu den schwierigsten im Bereich der menschlichen Erkenntnis gehören. Uns aber kommt zugute, was wir an vorbereitender Arbeit zur Phänomenologie der Dinglichkeit in diesem Semester schon getan haben.*[22]

Zu dieser Schlußbemerkung ist später noch eine Marginalie hinzugefügt, die nicht zwingend zum Thema gehört, aber doch noch einmal auf die auch phänomenologisch unum-

21 Gesammelte Werke XVI 155.
22 Gesammelte Werke XVI 156.

gängliche Unterscheidung von Wahrnehmung und Denken eingeht und dies mit der uneigentlichen Verwendung des Ausdrucks ›sehen‹ als antithetisch zu ›denken‹ ausspricht: *Ich weiß im Denken, daß ich mich mit der Erde im Weltraum bewege, aber ich ›sehe‹ es nicht.*[23] Das ist Vorgriff auf das Vehikel-Phänomen, und zwar in seinem größten Maßstab: auf die Leibartigkeit der Erde. Dazu sogleich.

Da bisher Texte und Notizen aus dem ersten Jahrzehnt der Phänomenologie behandelt wurden, ließe sich vermuten, darin dokumentierten sich nur die Unsicherheiten des Anfangs. Aber bei dem Typus seiner Selbstanweisungen und Selbstkorrekturen ist Husserl, soweit wir es verfolgen können, geblieben. Eine Notiz aus dem Jahre 1926 enthält eine der für die Phänomenologie eigentümlichen Selbstermahnungen, die sich nicht nur auf die Theorie der Wahrnehmung, sondern auch auf die der Leiblichkeit in ihrer Verbindung mit der Thematik der Fremdwahrnehmung bezieht.

In dieser Aufzeichnung geht es um die Unterscheidung von aktiver und passiver Ortsbewegung, näherhin um das Phänomen des Vehikels. Gelegentlich hat es Husserl so beschrieben, daß der Leib das einzige Vehikel ist, aus dem wir nicht aussteigen, auf das wir weder auf- noch von dem wir abspringen können. Für das Subjekt ist der Leib der Nullpunkt aller Orientierungen und alles nur bewegt in bezug auf ihn. Für die Differenz positiver und phänomenologischer Verfahren der Beschreibung ist das ein hervorragendes Demonstrationsstück. Alle anderen Vehikel als das des Leibes sind Mittel, durch deren Benutzung auf die Möglichkeit der Selbstbewegung verzichtet wird, um eine Fremdbewegung mitzumachen. Im Grenzfall wird der Boden, auf dem wir stehen und gehen, als Oberfläche des Weltkörpers Erde zum

23 Gesammelte Werke XVI 156 Anm. 1.

Vehikel, von dem wir *wissen*, ohne es als solches zu *erfahren*. Das Bewußtsein bleibt vorkopernikanisch. Dafür ist die Beharrlichkeit des Bodens wichtiger als die der Sprache, die weiter die Sonne auf- und untergehen läßt. Wie der Leib war die Erde vor der Astronautik das Vehikel, das zu verlassen oder zu besteigen nur phantasiert oder gedacht werden konnte.

Wenn sich daran etwas verändert hat, so jedenfalls nicht mit der Radikalität, die der Raumfahrt in der Erwartung zugedacht gewesen war. Zu erinnern ist an das Verfahren zur Zeitkoordination von Raumschiff und Erde: Die Uhren des Raumfahrzeugs bekamen eine von der Bodenzeit abgeleitete und auf diese ständig relativierte Zeit mit (GET: *Ground Elapsed Time*): eine künstliche Gleichzeitigkeit. Verlassen, im strengen Sinne, hätte man die Erde erst, wenn man mit einer absoluten Eigenzeit im Raum unterwegs wäre. Die in der Lebensweltbeschreibung der Phänomenologie gängige Metaphorik des Bodens – sogar des ›Urbodens‹ für die Lebenswelt selbst – erfährt durch die von der Astronautik gelieferten ›freien Variationen‹ eher Verdeutlichung als Veränderung. Zwar wurde die Erde im Raum sichtbar, aber als das, worauf nach einer vorgesehenen Zeitspanne wieder zu landen erst am Ziel zu sein heißen konnte.

Zur Vehikelthematik gehört auch die Fähigkeit, durch Übung die Außenbegrenzung des Leibes auf bewegte Fremdkörper, Fahrzeuge aller Art, zu übertragen. Ohne diese höchst unselbstverständliche Fähigkeit gäbe es den modernen Straßenverkehr nicht. Solche Seitenblicke lassen den Schlußsatz der angeführten Aufzeichnung Husserls in seiner Ernsthaftigkeit heraustreten. Er lautet in schönster Schlichtheit: *Das muß vollkommen durchsichtig gemacht werden.*[24]

24 Gesammelte Werke XVI 373.

Durchsichtigkeit scheint noch mehr zu verlangen als Anschaulichkeit; darin könnte sie die genetische Konstitution mit Vorzug vor der statischen Selbstgegebenheit anmahnen. Aber ›Durchsichtigkeit‹ rivalisiert auch mit ›Leibhaftigkeit‹, und es ist schwer zu sehen, wie sie sich als metaphorische Verweisungen auf den Höchstwert von Gegebenheit sollten vertragen können.

Erdboden und Leib sind die elementaren Vehikel an der Grenze der Unerlebbarkeit. Auf ihrer Lebensweltzugehörigkeit beruht auch ihre Disposition zu absoluten Metaphern. Bodenlosigkeit[25] ist das Äußerste, was sich an Unhaltbarkeit für eine Sache denken läßt; und Leibhaftigkeit das Äußerste, was sie an Dichte und Unverfehlbarkeit ihrer Präsenz haben kann. Mit Husserls frühestem Gebrauch von ›Leibhaftigkeit‹ verbindet sich einer der aufschlußreichsten Ordnungsrufe, warnend davor, das in der Metapher angelegte Mißverständnis zu begehen, die unüberbietbare Gegebenheit des Leibes habe an sich selbst schon den Grad von ›Transzendenz‹, der doch auf dem Umwege über die allerdings nur in wörtlicher Leibhaftigkeit mögliche Fremderfahrung erst konstituiert werden sollte. Transzendenz und Transparenz sollten nicht vorschnell auseinandergerissen werden, um mit der Leibhaftigkeitsmetapher Transzendenz und Opazität konvergieren zu lassen. Das Undurchdringliche ist nicht ›transzendenter‹ als das Diaphane.

Klänge es nicht ironisch, von einer ›ausgezeichneten‹ Gattung von Fehlern innerhalb einer Theorie zu sprechen, wäre ›Leibhaftigkeit‹ der Anlaß, es zu tun. Aus der Vorlesung von 1907 hat Husserl ein Textstück ausgeschieden, das an einen Abschnitt angeschlossen hatte, der sich auf die allgemeine

25 Erst von Heidegger favorisiert in der Ambivalenz von drohendem Fall ins Bodenlose *und* der verlassenen Bodenständigkeit dessen, der nicht mehr Feld- oder Holzwege begeht.

Kennzeichnung einer *Sphäre der Wesenserfassung und allgemeiner Erschauungen überhaupt* bezog. Für die Art und Weise, wie das Wesen als es selbst – im Gegensatz zum Ding, das sich immer nur mit einer seiner Seiten ›darstellen‹ kann – zum *Gegenstand des Schauens* wird, ist eben die Formel gebraucht, daß es sich *im Schauen sozusagen leibhaft* gibt. So könne sich die Intuition auf einzelne ›Erschauungen‹ von Häusern gründen und daran als Gegebenheit das Wesen des Hauses, als in ihnen dargestelltes, erfassen. Mit einer Bleistifteintragung zwischen den Zeilen des Manuskripts ist die – später doch erneuerte – Metapher zurückgenommen und aufs Unmetaphorisch-Sinnliche verwiesen: *Nein! leibhaft = impressional; das gibt hier keinen Sinn.*[26]

Der von Husserl zurückgenommene Text seiner Vorlesung von 1907 enthüllt die immer wiederkehrende Fatalität, daß die Mittel der Beschreibung ihre eigenen – wenn es erlaubt wäre das zu sagen: – Intentionalitäten haben. Er habe früher *von adäquater und inadäquater Wahrnehmung und Wesenserfassung* gesprochen, in den Vorlesungen der vorhergehenden drei Jahre aber die Ausdrücke immanente und transzendente Wahrnehmung bevorzugt. Was aber als Wesensdifferenz durchaus adäquat erfaßt sein mochte, mußte deshalb noch nicht adäquat zu Wort gekommen sein: *Alle diese Ausdrücke sind mir jetzt recht bedenklich; es haften ihnen Versuchungen zu Interpretationen an, die über dasjenige hinausgehen, was wir als evident herausgearbeitet ihnen unterlegen wollen und dürfen.*[27]

Angesichts der Mühen des mit der Sprache glücklos umgehenden Phänomenologen verkennt sich leicht, daß selbst die einwandfreie, ihrem Risiko enthobene Beschreibung die Anschauung nicht ersetzt, sondern immer nur dazu anleitet, sie

26 Gesammelte Werke XVI 338.
27 Gesammelte Werke XVI 384.

selbst zu haben. Es muß gegenwärtig gehalten werden, daß die Beschreibung etwas Zusätzliches zur Anschauung ist, im strengen Sinne – etwa für einen Robinson-Phänomenologen – sogar Überflüssiges. Sie dient der Verbreitung, nicht der Stiftung der Phänomenologie. Ob das auch die Praxis ihrer Rezeption, ihrer Schulbildung und ihrer Weiterführung als Methodik sein kann, ist aus Gründen der endlichen Leistungsfähigkeit jedes potentiellen Phänomenologen zweifelhaft. Und das natürlich um so mehr, je weniger sich die Wiedergewinnung von Anschauung durch Beschreibung bewährt und bestätigt hätte. Daher eben ist so aufschlußreich, welche Erfahrungen der Urphänomenologe im Zeitintervall mit seinen eigenen Beschreibungen und der Erneuerung der in ihnen gespeicherten Anschauung macht. 1906 liest er *viel in der »Philosophie der Arithmetik«* – und muß sich erst *hineindenken.*[28]

Nun ist vielleicht ›Wahrnehmung‹ in der »Ding«-Vorlesung von 1907 ein Thema, dem man so etwas wie ›natürliche Deutlichkeit‹ der Gegebenheitsverhältnisse nachsagen darf. Dazu ist die lange Tradition der philosophischen Behandlung dieses Themas hilfreich. Aber die Phänomenologie hat gerade dazu viel beigetragen, auch solche Gebiete zu erschließen, zu legitimieren und sogar auszuzeichnen, die traditionell mit dem Vorzug des Themas der Wahrnehmung nicht mithalten konnten, sogar ihr gegenüber durch Merkmale der ›Unzuverlässigkeit‹ diskriminiert waren, wie Erinnerung, Bildbewußtsein, Phantasie. Schon in der Vorlesung des Wintersemesters 1904/05 hatte Husserl der Phänomenologie das Thema »Phantasie und Bildbewußtsein« als eines ihrer Hauptstücke vollberechtigt integriert. Unmittelbar an die Behandlung der Wahrnehmung in der ersten Semesterhälfte anschließend, hatte er am 10. Januar 1905 die Frage nach dem

28 Husserl-Chronik 98.

Unterschied von Wahrnehmungsvorstellung und Phantasievorstellung erstmals aufgeworfen.[29]

Angesichts der Bestimmtheiten, die Husserl beschreibend den Phantasievorstellungen entweder zutraut oder sogar zuerkennt, ist man mindestens ebenso erstaunt wie angesichts der Deutlichkeit der Traumberichte, die nahezu gleichzeitig Sigmund Freud in der »Traumdeutung« als Materialien einführt. Bei Husserl sieht es aus, als ließen sich Bilder und Phantasmen auf *einer* Ebene der Klarheit vergleichen. Dann kommt unerwartet die Mitteilung, man habe ja bis dahin nur von den ›klaren Phantasien‹ gesprochen und müsse nun wohl auch in Erwägung ziehen, daß zur Phantasie etwas gehöre, was beim Bild nicht gleichermaßen die Leistung der Vergegenwärtigung des Abgebildeten störe: *Nicht geringe Beunruhigung haben mir, wie ich gestehen muß, gerade die unklaren (sc. Phantasien) gemacht... Indessen bin ich schließlich mit mir darin einig geworden, daß die Auffassung dieser Phänomene als eigentlicher Bildlichkeiten nichts helfen würde... Es handelt sich um eine bloße Tatsachenfrage.*[30] Mit anderen Worten: Unklarheit geht hier zu Lasten der Psychologie – nicht die *über* das Phänomen, sondern die *des* Phänomens.

Der Unterschied zwischen Wahrnehmung und Phantasie selbst ist also keine Sache verschiedener Klarheitsgrade, so wenig wie das bei der Differenz von Erlebnis und Erinnerung der Fall sein soll. Da ist sogar der Lehrer Brentano wegen seiner Abhängigkeit von Humes *vivacity* zu tadeln: *In jüngster Zeit bin ich öfter wankend geworden... Ganz so sicher wie früher kann ich mich jetzt auf den Brentanoschen Standpunkt nicht stellen.*[31]

29 Gesammelte Werke XXIII 1ff.
30 Gesammelte Werke XXIII 87.
31 Gesammelte Werke XXIII 94f.

Der Herausgeber datiert eine Zusammenstellung von sechs kurzen Aufzeichnungen zur Einteilung aller ›Erlebnisse‹ in Impressionen, Reproduktionen und Neutralisationen auf den Zeitraum zwischen 1910 und 1912. Der Ausdruck ›Erlebnis‹ dringt in den Texten vor, gegen die schwächere ›Wahrnehmung‹, als die Urgebung derjenigen Inhalte, die in ihren Reproduktionen identisch bleiben und nur so etwas wie ›doxische Modifikationen‹ erfahren. Immer geht es darum, daß die Modifikation eines erlebten Inhaltes auch die Funktion haben kann, auf diesen Inhalt intentional auszugehen, also die Wiederherstellung des erfüllenden Selbstgegebenseins, obwohl hoffnungslos, zu intendieren. Das spricht gegen die Fixierung der Erinnerung auf ständige Abschwächung mit zunehmendem Abstand vom Erlebnis als einer irreversiblen Prozeßform, während die Phantasie zunächst neutral zu sein schien gegen die mögliche Gewinnung des vollen Inhalts des Phantasmas als eines erst dann aktual zu erlebenden.

Husserl notiert sich zu einem nicht mehr vorhandenen Blatt solcher Aufzeichnungen, er habe da *ein Gesetz ausgesprochen: des Sinnes, daß jede Modifikation eines Aktes zu verwandeln ist in eine meinende Phantasievorstellung von ihm.*[32] Dann der Rückzieher hinsichtlich des Schwergewichts einer solchen Feststellung, nicht hinsichtlich ihrer Triftigkeit: *Lohnt es hier, ein »Gesetz« auszusprechen? Wesentlich ist, daß jede reproduktive Modifikation entweder meinende oder nichtmeinende ist. Und daß jede nichtmeinende in eine meinende verwandelt werden kann.* Man könnte dazu denken, es sei nicht die Sorge eines deskriptiven Autors, wie eine Evidenz zu nennen sei. Aber vielleicht ist es die Sorge eines Schulgründers, der in der Fülle seiner Hinterlassenschaft kenntlich machen will, worauf es blei-

32 Gesammelte Werke XXIII 674.

bend und verbindlich ankommt. Aber ›Gesetz‹ ist von der Methode her, im Mißverhältnis zu ›Wesen‹, ein Fremdkörper.

Die terminologische Unsicherheit Husserls ist gerade in diesen Texten ebenso beträchtlich wie belehrend. Der Umgang mit dem Ausdruck ›Modifikation‹ ist deskriptiv nahezu nichtssagend: *Jedes Erlebnis nun, das nicht selbst zur Klasse der Modifikationen gehört, nicht den Charakter des quasi-Bewußtseins hat, heißt Impression.* Impression also ist, was nicht Modifikation, aber deren Substrat ist. Der andere Versuch war, Impression als aktuelles Bewußtsein zu unterscheiden von Formen der Inaktualität des Bewußtseins, was aber ein sich ankündigender Verstoß gegen die Sonderstellung von ›Habitualität‹ ist; diese ist die vorzügliche Weise von Inaktualität. So ist Husserl denn auch entschlossen, mit dem ›aktuellen Bewußtsein‹ nicht zu arbeiten; Randbemerkung: *Diese Terminologie ist aber nicht die, die ich festhalten werde.*[33]

In einem anderen Zusammenhang erwägt er, für das ›ursprüngliche Erlebnis‹ durchgehend den Ausdruck ›Empfindung‹ zu gebrauchen, macht sich jedoch sogleich den Einwand: *Doch ist es bedenklich, eine solche Terminologie zu wählen. Kommt man nicht damit aus, daß man unterscheidet zwischen Reproduktionen oder reproduzierenden Erlebnissen und eben nichtreproduzierenden? (Das ist deutlich und kostet sozusagen nichts, schön ist es freilich nicht.)* Da wird also der Zugang zur geeigneten Begrifflichkeit von der anderen Seite her gesucht, gleichsam von der Verformung auf die Form als Negat jener bezogen. Doch dazu sogleich die Randbemerkung mit Bleistift: *Oder sollen wir sagen Impressionen, absolute Impressionen?*[34]

33 Gesammelte Werke XXIII 321, mit Anm. 1.
34 Gesammelte Werke XXIII 323, mit Anm. 2.

Wichtiger als die bloße Feststellung der terminologischen Unsicherheit ist die Ermittlung ihrer möglichen Gründe. Die Schwierigkeit liegt in der elementaren theoretischen Alternative, die auszutragen ist und für deren Entscheidung die Erscheinungen offenbar nicht genug hergeben. Welchen genuinen Zustand haben die Impressionen? Man kann all das, was nicht genügt, um einer Impression eine Affektion zuzuordnen – also das, was zum Aufbau der Transzendenz von Wirklichkeit in der Immanenz von Bewußtsein allemal und zuerst gehört, in Husserls Sprache: *das Substrat der jeweiligen Wirklichkeitsbewertung*[35] –, die flüchtigen Vorstellungen, Phantasmen, Erinnerungen, Wunschvorstellungen usw., als den Normalzustand der Impressionen ansehen: eine hochgradige Diffusion von allerlei Inhalten, denen keine besondere Aufmerksamkeit zukommt. Von diesen Leibniz-Perzeptionen nehmen einige bevorzugte energetische Zustände an, durch Agglutination oder ›Besetzungen‹, steigern ihren Auffälligkeitsgrad, attrahieren Aufmerksamkeit und erreichen ein Niveau der Lebhaftigkeit *(vivacity)*, das ihnen durch Zubilligung der Wirklichkeitsqualität zu genügen zwingt. Was hier wie ein Evolutionsprozeß abzulaufen scheint, ist also eine kontinuierliche quantitative Verstärkung, bei der alles, was der Verstärker liegen läßt, eben sekundär irreal ist. Ist die Evolution solcher Differenzierung vollzogen, hat sich ein Standard von Stärkegrad herausgebildet, kann der Prozeß natürlich auch degenerativ verlaufen, wie bei jeder Erinnerung.

Welchen genuinen Zustand haben die Impressionen? Als phänomenologische Einsicht gilt, daß jede Impression ›Urimpression‹ sein oder gewesen sein muß, um alles andere durch Diversifikation werden zu können. Diese Abkunft ist

35 Freiburger Antrittsvorlesung 1917, ed. van Breda, in: Life-World and Consciousness. Essays for Aron Gurwitsch. Evanston 1972, 3-18.

aber nicht Abschwächung der genuinen Lebhaftigkeit, sondern ›Modifikation‹. Modifikation kann ein Stellenwert, ein Ordnungsindex in einem Positionsrahmen sein, wie im Fall der Retention, in der für jede Urimpression das Maß ihrer Distanz zur Quellenstelle der Affektion unwiderruflich als ein im Prinzip durch einen Ordinalindex bestimmbares Moment ist: jede Impression liegt in der Retention endgültig zwischen einer früheren und einer späteren. Nichts anderes ist die Bestimmtheit der immanenten Zeit. Diese gibt aber auch für das Problem im ganzen das Muster her: Alles, was nicht absolute Impression ist, ist modifizierte, und zwar nicht quantitativ degenerierte, invirulente, sondern *spezifisch* modifizierte: Bild, Erinnerung, Phantasie, Wunsch. Die Indices, nicht die Impressionen unterscheiden sich. Dann aber läßt sich nicht einfach sagen, alles, was nicht Modifikation sei, müsse eo ipso Impression sein, denn die Impression bleibt dies auch in der Modifikation. Diese ist eine formale Ausstattung der Impression. Daher tendiert Husserls Terminologie, die Impression mit Zusätzen zu versehen, wie ›absolute Impression‹, dauerhafter: ›Urimpression‹.

Nochmals revidierende Überlegung in einem allerdings später gestrichenen Abschnitt: ob man nicht zwischen ›Empfindungs-Erlebnissen‹ und ›imaginierenden Erlebnissen‹ unterscheiden solle. Da aber ist die Nähe zur Terminologie der Anschaulichkeit als der höchsten Klarheitsstufe ebenso störend wie die der Imagination zum Ausdruck ›Bildlichkeit‹, da keineswegs jede Imagination ein Bildbewußtsein impliziert, wie sich aus weitläufigen Beschreibungen Husserls ergibt. Dazu ein kleiner sprachlicher Exkurs in der gestrichenen Notiz: *Das Wort Bildlichkeit ist aber selbst nur ein bildliches, und es spielt als Etymologie hier ein Bild mit, das gerade sehr schädlich ist. Also ziehe ich jetzt reproduktiv vor, das freilich auch nur ein Wort und nicht ein aus seinem ge-*

wöhnlichen und etymologischen Sinn geschöpfter Begriff sein darf.[36]

Auch wenn gezeigt werden muß, wie eng Fragen der anschaulichen Präzisierung von Unterscheidungen mit der Wahl geeigneter Benennungen zusammenhängen, darf das nicht als ›kritische‹ These verstanden werden, die phänomenologische Beschreibung sei vor allem ein sprachliches Problem. Dieser Anschein kann überhaupt nur entstehen, weil die Beschreibung nicht das *Endprodukt* der phänomenologischen Arbeit ist. Sie ist nur so etwas wie die *Anleitung* zur erneuten Erzeugung der Anschauung durch den Benutzer der Beschreibung.

Hier sind, im Unterschied zu Texten diskursiver Verfahrensweise mit der Reinrepräsentanz deduktiver Verfahren, Schwächen folgenreicher als Fehler. Der Fehler ist immer etwas, wovon man voraussetzen muß, wenn auch nicht immer darf, daß er durch den Rezipienten bemerkt werden kann. Aber wohin führt, um noch ein Beispiel aus dem Umkreis der gerade behandelten Texte zu geben, der folgende Satz: *Jedes Erlebnis des inneren Bewußtseins ist in diesem bewußt als dauerndes Sein in der ›inneren‹ Zeit.*[37] Jeder, der sich an Husserls Analysen zur Konstitution des inneren Zeitbewußtseins schon geübt hat, wird die anschauliche Evidenz, die zu diesem Satz gehört, für sich erzeugen können; aber für sich genommen – als These über Erlebnisse und als Einleitung zu ihrer Unterscheidung von Reproduktionen – kann man dieses sprachliche Gebilde nur mit schlimmen Befürchtungen betrachten, obwohl daran nichts unverständlich oder schwierig, nichts irreführend oder dogmatisch ist, vielmehr gerade die Nähe zur Trivialität die Gefährdung des Nachvollzugs bedeutet.

36 Gesammelte Werke XXIII 324.
37 Gesammelte Werke XXIII 324.

Aufmerksamkeit ist, wie sich schon beiläufig andeutete, ein akutes Grenzproblem der Phänomenologie,[38] nicht nur zur Psychologie und zur Dominanz des Psychologismus hin. Sie ist es auch wegen ihrer noetisch-noematischen Doppeldeutigkeit, die als aktiv-passive Ambivalenz charakterisiert werden kann: Ist es das Subjekt, das im Feld des ihm Gegebenen die bestimmte Zentrierung entstehen läßt, die aus der Unfähigkeit hervorgeht, die Gesamtheit des ihm Gegebenen gleichermaßen zu bearbeiten und zu beherrschen? Oder ist es eine Abhebung im Feld des Gegebenen selbst, die die zunächst diffuse Beachtungsenergie des Subjekts auf sich zieht? Also eine Qualität an der Sinnstruktur der Gegenständlichkeit, wie man in der Alltagssprache sagt, etwas ziehe alle Blicke auf sich?

Schon diese Ambivalenz selbst zu beschreiben, die doch erst das Tor zur Beschreibung öffnet, bietet offenkundig schwer entscheidbare Alternativen an. Bei Husserl ist das dort greifbar, wo er das Verhältnis von Phantasie und Aufmerksamkeit thematisiert. Bei der Wahrnehmung kann das Gesamtfeld des Gegebenen als von sich aus gleichgültig gegenüber dem Subjekt beschrieben werden; bei der Phantasie ist das schwerlich sinnvoll, da das phantasierende Subjekt sich ›nach Bedarf‹ seine immanenten Objekte erzeugt. Andererseits unterliegen diese bestimmten Regeln der Erzeugung, die auch durch jenen

38 In einer Art großer Rechenschaft schreibt Husserl am 25. September 1906 ins Tagebuch, die allgemeine Aufgabe, die er für sich lösen müsse, *wenn ich soll mich einen Philosophen nennen können,* sei ›eine‹ Kritik der Vernunft, der logischen, praktischen und wertenden; die speziellen Aufgaben, die er anschließt, als *Probleme einer Phänomenologie* (wieder der unbestimmte Artikel!) benennt, heißen: Wahrnehmung, Phantasie, Zeit, Ding. Bezeichnender Weise fügt er hinzu, ›Versuche‹ habe er auch gemacht über *Phänomenologie der Aufmerksamkeit.* Es folgen dann noch, in Wiederaufnahme, *die systematische Ausführung einer Phänomenologie der Bedeutungen* sowie ›eine‹ Urteilstheorie. (Husserl-Chronik, 99).

Bedarf nicht verletzt werden können: Wer einen Elefanten in der Phantasie vorstellt, muß sich schon nach einigen Regeln richten, auch wenn er aus ästhetischen Gründen entschlossen ist, einen weißen oder einen blauen Elefanten zu phantasieren. Aber erlaubt das zu sagen, die Aufmerksamkeit sei dann auf die Farbe und nicht auf den Rüssel gerichtet?

Ich habe die Umständlichkeiten des Problems verkürzt, um einen Satz Husserls einzuführen und sogleich seine Bedenklichkeit dazu verständlich zu machen: *Die aktuelle Aufmerksamkeit ist nicht ein Strahl, der irgend geheimnisvoll hineinleuchtet in die unwirkliche Welt des Phantasierten, es ist auch nicht ein Akt, ein eigenes Erlebnis, das sich mit der Phantasie verbindet, und es ist auch nicht neben dem aktuellen Phantasieren, mit dem wir ganz ausschließlich leben, als ein zweites ein aktuelles Aufmerken des aktuellen Ich auf die Gegenstände der aktuellen Phantasie anzunehmen: Vielmehr ist aktuelles Phantasieren selbst nichts anderes als aktuelles Aufmerken auf das Phantasierte...*[39] Hier erscheint also Aufmerksamkeit als eine überflüssige Zutat zum Wesen der Phantasie, ja als Widerspruch dazu.

Nun ist zu fragen, ob es nicht auch im Begriff des Bewußtseins liegt, sofern es als reines Bewußtsein in der Reduktion beschrieben wird, durch seine Intentionalität ganz und zureichend bestimmt zu sein, so daß es nur die Unklarheiten des mundanen, nicht in der Reduktion thematisierten, der Psychologie zufallenden Subjekts sind, die zur Einführung der ›Aufmerksamkeit‹ nötigen. Husserl hat das in einer Randbemerkung zu dem gerade zitierten Text auf die kurze Formel für eine eigene Fehlleistung gebracht: *Und doch habe ich mich wieder in Verwirrung führen und zur Annahme drängen lassen, es gäbe so etwas wie ›reine Aufmerksamkeit‹.* Das ist im Jahr 1912 niedergeschrieben. Es ist wohl doch

39 Gesammelte Werke XXIII 344.

nicht das letzte Wort der Phänomenologie zum Thema ›Aufmerksamkeit‹. Soll es diese in Reinheit geben, ist vorauszusetzen, daß ein gewisses Maß von Diffusion zum *Wesen* des Bewußtseins gehört, sofern diesem Zeitlichkeit und Räumlichkeit nicht zufällig wären.

Aufmerksamkeit ist so etwas wie Ökonomie in Raum und Zeit, Unterscheidung von Rand und Zentrum, Überschuß und Notwendigkeit. Nicht erst ein Bewußtsein, das die anthropologische Kennzeichnung durch ›Reizüberflutung‹ erfahren muß, bedarf der durch Aufmerksamkeit geleisteten Einschränkungen seiner Funktionsbreite – wiederum, sofern der Phänomenologe im Recht ist, Räumlichkeit und Zeitlichkeit jedem Bewußtsein überhaupt zuzuschreiben. Dennoch wird man die von Husserl derart sich vorgeworfene Einführung der ›reinen Aufmerksamkeit‹ nicht als beliebig erfundene Verwirrung akzeptieren wollen, sondern hier wie sonst ›Verwirrungen‹ solcher Art als Indikatoren auf noch unzureichend beschriebene Sachverhalte sehen dürfen. Denn hier – und hier erst recht – gilt Husserls selbstermunternder Satz von 1914 (oder 1915): *Alle Probleme müssen sich lösen durch genaue Beschreibung*.[40]

Aufmerksamkeit, so könnte man das Dilemma der Auflösung näherführen, gehört zu einem dem Wesen nach raumzeitlichen Bewußtsein, aber jeder der Akte dieser Aufmerksamkeit kann nur faktisch, nur unrein sein. So ergäbe sich das Paradox der wesensnotwendigen Unreinheit auch in einem reinen Bewußtsein. Es beruht auf dem Sachverhalt, der schon Leibniz veranlaßt hatte, die Realität von Raum und Zeit zu leugnen, weil das Prinzip des zureichenden Grundes – anders gesagt: das Postulat der Sinnstruktur jedes Bewußtseins – auf Räumlichkeit und Zeitlichkeit nicht anwendbar ist. Deren Wesen ist Indifferenz, Sinnlosigkeit der Lokalisationen, die in

40 Gesammelte Werke XIII 252.

den Medien Raum und Zeit stattfinden. Somit stände Wesen gegen Wesen, verunreinigte das eine unvermeidlich das andere. Dennoch ist, wie ich meine, die notwendige Unreinheit auch des reinen Bewußtseins, die zwingende Einführung der Aufmerksamkeit auch in dieses – als Setzung von Ökonomie gegen Indifferenz – keine Sackgasse der Phänomenologie. Allerdings ist es der Punkt, an dem gewisse Spekulationen gekappt und gewisse Phobien des Phänomenologen überwunden werden müssen. Ich nenne als zentral: die Anthropologie-Phobie.

Evident ist, daß Vollzug der Erinnerung in diesem Zusammenhang nicht analog behandelt werden kann mit Vollzug der Phantasie, obwohl beide im Gegensatz zum impressionalen Erlebnis ›reproduktiv‹ genannt worden waren. Die Erinnerung kann passiv und rezeptiv überflutet werden mit Inhalten, die sie passieren lassen muß, aber nicht akzeptiert, nicht akzentuiert, auf die sie sich nicht konzentriert. Das ist in der Phantasie nicht möglich, obwohl es auch in ihr Mitgegebenheit des Phantasierten gibt, insofern kein körperlicher Gegenstand ohne eine Rückseite, kein Naturgegenstand ohne irgendeine atmosphärische Bedingung vorgestellt werden können. Aber es gibt in der Phantasie kein Konstanzprinzip: die Rückseite des Dinges, das ich phantasiere, kann eine ganz andere sein, wenn ich sie hinzuphantasiere, als mit der genuinen Phantasie verträglich ist. Anders gesagt: Es gibt keine Protention in der Phantasie, die sogar die Erinnerung benötigt.

Nun ist die Konkurrenz von phantasierendem und erinnerndem Ich für den Begriff der Reproduktion uninteressant, mag auch das Material der Phantasie dem Material der Erinnerung entnommen werden. Deskriptiv höchst schwierig aber ist die Konkurrenz von erlebendem und phantasierendem Ich. Das phantasierende Subjekt kann sich nicht selbst als impressionales Subjekt mit seiner ständigen Gegenwärtigkeit des Weltbezugs ausschalten (wobei ich außer Betracht lasse, was durch mystische oder meditative Konzentration da an Grenzfällen möglich sein mag). Husserl hat in dem Text von 1912 sogar von einem ›doppelten Ich‹ gesprochen, dem wirklichen Ich und dem reproduktiven Ich – und sogar von den beiden zugeordneten Aufmerksamkeiten: *Vom Phantasie-Ich geht die Phantasie-Aufmerksamkeit (die phantasierte), die phantasierte Stellungnahme jeder Art aus. Vom wirklichen Ich geht die wirkliche Aufmerksamkeit, die wirkliche Stellungnahme aus.*[41]

Da wird die ganze Problematik der undifferenzierten Rede von Aufmerksamkeit deutlich, denn selbstverständlich geht dasselbe Ich mit ungeteilter Aufmerksamkeit in seine Phantasie ein, nicht ohne damit die wirkliche Aufmerksamkeit im Rahmen seiner wirklichen Impressionen gleichsam zu belasten und zu beschränken. An einer solchen Stelle wird Husserls Apriori der Korrelation von Akt und Inhalt der Beschreibung zum Verhängnis. Denn selbst wenn die ›Phantasie-Aufmerksamkeit‹ – wenn es sie denn geben sollte – von einem so zu nennenden ›Phantasie-Ich‹ ausgehen sollte, darf doch keinesfalls die auf erlebte Wirklichkeit gehende Aufmerksamkeit im Gegensatz dazu als ›wirkliche Aufmerksamkeit‹ bezeichnet werden, und erst recht nicht das Ich dieser Aufmerksamkeit als das ›wirkliche Ich‹; allenfalls als das realisierende Ich einer realitätsbezogenen Aufmerksamkeit. Eben dies wird von Husserl selbst sogleich ein wenig zurechtgerückt, wenn er sagt, es sei *das Merkwürdige, daß die wirkliche Aufmerksamkeit zusammengehen kann mit der phantasierten*, und emphatisch hinzufügt: *Das sind fundamentale Tatsachen. Und auf sie ist überall Rücksicht zu nehmen.*[42]

41 Gesammelte Werke XXIII 350.
42 Gesammelte Werke XXIII 350.

In all diesem ist die sprachliche Schwäche greifbar als Zulassung von Annahmen über das Bewußtsein, die ihm eine Art Mehrschichtigkeit zutrauen. Aber das Ineinander von Wahrnehmung und Phantasie, realisierendem und phantasierendem Ich ist widerspruchsfrei nur beschreibbar, wenn man Intentionalität und Kontinuität trennt: Die Beziehung auf einen wirklichen Gegenstand kann festgehalten werden, auch wenn intermittierend Elemente einer phantasierenden Gegenständlichkeit erzeugt werden. Schließlich gibt es das Zurückkommen auf identische Gegenstände auch im großen Maßstab der Stückelung des Bewußtseins, Intentionalität darf auf keinen Fall auf das Schema der Melodie oder des kinästhetisch umkreisten Körpers fixiert werden, als sei sie nur möglich, wenn Impression auf Impression zu derselben Sache aneinander gefügt würden. Husserl hat recht mit der Mahnung: *Alle diese Unterschiede müssen wir völlig beherrschen lernen!* Darauf folgt denn auch eine Ergänzung, die mit den Worten beginnt: *Übersehen habe ich folgendes. Wirkliche Stellungnahme zu Reproduziertem kann besagen, ich habe aktuelles Selbstbewußtsein, bin in der aktuellen Welt mit meinem Reproduzieren, und zwar bin ich dessen inne, und nun geht ein Strahl der Aktualität aus dieser wirklichen in die Phantasiewelt, von mir aus, meinem rein aktuellen Ich zum Reproduzierten.*[43] Das ist es in der Tat, was zu sagen gewesen wäre.

Stellt man sich die Frage, was am Thema Phantasie den Phänomenologen eigentlich fesselt, so wird die Antwort manchen enttäuschen: Das, was das Gegenteil von Phantasie ist. Zum Zeitpunkt der behandelten Aufzeichnung, 1912, hält Husserl das Problem der Wirklichkeit für gelöst durch den Begriff der Impression und die eigentümliche doxische, glaubensartige Setzung, die allein auf ihr beruht oder mit ihr

43 Gesammelte Werke XXIII 352.

einhergeht. Phantasie ist Reproduktion wie Erinnerung, und beide sind abgeleitete Modifikationen der Erlebnisse als der Impressionen von ›Wirklichkeit‹. Weil das so ist, fällt eine seltene Bemerkung über die authentische und autonome Qualität der Phantasie fast völlig aus dem Rahmen; sie verdient als Ichaussage des Phänomenologen am Schluß einer Notiz vom 8. April 1912, als Kompensation für Enttäuschungen des Beobachters beachtet zu werden: *Ich, ich das aktuelle Ich, amüsiere mich damit, das Spiel der Phantasie zu verfolgen. Das Phantasieren amüsiert mich, im übrigen aber zum Phantasierten nehme ich keine Stellung, vor allem nicht nach Sein oder Nichtsein. Die Frage ist, was liegt hier vor?*[44]
Das Amüsement am Phantasierten ist für Husserl keine eigene Einstellung, sondern nur die Leichtfertigkeit, die auf dem Fehlen doxischer Verbindlichkeit, auf der Pseudoqualität ›ohne Glaubensmodus‹ beruht. So notiert er schon am 10. April 1912, fügt aber hinzu, dieses ›ohne‹ habe sein Problem: *Ob es ein wirkliches* o h n e *gibt, ob es sich nicht um eine Modifikation handelt, ob nicht immer ein Glaubensmodus, evtl. eine Negation da ist, aber jede eine ›Ausschaltung‹ erfahren kann, wodurch das ›bloße Vorstellen‹ erwächst. Das sind die Hauptfragen.* Aber eben für diese Hauptfragen gilt die abwiegelnde Schlußbemerkung: *Lassen wir das vorläufig dahingestellt.*[45] Die Randnotiz zu gerade dieser Stelle ernüchtert noch weiter: *Was hier ausgeführt ist, ist richtig, beweist aber nichts.* Was ist eine phänomenologische Beschreibung, die zwar richtig ist, aber nichts beweist? Was hätte sie zu beweisen gehabt, was nicht in ihr selbst enthalten sein konnte?
Die strenge Durchgängigkeit der Unterscheidung von Bewußtseinsakt und Aktinhalt sowie das apriorische Prinzip

44 Gesammelte Werke XXIII 373.
45 Gesammelte Werke XXIII 380f.

ihrer Korrelation – Entsprechung jedes spezifischen Elements am Inhalt in einem spezifischen Element am Akt – läßt dem Gebrauch des Ausdrucks ›Impression‹ für das Standardniveau aller Gegebenheiten, als Erfüllung der Jetztmomente, wenig deskriptive Berechtigung. Daher Husserls Bestreben, für diese wie für jede andere Art von Gegebenheiten etwas nachzuweisen, was sich unter den Gesamttitel ›Stellungnahme‹ bringen läßt. Das Bewußtsein wird, um es kantig zu sagen, nie überrumpelt; es hat für jede Art von Affektion eine Art der Akzeptanz bereit. Das gilt auch und gerade für eine Gleichgewichtigkeit zwischen gegensätzlichen Stellungnahmen, die Zurücknahme des setzenden Glaubens bei Verweigerung der diesen nichtig machenden Durchstreichung: als ›Neutralitätsmodifikation‹. Nun gilt wiederum Neutralität – dieses Paradox der Stellungnahme als Nichtstellungnahme – keineswegs für die Phantasie und das ästhetische Vergnügen an ihr; wohl aber für die ästhetische Einstellung, sofern wahrgenommene Wirklichkeit ihr Inhalt ist, der dabei keine Durchstreichung erfährt, wohl aber in der genießenden Betrachtung die ›Urdoxa‹ als Wirklichkeit zurückgenommen hat, ohne sie durchzustreichen.

Man könne die Wirklichkeit betrachten, schreibt Husserl am Anfang der zwanziger Jahre, *als ob sie ein ›Bild‹ wäre*. Man fingiere dabei die Wirklichkeit so um, daß sie als ein Bild genommen wird, in dem eben dieselbe Wirklichkeit dargestellt wäre. Es ist klar, daß dies nicht die Einstellung des Theoretikers, etwa des Geographen, sein kann, ja daß es nicht einmal die Einstellung dessen sein kann, der aus einem Stück Wirklichkeit, etwa einer Landschaft, photographierend oder malend ein Bild macht; er intendiert ein Bild, aber er hat es nicht vor sich.

Oder doch? In dieser Notiz macht Husserl am Anfang die Unterscheidung zwischen perzeptiver und reproduktiver Phantasie. Jedes Erlebnis überhaupt unterliege der möglichen Modifikation zum Als-Ob-Erlebnis, jedes Thema der zum Als-Ob-Thema. Husserl hat allerdings gerade diese beiden Sätze mit der Unterscheidung an der Phantasie nachträglich durchgestrichen. Am Rande gibt er seinem Erstaunen über sich selbst – also nicht nur der Problematisierung seiner These, sondern der Verwunderung darüber, sie aufgestellt zu haben – durch die Verbindung von Fragezeichen und Ausrufungszeichen mit dem einen Satz Ausdruck: *Ja, gibt es perzeptive Phantasie?!*[46] Da ist ein Punkt markiert, an welchem Husserl die Problematik der Unterscheidung von Akt und Aktinhalt fast gewaltsam aufgestoßen ist; denn selbstverständlich kann es ein Unding wie *perzeptive Phantasie* nur in einem solchen System der doppelten Ebenen geben.

Beispiel für die ästhetische Bedeutung der ›perzeptiven Phantasie‹ war in einer Aufzeichnung von 1918 die Erlebnisweise einer Theateraufführung gewesen, bei der der Zuschauer *in einer Welt perzeptiver Phantasie* lebt und nicht nur Abbilder vor sich hat oder erzeugt. Da gibt Husserl ein weiteres Beispiel der Selbstkorrektur: *Es kann nicht gesagt werden, daß die Kunst sich notwendig in der Sphäre der Anschaulichkeit bewegen muß. Ich habe früher gemeint, daß es zum Wesen der bildenden Kunst gehöre, im Bild darzustellen, und habe dieses Darstellen als Abbilden verstanden. Aber näher besehen ist das nicht richtig.*[47] Die weitere Durchführung des Beispiels Theater verlangt die Unterscheidung von Abbild und Bild.

Man sieht, daß dieser kleine Exkurs etwa ein halbes Jahrzehnt später, bei der erstaunten Frage nach der perzeptiven Phantasie, bereits wieder vergessen war. Husserl war sich offenkundig nicht mehr sicher, zu welchem Zweck er die

46 Gesammelte Werke XXIII 591; Streichung und Randbemerkung mit Tinte.

47 Gesammelte Werke XXIII 514.

Unterscheidung von perzeptiver und reproduktiver Phantasie eingeführt, für welche Anschauungen er sie benötigt hatte. Wieder kann und muß man sagen, daß Husserls unglückliche Hand bei seinen terminologischen Entscheidungen zu dieser Selbstverblüffung beigetragen hat. Wer die beiden Texte in der umgekehrten Reihenfolge ihrer Entstehung liest, kann das am leichtesten nachvollziehen.

Es mag bei dieser Beobachtung am Phänomenologen nicht ganz nebensächlich sein zu bemerken, daß die Aufzeichnungen des Jahres 1918 über Phantasie während zwei Ferienaufenthalten in Bernau im Frühjahr und im Herbst entstanden sind und mit dem eigentümlichen Wechselverhältnis von reeller Wahrnehmung und Bildwerdung des Wahrgenommenen charakteristische Merkmale der Erlebnisform ›Landschaft‹ beschreiben.

Die Grundfrage ist, ob Phantasie die Perzeption einfach nur unterbricht und sich an deren Stelle setzt oder ob das Phantasieren immer ein ›Hineinphantasieren‹ in den reellen Zusammenhang des Wirklichkeitsbezuges ist. Beschrieben ist, sieht man schärfer hin, das Verlassen des Laborplatzes der Phänomenologie, des geschlossenen Raumes mit Schreibtisch und Aschbecher, in dem sich isolierte Häuser phantasieren ließen, während die Landschaft dazu veranlaßt, ihr bestimmte Phantasiegebilde zuzuordnen und einzuordnen, in einer von ihr induzierten Stimmung das dazugehörige phantasmatische Material einzusetzen. Das wäre wieder bloße Psychologie, bloße Beschreibung faktischer Wunschgebilde und Stimmungen, wenn es nicht einschlägig wäre für eine Frage, die phänomenologisch gestellt werden muß: die nach der Möglichkeit der *reinen* Phantasie. Erfordert diese Reinheit die völlige Ausschaltung der umgebenden und mitlaufenden Wahrnehmung der Umwelt, in der phantasiert wird? Anders ausgedrückt: Ist die Negation der Wirklichkeit die Bedingung für die Möglichkeit der Phantasie?

Diese Fragen wären vielleicht nicht akut geworden, wenn eine intensivere Behandlung des Themas ›Aufmerksamkeit‹ erfolgt wäre. Sie ließe solches Mitlaufenlassen von Umgebungsgegebenheiten dessen, worauf sich die Beachtung konzentriert, nicht nur faktisch, sondern notwendig erscheinen. Das Bewußtsein kann gar nicht anders als konzentrisch zu arbeiten, tut es faktisch bei jeder optischen Änderung. Aber natürlich ist das noch kein Beweis dafür, daß das Verhältnis von Phantasie und Wirklichkeit ebenfalls ein solches der konzentrischen Einlagerung von Fiktum in Faktum sein kann und muß.

Die Annahme des möglichen Nebeneinander von Faktum und Fiktum mußte allerdings das von Husserl immer wieder beschriebene Phänomen des Widerstreits (etwa von Puppe und Mensch) entweder zur Harmlosigkeit nivellieren oder zur Ständigkeit erheben, die Entscheidbarkeit im Ausgang von Widerstreiten durch Evidenz beeinträchtigen. Das dürfte der Grund sein, weshalb der Phänomenologe bekennen muß, es hätten *ernste Bedenken* ihn *immer wieder schwanken* (sc. *lassen*) *in der Entscheidung, was hier die richtige Auffassung ist*.[48] Nach der Rückkehr aus den Ferien ins deskriptive Labor mögen die Bedenken nicht mehr so gewichtig erschienen sein; und so wurde der Zusatz ›ernst‹ aus dem Zusammenhang wieder gestrichen.

Aber der Zweifel blieb, *ob es so etwas wie eine völlig reine Phantasie gebe, also eine Phantasie außerhalb aller Verknüpfung mit Erfahrungsakten*. Denn in der Erfahrung selbst sei jede einzelne in einen Zusammenhang eingebunden und über diesen *dem gesamten Bewußtseinsfluß*. Zweifellos müsse auch jedes Fiktum der Phantasie dieser *letzteren* Einbindung unterworfen sein, also *dem gesamten Bewußtseinsfluß* angehören. Man bemerkt, daß die Identität des Bewußtseins auch

48 Gesammelte Werke XXIII 508f.

hier das Grundproblem des Phänomenologen ist. Die Behauptung einer völlig reinen Phantasie würde fraglich machen, wie sich diese Identität erhalten ließe, ohne Zuflucht zu Psychologismen zu nehmen wie denen, daß die *gewöhnlich uns einfallenden Phantasien* als Fiktionen im Zusammenhang *dunkel gesetzter Wirklichkeit* auftreten.

Wichtiger ist wohl die Beobachtung, daß das Subjekt der Phantasie notwendig als realer Zuschauer seiner Phantasmen dabei ist. Wenn aber notwendig, dann nicht nur in der Weise, *daß wir dabei immer schon konstituiert sind als wir Menschen in unserer Erfahrungswelt, über der die Phantasie zwar schweben mag, aber vielleicht doch notwendig so, daß sie irgendwo mit der Erfahrungswirklichkeit zusammenstößt.*[49] Gerade das darf aber, da es um die Identität des Bewußtseins selbst geht, keinesfalls eine Feststellung außerhalb der Reduktion und unter Bezugnahme auf die faktische Selbsterfahrung sein. Insofern sind Husserls Bedenken, vom Standpunkt des Lesers her, doch ernste; sogar noch ernster zu nehmen, als er sie den Meister nehmen sieht, der zur Herstellung der *Reinheit* der Phantasie, auf deren Wesen es ihm ankommt, die Erhaltung der *Einheit* des Bewußtseins aus dem Vordergrund seiner Sorgen weggeschoben zu haben scheint. Es gibt nicht nur faktisch keine reine Phantasie; vielmehr ist deren Unreinheit geradezu ein notwendiges Zugeständnis der reinen Phänomenologie selbst.

Man vergleiche das Bedenken, ob es ›reine Phantasie‹ gebe, mit dem gedachten Bedenken, ob es ›reine Theorie‹ gebe – um sogleich zu sehen, wie schwierig die Antwort auf der Seite der Phantasie ist. Die Beteiligung von kontingenten Subjekten ist zwar in der faktischen Genese von Theorie ein Störfaktor, aber ein im Prinzip aufhebbarer: Zu sagen, der Gegenstand der Theorie existiere ›objektiv‹, heißt nicht nur,

49 Gesammelte Werke XXIII 509.

eine Mannigfaltigkeit von Subjekten sei der Vereinigung ihrer Bestimmungen dieses Gegenstandes fähig, sondern besagt vor allem, diese intersubjektive Geltung bedeute für jedes der beteiligten Subjekte seine Ersetzbarkeit durch jedes andere. Darin liegt sein Zugeständnis, der Gegenstand bestehe unabhängig vom Bewußtsein, das es von ihm habe. Das ist zugleich der schlechthin evidente Fall des Korrelationsapriori: Subjekt und Objekt verschaffen sich in unauflöslicher Entsprechung ihre respektiven ›Reinheiten‹.

Bei der ästhetischen Einstellung, beim Verhältnis des ästhetischen Subjekts zu seinem Gegenstand, gilt die entgegengesetzte Aussage. Der theoretische Gegenstand muß ohne sein Subjekt gedacht werden können, weil es sonst Unsinn wäre, von seinem Unerkanntgewesensein und seiner Entdeckung und von der möglichen Entdeckung immer weiterer theoretischer Gegenstände zu sprechen; der ästhetische Gegenstand ist ohne seinen Zuschauer sinnlos, das Bild ohne seinen Betrachter, das Theater ohne sein Publikum, das Musikwerk ohne seine Zuhörer. So auch die Phantasie ohne ihren einzigen Zuschauer, den sie haben kann und auf dessen Subjektivität sie daher auf Gedeih und Verderb angewiesen ist. In allen diesen Fällen gibt es so etwas wie einen konstitutiven Defekt der Reduktion, den der Wesentlichkeit des Phänomens zu integrieren die exzeptionelle Schwierigkeit ausmacht.

So evident es nun ist, daß der Zuschauer der Phantasie nur der eine sein kann, der sie hat, so unsicher ist, ob der Betrachter des Gemäldes in der Galerie gerade das Subjekt ist, welches das Bild voraussetzt, der Bezugspol seiner Einheit, seiner Stimmung, seiner Bedeutungsträchtigkeit, oder ob der reale und zufällige Betrachter rivalisiert mit einem nicht anwesenden, nur postulierten Subjekt, welches wesentlich die durch das Bild ermöglichten Erlebnisse hätte. Keiner hat sie, aber jeder mißt sich an ihrer Möglichkeit und damit an dem namenlosen Subjekt, dem das Werk, wenn man so sagen darf,

›bestimmt‹ ist. Die Unreinheit der ästhetischen Situation besteht gerade darin, daß dieses Subjekt ebenso wesentlich impliziert wie wesentlich abwesend ist. Es ist als abwesend impliziert. Darauf beruht auch, daß das ästhetische Subjekt – sich im ›Geschmacksurteil‹ artikulierend – eben nicht von der Art allein ›subjektiv‹ ist, wie es etwa das des Prädikats ›glücklich‹ ist.

Keineswegs ist das ästhetische Subjekt deswegen das transzendentale Subjekt, dessen Wesen im Gegenteil seine absolute ständige Anwesenheit ist. Der Zuschauer mag der vorgestellte Erfüllungsgehilfe des Autors sein, er ist nicht der des Werkes, dessen Subjekt sich genauso autonomisiert hat wie es sich selbst. Der Unterschied ist bedeutend, denn der faktische Zuschauer nimmt das Werk wie seine Phantasie allenfalls in die Konsistenz der Geschichte seines Bewußtseins auf, gefesselt an die Zeitstelle einer Erfahrung wie einer Phantasie, während das dem Werk a priori korrelative Subjekt seine Geschichte allein mit diesem Werk hat. Der Nachweis, daß dieses Subjekt keine abstrakte Fiktion ist, sondern eine Realität von der Art geschichtlicher Realitäten sonst auch sein könnte, besteht einzig darin, daß die ›Geschichte‹ des dem Werk korrelativen, adäquaten Subjekts geschrieben werden könnte. Das ist freilich ein Gedanke, der von Husserls akuter Frage nach der möglichen Reinheit der Phantasie wie nach der des ästhetischen Subjekts weit abführt, wenn auch konsistent abführt.

Findet sich nun eine Spur dieses Sachverhalts, der Trennung von faktischem und korrelativem Subjekt des ästhetischen Objekts, bei Husserl? Also von dem, was das ästhetische Subjekt vom Subjekt der Phantasie unterscheidet? Am Schluß einer Aufzeichnung vom Frühjahr 1912 über Bildbewußtsein steht: *Eine Landschaft erweckt eine Stimmung. Eine Bildlandschaft stellt Landschaft in einer Stimmung dar: Ich brauche im Ansehen nicht wirklich in Stimmung zu kom-*

men... Soll ich sagen, ich, nicht als empirischer Mensch, sondern ›rein als Korrelat der Stimmung‹? Die Stimmung ist ein quasi setzender Akt, der der Landschaft die ontische Stimmung erteilt. Die Landschaft mit diesem ontischen Charakter ist dargestellte Landschaft... In meinem quasi-Gestimmtsein bin ich mir der Landschaftsstimmung (als einer quasi-Stimmung) bewußt, und dies stellt mir Landschaftsstimmung dar. Zu diesem Text ist mit Tinte eingefügt: *Das muß viel besser ausgeführt werden.*[50] Die Anschauung ist da, die Beschreibung hält mit ihr nicht mit. Betont ist durch die Bemerkung, daß es nicht um eine beiläufige Ergänzung zum Thema ›Darstellung von Stimmungen‹ geht, so daß diese als psychologische Fakten aus der Reduktion herausfallen müßten.

Eine Phänomenologie der Stimmungen wird es erst im Gegenzug gegen Heideggers Existential der ›Befindlichkeit‹ geben, und zwar mit der ganz verfehlten Frontstellung positiver gegen negative Stimmungen. Das Problem, das Husserl lange zuvor beschäftigt hatte, war die Durchhaltbarkeit der Korrelation von Akt und Aktinhalt bei einem ästhetischen Subjekt mit seinen Gestimmtheiten. Denn jene Korrelation besagte vor allem, daß es zu jedem Inhalt eine spezifische Stellungnahme geben müsse, wobei schon von der Wortbildung her die beiden Gebilde ›Selbststellung‹ und ›Stellungnahme‹ die Argumentation verdeutlichen. Das Subjekt ist wesentlich Stellungnahme. Die Inhalte des Bewußtseins wären ohne die ihnen adhärenten Stellungnahmen bis hin zu der der Neutralitätsmodifikation nicht die seinigen. Stellungnahme ist eben nicht so etwas wie freie Handlung, sondern das Korrelat zum Inhalt und seiner Gegebenheitsweise. Die beiden schärfsten Selbstzurechtweisungen, die Husserl sich in seinen Aufzeichnungen erteilt hat, stehen in diesem Zusammenhang.

50 Gesammelte Werke XXIII 476, mit Anm. 2.

In den Osterferien 1912 vergewissert sich Husserl in einer verdichteten Aufzeichnung, daß noch in der schlichtesten Wahrnehmung von inhaltlich bloßer Rezeptivität ein Moment der Stellungnahme steckt, mag es Zuwendung oder Aufmerken genannt sein. Die Sachfrage ist in der späteren genetischen Logik vertraut, weil es Modalisierungen ohne dieses Substrat nicht geben könnte. Die Blätter über ›Stellungnahmen‹ von Ostern 1912 hat Husserl der Randbemerkung mit Rotstift für wert gehalten: *Höchst wichtig als Schutzwehr gegen manche große Verirrungen, die ich in diesem Monat März-April 1912 begangen habe.*[51] Noch einmal stellt sich uns die Ausgangsfrage dieser Beobachtungen des Phänomenologen bei seiner Arbeit: Wie kann es ›große Verirrungen‹ und damit den Bedarf nach einer ›Schutzwehr‹ gegen sie geben, wenn sich die phänomenologische Forschung angesichts der Anschauung, und deskriptiv auf diese bezogen, vollzieht?

Der Umfang des von ihm selbst veröffentlichten wie des nachgelassenen Lebenswerkes des Phänomenologen lenkt auf eine mögliche Antwort hin. Die Massen geleisteter Beschreibung bilden kein stetig verfügbares Resultat. Sie geben von sich aus keine Orientierung für die Rezeption des Materials. Die Phänomenologie wird erdrückt von ihrem Ausstoß, weil sie sich versagen muß, zum System zu werden. Der am Schluß der »Cartesianischen Meditationen« vollzogene Kreisschluß der intersubjektiven Konstitution mit dem Ausgangspunkt der Reduktion schließt keineswegs einen in sich gegliederten Weg ab, wie konsequent der Schluß als solcher auch sein mag. Dasselbe gilt für die vertikale Gliederung des Materials. Nur für die Konstitution des inneren Zeitbewußtseins ist der Primat der schlechthin fungierenden Struktur und damit der Anschluß an die Definition des Bewußtseins als Intentionalität gesichert. Aber schon der Übergang zur

51 Gesammelte Werke XXIII 459, Anm. 1.

objektiven Weltzeit als einem konstitutiven Moment jedes Naturbegriffs ist ein ungelöstes Problem der Phänomenologie geblieben. Ihre konstruktive Schwäche sollte ihre intuitiv-deskriptive Stärke sein; aber deren Ertragsart hatte wiederum ihre Unhandlichkeit und Ungefügigkeit, ihre Kumulativität zur Folge.

Läßt man diese objektive Ordnungsproblematik der deskriptiven Erträge beiseite, bleibt um so deutlicher die Gefahr, daß der meditativ zu den höchsten Höhen der Reflexion aufsteigende Phänomenologe mit seiner faktisch-menschlichen Ausstattung, seiner ›anthropologischen‹ Beschränktheit, diesen Anforderungen nicht gewachsen ist. Das erscheint am Werk Husserls weniger als eine Frage der intuitiven Kraft oder des deduktiven Scharfsinns, vielmehr als eine Sache der *Memoria*. Das meint: der Präsenthaltung des je schon authentisch Erarbeiteten.

Die Hinterhältigkeit des Vergessens wird erschreckend belegt durch eine Selbstwahrnehmung, die am Ende der Aufzeichnung steht, die mit der gerade angeführten Rotstiftakzentuierung begonnen hatte. Deren letzter Satz lautet: *All diese Dinge habe ich doch im Wesentlichen schon längst festgestellt, und es ist sehr merkwürdig, fast unglaublich, daß ich jetzt einen ganzen Monat lang mich quälen konnte und sie vollständig vergessen hatte.*[52]

Diese Diskrepanz zwischen den Anforderungen seiner Methode und den organischen Möglichkeiten des mundanen Subjekts ist der tragische Zug am Bild des arbeitenden Phänomenologen. ›Tragisch‹ mag als ein zu großes Wort erscheinen, nimmt man die Größenordnung der Sachfragen, um die es geht und die sich im Verhältnis zu den großen Problemen der vergangenen Metaphysik eher harmlos ausnehmen. Was Tragik genannt worden ist, muß jedoch in Relation gesehen

52 Gesammelte Werke XXIII 463.

werden zur Selbstdefinition der Phänomenologie als einer Wissenschaft von den Trivialitäten: das Thema klein zu halten, um die Sicherheit seiner Behandlung groß zu machen – und dadurch den Grund für weiteres zu legen. Dieser Anspruch, maßstäblich genommen, läßt es als wenig aufregend erscheinen, wenn Husserl in einer der ›klassischen‹ Monumentalfragen der Philosophie Unsicherheit oder gar Widersprüchlichkeit verrät. Man wird da sogar einzuräumen bereit sein, ihm sei gar nicht zulänglich vertraut gewesen, was seit je zum Philosophischen gehört hatte. Der Mangel der historischen Dimension macht sich auf Schritt und Tritt bemerkbar und läßt die Schwäche erkennen, die gegenüber Heidegger, wiederum ›tragisch‹ – nämlich mit dem Verlust der Schulperspektive einer Zukunft der unendlichen Aufgabe –, zutage treten sollte.

Der Unterschied zwischen adäquater und selbstgebender Vorstellung besteht einfach darin, daß es für alle Gegenstandsarten adäquate Gegebenheit, nicht aber Selbstgebung geben muß; denn was adäquat ist, bringt nur die jeweilige Besonderheit des Gegenstandes zu ihrer optimalen Erscheinung, während die Selbstgebung dies selbstredend ist, aber zugleich die am Maßstab möglicher Evidenz überhaupt gemessene Gegebenheit. Die Fehler, die hier möglich sind, messen die adäquate an der selbstgebenden Vorstellung und suggerieren ihre Steigerungsfähigkeit zu dieser für einen der Anforderung gewachsenen Intellekt, ein unbeschränktes Bewußtsein. Für dieses wären Angemessenheit und Selbstgebung stets identisch.

Kann es dieses Subjekt geben? Lassen die Ergebnisse der Phänomenologie zu, es zu denken? Die Seitenansicht eines Würfels läßt sich optimieren, fast zu ihrer ›idealen Erscheinung‹ bringen; der Würfel selbst jedoch nicht, weil er vielfach äquivalente Abschattungen, als jeweils optimierbare Darstellungen, anbietet und wahrnehmen läßt. Er ist für jedes überhaupt denkbare Bewußtsein, sofern es optischer Wahrnehmungen fähig ist, ein perspektivischer Gegenstand und nur in untereinander äquivalenten Ansichten zur adäquaten Darstellung zu bringen. Also gibt es seine ›ideale Erscheinung‹ nicht? Welcher Art könnte diese sein?

An diesem Punkt macht Husserl einen Darstellungsfehler. Er geht von der Ausgangsfrage nach der vollkommenen Gegebenheit *eines* Aspekts eines Dinges über zu der Frage nach der vollendeten Gegebenheit des Dinges selbst: *also keine Rückseite, kein Innen bliebe ohne Darstellung*. Es gäbe nichts mehr von Unbestimmtheit, von unerfüllter Intentionalität. Dann bliebe auch kein Unterschied zwischen der Erscheinung und dem Erscheinenden; die in dieser Differenz liegende Transzendenz des Dinges gegenüber seiner Erscheinung wäre aufgehoben. Es ist verblüffend, mit welcher Sorglosigkeit Husserl diesen Übergang vollzieht. Um von der Gegebenheit eines Körperdings zu sprechen, bei der es keine Rückseite, keinen Unterschied von Innen und Außen und natürlich erst recht keinen Unterschied von Fern und Nah gibt, mußte ein andersartiges Wesen, als es der Mensch ist, eingeführt werden: *Ein unendlich vollkommener Intellekt, möchte man phantasieren, hat von dem Ding und hat von der ganzen Welt reine Anschauung. Er hat in seinem Gesichtsfeld die und die qualitativ so und so ausgefüllten Gestalten, und das sind die Dinge. Allerdings unser visuelles Feld ist zweidimensional. Nun, der unendliche Intellekt hat ein dreidimensionales Gesichtsfeld. Das ist der ›objektive Raum‹; dieser kann sich verschieden begrenzen, d.h. verschiedene Aufteilung durch trennende Qualitätsausbreitungen erfahren und die zu jedem Zeitmoment gehörige Aufteilung. Die Mannigfaltigkeit der ausgefüllten Gestalten – das ist die zu dem betreffenden Zeitmoment gehörige ›Welt‹.*[53]

53 Gesammelte Werke XVI 117.

Idealsubjekte sind in Philosophien immer gedacht worden. Der unbewegte Beweger des Aristoteles, der ganz in der Genügsamkeit sich selbst zu denken aufging, war ein solches; und der Gott der mittelalterlichen Scholastik, der die *veritas ontologica* besaß und dem Menschen die darauf bezogene *veritas logica* überließ und verbürgte, war nichts anderes. In jedem solcher Fälle kann man fragen, wieviel für die jeweilige Philosophie davon abhing, daß dieses Idealsubjekt richtig gedacht und eingesetzt worden war. Wie auch immer dies im Einzelfall gewesen sein mag – für die Phänomenologie gilt, daß sie keine Wesensansicht von der Wahrnehmung besäße, wäre der von Husserl konzipierte ›unendlich vollkommene Intellekt‹ ein Stück der freien Variation.

Ihn auch nur zulässig zu finden, degradiert die Phänomenologie der Wahrnehmung zu einem Kapitel der Anthropologie. So wurde Husserl dennoch eingeholt von dem, was er am meisten fürchtete und für schlechthin unverträglich hielt mit einer Theorie, die Wesenseinsicht und Wesensansicht gewinnen zu können bestimmt war und ausgezeichnet zu sein glaubte. Die Zweidimensionalität der optischen Sinnlichkeit des Menschen wäre das bloße Faktum und keineswegs der Leitfaden zur Gewinnung von Wesenseinsichten in das, was Wahrnehmung überhaupt und in jedem Fall ist und nur sein kann. Alle Beschreibungen der Dingwahrnehmung erheben, als in der Reduktion fundiert und vorgetragen, den Anspruch auf Wesensmäßigkeit. Dann wäre eine Wahrnehmung, die alle Seiten eines Würfels zugleich gegeben hätte, ein Widerspruch: Widerlegung der Phänomenologie als Wesenstheorie, Freigabe ihrer Anthropologisierung.

Es ist deshalb eine bestürzend schwache Selbsteinrede, wenn Husserl nach einem Gedankenstrich sein Gedankenexperiment so abbricht: *Indessen, die Sache hat ihre großen Bedenken.* Das eben ist zu wenig. Das Ding wäre nicht ein Ding, wenn es von ihm eine andere als die abgeschattete Selbstdarstellung gäbe, die in der Zeit eine Quasi-Erfüllung im Durchlaufen aller seiner Aspekte erreicht. Für eine Welt von Dingen ist die Zeit fundamental als Vollzugsform der Intentionalität. Sie ermöglicht die Verfahren des Bewußtseins, die im Prinzip ›unendliche Aufgaben‹ wären; was jedes Ding für sich genommen in der Unabschließbarkeit des Durchlaufens seiner Aspekte ist, so daß es so viele Unendlichkeiten wie Dinge – abgesehen von der Unendlichkeit der Dinge selbst – gäbe. Diese schlichte Korrelativität von Ding und Zeit läßt sich nicht durch den Gedankenstreich eines Idealsubjekts auflösen. Wie Husserl die ›großen Bedenken‹ bei der Annahme jenes ›unendlich vollkommenen Intellekts‹ als korrelativ zum Widersinn einer Aspektlosigkeit oder momentanen Aspekttotalität der Sache begründet, trifft zwar den Punkt einigermaßen, nicht jedoch die Größe der Bedenken. Sie liegt in der Verteidigungsfunktion für die Phänomenologie im Kern: *Ein Gesichtsfeld ist kein Raum und der Ausschnitt eines solchen Feldes kein Ding, weder für uns noch für den lieben Gott.* Immerhin – und als kleine Ermutigung für den Liebhaber einer in sich stimmigen Phänomenologie – hat Husserl die Stelle, an der er sich selbst in den Gedankengang fällt, am Rand mit einem waagerechten Rotstiftstrich kenntlich gemacht.[54]

Achtet man auf die Begründung für jene ›großen Bedenken‹, so fällt nochmals Husserls Neigung auf, die Bezeichnung eines deskriptiven Begriffs – hier: Gesichtsfeld – beim Wort zu nehmen und allein durch den verbal auftretenden Widerspruch von ›Feld‹ und ›Raum‹ für ausreichend dargetan zu halten, das räumliche Ding könne in einer feldartigen Wahrnehmung nicht ›selbstgegeben‹ sein. Das genügt allerdings schon deshalb nicht, weil die Zweidimensionalität des Ge-

54 Gesammelte Werke XVI 395.

sichtsfeldes angesichts seiner sphärischen Krümmung nur eine ungenaue Beschreibung zuläßt. Folglich ist daran festzuhalten, daß die sphärische Tiefe des planen Prospekts überhaupt nichts an den für die Dingwahrnehmung erbrachten Einsichten ändert, was auch immer an der Vorstellung des Gesichtsfeldes im ganzen davon ausgehend geändert werden müßte.

Husserl kommt in der Vorlesung noch mit einer anderen Selbstermahnung auf die Einführung des idealen Subjekts zurück. Das Gesichtsfeld verhält sich zum Raum wie die Ansichtsseite zum Körper; in dieser stellt sich der Körper dar, der nicht selbst gegeben sein kann, auch wenn seine Seite in der momentanen Ansicht selbst gegeben ist; so ist auch das Gesichtsfeld *Darstellungsfeld für alles Räumliche und alles Dingliche.*[55] Von der Unendlichkeit ist phänomenologisch schlecht zu reden; sie kann nichts als das schlechthin Unanschauliche sein. Was sie mit der Anschauung allein in Beziehung zu setzen vermag, ist die Wiederholbarkeit von Erlebnissen und Anschauungen als eine unbegrenzte, wie im Falle des über die Nullgrenze der Wahrnehmbarkeit entschwindenden Körpers. Der Begriff Unendlichkeit reduziert sich also *auf ideale Möglichkeiten kontinuierlicher Wahrnehmungsmannigfaltigkeiten.* An der Evidenz dieser Unendlichkeit für den Raum sei nicht zu zweifeln. Das Feld aber sei endlich. Und zu eben dieser Differenz – vorbeugend dem Einwand, auch ein unendliches Feld müsse sich für ein ideales Subjekt denken lassen und damit eine dem Raum adäquate Anschauung – folgt abwehrend der Satz: *Den lieben Gott lassen wir jetzt aus dem Spiel...*[56]

Das okkasionelle Wörtchen ›jetzt‹ verweist eindeutig auf ein ›zuvor‹; es läßt Nachwirkung einer dort gemachten Erfah-

55 Gesammelte Werke XVI 118.
56 Gesammelte Werke XVI 119.

rung verspüren. Das Feld ist das endliche Darstellungsmittel für die *unendliche Mannigfaltigkeit möglicher Lagen,* durch die der Raum definierbar wäre, wenn das Erlebnis der Lage eines Körpers im Raum ein anschauliches sein sollte. Noch einmal also blitzt die Erinnerung an das in der Vorlesung eingeführte und daher nicht ganz leicht wieder aus der Welt zu schaffende mißglückte Idealsubjekt auf. Denn das mundane Subjekt, das ökonomisch mit seinen beschränkten Darstellungsmitteln verfahren muß, indem es diese immer erneut in Aktion treten läßt und so *die Unendlichkeit durch die Reihenform der Anordnung der Operationen zur Darstellung* bringt, ist als in dieser Reihenform niemals ans Ende kommendes, seine Wiederholungen aber formal vorwegnehmendes Subjekt sich selbst nicht genug: *Wir erwägen nämlich jetzt unsere sogenannte menschliche Raumanschauung, um zu sehen, ob sie wirklich auf das Ideal der sogenannten adäquaten Wahrnehmung als in ihr beschlossene ideale Möglichkeit hinweisen kann.*
Geschieht dies etwa außerhalb der Reduktion? Und wäre damit kein Zugang zur Wesensmäßigkeit der Konstitution eines unendlichen Raumes? Zweimal fügt Husserl die sprachliche Vorsichtsklausel ›sogenannt‹ ein, ohne daß einzusehen wäre, was dies besagt, wenn ausdrücklich vorausgeschickt worden war, die ›Wesensanalyse‹ solle nicht verlassen werden. Wäre dieser Text nicht vor seinem Vortrag in der Vorlesung geschrieben, sondern in dieser etwa mitgeschrieben, wäre genau hier die Stelle, an der der Redner Befremden und Unruhe in seinem Publikum wahrgenommen haben müßte, sofern ihm dieses mit kritischer Konzentration gefolgt wäre. So reagiert er, als ob er faktisch eine solche Reaktion eines Idealpublikums vorwegnehme – wahrscheinlich seine eigene auf das, was er gerade niedergeschrieben hatte, indem er fortfuhr: *Erschrecken Sie nicht, wenn ich von menschlicher Raumanschauung spreche. In phänomenologi-*

scher Reduktion hört die menschliche Raumanschauung natürlich auf, menschliche zu sein.[57]
Aber genau so natürlich fängt sie damit auch nicht an, die Raumanschauung jenes verfehlten Idealsubjekts zu sein, das erneut zu beschwören Husserl sich kurz zuvor ausdrücklich untersagt hatte. Vielmehr ist die in der Reduktion zur Anschauung gebrachte Räumlichkeit in aller Inadäquanz ganz indifferent gegen den Unterschied von Menschen, Göttern oder Idealsubjekten. Keiner kann hier anderes leisten als der andere. Ausgenommen bleibt immer, daß der eine oder andere ganz anderes als Räume und Dinge im Bewußtsein hat. Dann hätte der eine die Sorgen des anderen nicht. Der Phänomenologe aber auch nicht die Möglichkeit, den einen zur Bestärkung des Bewußtseins der Endlichkeit des anderen heranzuziehen. Endlichkeit kann nichts an dem verändern, was als Wesen ausgemacht worden war. Insofern ist sie in der Phänomenologie unwesentlich – deren Schwäche, in die wiederum Heidegger seine fast tödliche Inkubation einlassen sollte.
Die Geschichte der Phänomenologie ist von einem überwiegend verborgenen, nur gelegentlich die Oberfläche der Ausdrücklichkeit erreichenden Konflikt um das Idealsubjekt durchzogen. Dieser Konflikt enthält nur wenig Metaphysik und diese nur hilfsweise als Leitfaden für die Benennung der Sachverhalte. Tatsächlich geht es um Zweifel daran oder Gewißheit davon, daß reine Anschauung wirklich das *summum bonum* aller Bewußtseinsprozesse, die Erfüllung der Intentionalität des Bewußtseins allein und ausschließlich wäre. Der Zweifel hat unverkennbar ein humanes Motiv: Wäre Anschauung die reine und endgültige Wirklichkeit des Bewußtseins, wäre der Mensch überwiegend davon ausgeschlossen, was auch immer er mit Hilfe der Phänomenologie erreichen

57 Gesammelte Werke XVI 122.

könnte; denn er erreicht es immer nur episodisch, intermediär, ephemer, transitorisch. Auf das jeweils Erreichte muß im nächsten Schritt schon wieder verzichtet werden, entweder um anderes auf demselben Standard der Anschaulichkeit zu erreichen oder um unter Rückbezug auf Anschauung mit deren Resultaten umzugehen und sie zu handhaben, wie man zuvor mit den begrifflichen und symbolischen Ersatzmitteln des Bewußtseins schon gearbeitet hatte.

Husserls programmatische Erwartung der »Philosophie als strenger Wissenschaft« war gewesen, es könne im Durchgang der Begrifflichkeit durch die Anschaulichkeit wiederum zur Begrifflichkeit diese kritisch reduziert und zureichend fundiert endgültig in theoretischen Gebrauch genommen werden. Darauf beruht die heimliche Zusatzannahme, die Arbeit des Phänomenologen ließe sich doch ein für allemal und als die des einen für alle leisten. Ihr erfolgreicher Vollzug würde sich durch geschaffene Klarheit ständig und bleibend selbst ins Recht setzen und damit durchsetzen. So jedoch ist die Wirkung der phänomenologischen Arbeit nicht und kann sie nicht sein; dazu fehlt es ihr an Identität des Subjekts, das nur seine eigenen anschaulichen Erlebnisse allenfalls, wenn überhaupt, auf der Ebene des Begriffs konservieren und in Klarheit umsetzen kann.

Übertragbarkeit von Subjekt zu Subjekt gibt es im strengen Sinne nicht. Immer muß das Medium der Beschreibung eingeschaltet werden, dessen instrumentaler Sinn allein darin besteht, die dem einen gegebene Anschauung bei dem anderen zu induzieren, also wiederum als diejenige Anschauung zu erzeugen, die allererst Zustimmung zur Beschreibung herbeiführt. Die Beschreibung ist Mittel, nicht Zweck. Dann aber ersetzt einmal geleistete Arbeit keineswegs erneut zu leistende Arbeit.

Das ist ein tragischer Zug, nun nicht am Phänomenologen, sondern an der Phänomenologie als geschichtlicher Gestalt,

die auf ihre wesentliche Voraussetzung schlechthin verzichten muß: die Identität des Subjekts, das sie erzeugt und allein durch Erzeugung in Dauerbesitz genommen hätte.
Gerade an diesem Punkt setzt das Bedürfnis an, ein solches Idealsubjekt zu denken und an ihm die Mängel auszuschalten, die Phänomenologie als geschichtlichen Erwerb auf Dauer unmöglich machen oder stören. Denkt man nun dieses Subjekt ohne alle metaphysischen Rückgriffe als bloße Umsetzung des phänomenologischen Programms einer »Philosophie als strenger Wissenschaft«, so hätte auch ein solches Subjekt Anschauung nicht als wesensmäßige Zuständlichkeit. Vielmehr wären seine Wesensanschauungen auch nichts anderes als Durchgangsphasen seiner Geschichte zur endgültigen Klarheit dessen, was auch für dieses Subjekt nur Begrifflichkeit sein könnte. Dies gilt zumal dann, wenn immanentes Zeitbewußtsein zum Wesen des Bewußtseins schlechthin gehört, also immer das eine preisgegeben sein muß, damit das andere erlebt werden kann (um es auf eine triviale Formel zu reduzieren). Das Idealsubjekt hat seine ›Denkerlebnisse‹ – wie Husserl schon 1903 in seiner Auseinandersetzung mit Palágyis ›leichtfertiger Darstellung‹ der »Logischen Untersuchungen« den thematischen Schwerpunkt einer ›deskriptiven Phänomenologie‹ bezeichnet hatte – in Wahrnehmung der defensiven Pflicht, die *jeder ernste Arbeiter gegen sein Werk hat.*[58] Aber auch das Idealsubjekt hat seine Denkerlebnisse nur als die einer gedachten Geschichte; mit der zusätzlichen Annahme, daß es sie gehabt hat als Erfüllungen dessen, was mit dem Ausdruck ›Erlebnis‹ eben postuliert wird: als Anschauungen. Der ›Begriff‹ hat also nicht nur und erst die ökonomische Funktion für ein mit Selbsterhaltungsaufgaben überlastetes mundanes Bewußtsein; er erhält seine wesensmäßige Notwendigkeit aus der

58 Gesammelte Werke XXII 152, 161.

Zeitstruktur des Bewußtseins selbst und überhaupt, in der Erlebnisse nur unter gegenseitiger Exklusivität auftreten können, folglich aus ihnen die Berechtigung zu Mitteln leichterer und verdichteter Verfügbarkeit ihrer Resultate entnommen werden müssen. Auch das Idealsubjekt erweist sich als eines des überwiegenden Begriffsgebrauchs, allerdings nur eines solchen, den die erlebte Anschaulichkeit ein für allemal fundiert und legitimiert hat. Es ist ein Subjekt der Anamnesis, platonisch im höchst verfeinerten Grade, Anschauungen gehabt haben zu können und seine Begriffe in der Eindeutigkeit dieser Basiserlebnisse frei verfügbar zu besitzen, die Leichtigkeit des Denkens mit dem Ernst der Rechtfertigung seiner Mittel zu verbinden.

VIII

Was man ganz *haben* will, das muß man *sein*

Im Rückblick auf die durch Husserl selbst repräsentierte Sachgeschichte der Phänomenologie zeichnen sich quantitativ und der Intensität nach zwei überragende Themenkomplexe ab: die Konstitution des inneren Zeitbewußtseins und die Konstitution des Anderen in der Fremdwahrnehmung. Beide Themen scheinen auf den ersten Blick nichts miteinander zu tun zu haben, und auch beim näheren Hinsehen auf die von Husserl hinterlassenen Materialien ist der Zusammenhang nicht erkennbar oder, wenn es ihn sachlich geben sollte, nicht als erkannt erkennbar.

Dieser Zusammenhang besteht und ist systematisch von hochrangiger Bedeutung. Die Zeit ist die Form der Realisierung des Bewußtseins als Intentionalität. Intentionalität bedeutet, daß ich zu tun habe mit dem und gerichtet bin auf das, was ich nicht selbst bin. Unausweichlich also mußte die in der Phänomenologie akzeptierte Definition des Bewußtseins als Intentionalität früher oder später die zentrale Stellung der Zeitthematik nach sich ziehen und diese unter den obersten Grundsatz stellen, daß Bewußtsein ohne Zeitbewußtsein wesentlich unmöglich sei.

Für die Fremdwahrnehmung hat Husserl den Begriff der Appräsentation für die Konstitution des Anderen verwendet. Er bedeutet negativ, daß in der Fremdwahrnehmung die Koppelung der Gewißheit von der Gegebenheit eines Anderen an dessen leibliche und leibhaftige Erscheinung in der organisch-physischen Spezifität von Meinesgleichen nicht überschritten oder umgangen werden kann. Anders ausgedrückt: Fremdwahrnehmung ist immer mittelbar, wie unmittelbar hinsichtlich der Gewißheitsform – als Ausschluß aller Arten von Analogieschlüssen – sie ihrer Qualität nach auch erscheinen mag. Appräsentation ist dann nichts anderes als die Augenblicklichkeit der Leistung, in der ich einem Körper meinesgleichen ein Subjekt meinesgleichen zuordne und mir dessen gewiß bin, mich in seiner Anwesenheit und folglich in seinem Gegebenheitsfeld zu befinden.

Weshalb ist Unmittelbarkeit und damit Selbstgegebenheit des Anderen – also seine Gegebenheit auf der höchsten Gewißheitsstufe, der des *Cogito* – unmöglich? Weil diese Gewißheitsstufe an den Gegenstand notwendig und unablösbar gebunden ist, der sich in ihr präsentiert: an das *Ego*. Der Andere aber ist *Non-Ego*, obwohl ein unzweifelhaftes *Auch-Ich*, und *als solches* an die bloße Mitgegebenheit, die Appräsentation gebunden.

Sollte jemals und irgendwie die Appräsentation übergehen können in Selbstgegebenheit, sollte ich mich nach einer sprachlichen Wendung so in den Anderen hinein versetzen können, daß ich auf die Zugangsmittel der Appräsentation – die immer Funktionsweisen des Leibes sind – nicht mehr angewiesen wäre, so würde ich augenblicklich dieser so vollkommen erreichte Andere *sein* müssen; folglich nicht mehr ich selbst sein können. Dieses mag sich nach Mystik anhören, und nicht zufällig tut es das, denn Mystik ist die Erscheinungsform des Religiösen, in der durch Preisgabe des Selbstseins das völlige Aufgehen des Ich in der Gottheit erreichbar sein soll. Es kommt hierbei nicht darauf an, ob es empirisch ausreichende Zeugnisse dafür gibt, dieses sei jemals Wirklichkeit geworden; entscheidend ist, daß die bloße begriffliche Konstruktion einer solchen Möglichkeit niemals den Gewinn der völligen Einigung mit einem anderen Wesen ohne Preisgabe des eigenen Wesens zu behaupten gestattet. Für den Phänomenologen schützt die Leiblichkeit des Anderen stetig davor, daß so etwas wie Subjektsverschmelzung vorkommen kann. Fremderfahrung ist das Äußerste, der Grenzwert dessen, was gerade noch gehabt werden kann, ohne es zu sein. Darin indiziert sie das Wesentliche.

Es zeigt sich nämlich bei gründlicherer Erwägung alsbald, daß diese Eigentümlichkeit nicht auf den Sonderfall Fremdwahrnehmung beschränkt ist. Sie gilt für jederlei Gegenstandserfassung, jederlei Leistung des Bewußtseins, und ist nur eine höhere Stufe der Verdeutlichung dessen, was mit Intentionalität bezeichnet wird. Denn diese bedeutet gerade, die Beziehung auf einen Gegenstand nur in der Zeit realisieren zu können und – mit Ausnahme der idealen Gegenstände, für die Vollständigkeitskriterien bestehen – solche Gegenstandsbeziehungen niemals evident zum Abschluß bringen zu können. Auch wenn wir niemals wissen werden, wie Bewußtsein zustande kommt, läßt sich doch beschreiben, worin seine Leistung besteht. Die Formeln für den Sachverhalt, den es darstellt, liegen nahe bei den beschreibenden Ausdrücken, die man gebrauchen muß, um zu sagen, was Fremdwahrnehmung ist.

Die Erstaunlichkeiten des Bewußtseins bringe ich auf zwei Formeln, die nur in verschiedener und damit sich gegenseitig verdeutlichender Weise denselben Sachverhalt bestimmen: Erstaunlich ist, daß es Bewußtsein von etwas geben kann, was dieses Bewußtsein nicht selbst ist; erstaunlich ist, daß es dieses, wovon es Bewußtsein hat, deswegen nicht selbst sein muß.

Daß diese Bestimmung der Leistung des Bewußtseins dessen Wesenssachverhalt trifft, zeigt sich an zwei Phänomenen: Unsere Gegenstände können *auch* andere als ihre Gegenstände haben und könnten sie sogar *ohne* unsere Existenz haben. Was zwingend einschließt, daß keiner von denen, die diese Gegenstände haben, sie sein muß, um sie zu haben. Das andere Phänomen ist, daß keiner, der einen Gegenstand hat, diesen ganz in der kleinsten Leistungseinheit des Bewußtseins – wie immer man sie benennt – haben kann. Was man *uno actu* ganz haben wollte, das müßte man sein. Denn nur deshalb soll man das *Ego* eben *uno actu* ganz und in absoluter Gewißheit haben können.

Intentionalität ist die Bestimmung des Bewußtseins, in der die Erfaßbarkeit des Gegenstandes bei Unerfaßbarkeit seiner Totalität und bei gleicher Erfaßbarkeit für andere festgestellt wird. Die Bedingung dafür, daß wir Gegenstände haben können, obwohl wir sie nicht sein können und obwohl wir sie mit beliebig vielen anderen teilen müssen, ist die Zeitlichkeit des Bewußtseins. In ihr liegt nämlich, daß der Gegenstand immer mehr und daraus folgend anderes ist als das Bewußtsein, das mit ihm beschäftigt ist. In letzter Exekution: daß es eine Welt gibt.

Wie verdient oder unverdient auch immer der Titel des ›Idealismus‹ die Phänomenologie Husserls treffen mag, ihr Leitfaden bei der Wahl ihrer Themen nach systematischer Wichtigkeit ist die Klärung der Frage, was es heißt, unsere Gegenstände seien nicht mit unserem Bewußtsein identisch. Sie lägen außerhalb seiner Kapazität und wesentlich außerhalb der Kapazität eines jeden Bewußtseins überhaupt, so daß sich sogar Husserls absolute Subjektivität als absolute Intersubjektivität realisieren muß, wenn sie den Wesensbegriff des Bewußtseins soll erfüllen können. Husserls zeitweises Schwanken in dieser Frage ist unbegreiflich, ist sein womöglich schwerstwiegendes Selbstmißverständnis.

Mit der Nichtidentität von Bewußtsein und Gegenstand ist allerdings auch nichts anderes und nichts weiter gemeint als dieses – also insbesondere nicht: Gegenstände beständen überhaupt auch ohne Bewußtsein. Sollte dieses schon Idealismus sein, wäre die Phänomenologie freilich idealistisch. Eine Welt ohne Bewußtsein ist ihr wesentlich undenkbar. Unabhängigkeit der Gegenstände von *meinem* Bewußtsein bedeutet also immer, daß sie Gegenstände für Bewußtsein überhaupt sein müssen, im gegebenen Fall also für *anderes* Bewußtsein als mein Bewußtsein. Diese Art von vermeintlichem Idealismus überschreitet keinesfalls das, was jeder mittelalterliche Scholastiker für die Existenz der Welt hätte akzeptieren müssen und unter dem Begriff ihrer *veritas ontologica* auch so oder anders akzeptiert hat: daß sie nur durch ihre Beziehung auf das eine und selbe Subjekt jederzeit eine wirkliche und erkennbare Welt ist.

Nur war das Mittelalter in der Nachfolge des Boethius und seiner Definition der Ewigkeit als einer wesentlich totalen und unausgedehnten Besitzform des glücklichen Lebens – und dessen antiker Auffassung nachfolgend: seiner theoretischen Erfülltheit – der Meinung, Gottes Erkenntnis und folglich Bewußtsein müsse sich wesentlich von dem des Menschen unterscheiden, indem es alles auf einmal habe. Im Hintergrund war das immer noch platonisch gedacht. Der bei Plato selbständige und von jedem Intellekt unabhängige Kosmos der Ideen war im Laufe der Geschichte des Platonismus in den göttlichen Intellekt integriert, ja mit diesem und seiner Urbildlichkeit bei der Erschaffung der Welt identifiziert worden. Dann war es kein systematisches Hindernis mehr, der Definition des Boethius vom vollkommenen und augenblicklichen Totalbesitz des glücklichen Lebens entgegenzuhalten, Gott müsse das *sein*, was jeder andere Intellekt nur *habe*. Es ist klar, daß dieses Zugeständnis geradenwegs in den Pantheismus führt; aber diese Konsequenz liegt ohnehin in der Ausstattung der göttlichen Erkenntnis und erst recht der göttlichen Schöpfung mit absoluter Vollkommenheit. Das innere Einverständnis von Epochen ist aber imstande, nicht alle Konsequenzen wahrzunehmen und auszuschöpfen, die in ihren Prämissen liegen. Die Pantheismen des Giordano Bruno und des Spinoza sind am Ende nichts anderes als Folgerungen aus der Aufhebung jenes epochalen

Einverständnisses des Mittelalters, es nicht auf einen Pantheismus ankommen zu lassen.

Diskursivität ist nicht die faktische Form eines bestimmten Bewußtseins, etwa des menschlichen, sondern die notwendige eines jeden. Wenn dies ein Verbot dessen sein sollte, was der Ausdruck ›Intuition‹ meint, dann gilt ein solches wesentlich. Sollte ein Kantianer auf dem *intuitus originarius* bestehen, so ist der Spinozismus, den Kant mehr fürchtete als anderes, unvermeidlich – denn wie sollten wir und die Welt Gottes Gegenstände sein können, wenn die Bedingung dafür, Gottes Gegenstand zu sein, wegen der Totalität seines anschauenden Aktes gerade die ist, er selbst zu sein. Für Gott gilt unerläßlich derselbe Satz, wenn dies ein Satz einer Phänomenologie ist: Was man ganz haben will, das muß man sein.

Die Zeitstruktur des Bewußtseins ist folglich die Bedingung der Möglichkeit seiner Intentionalität als einer diskursiven. Sie erlaubt es, den Gegenstand anzueignen, ohne der Gegenstand zu werden, weil immer etwas an dem Gegenstand noch nicht angeeignet oder schon wieder aus dem strikten Eigentum entlassen sein muß, wenn man ihn überhaupt soll haben können. In der professionellen Sprache der Phänomenologie: Retention und Protention sind Besitzformen des Gegenstandes, die das Schon-verlassen-Haben ebenso wie das Noch-erfassen-Werden gleichermaßen einschließen. Daß dies nicht ohne Evidenz der Übergänge möglich wäre, wird als Bedingung gerade durch die Konstitution des inneren Zeitbewußtseins erfüllt. Niemand ist er selbst, ohne ein anderer als der andere zu sein kraft einer Struktur der Intentionalität, die ihren deutlichsten, ja in gewisser Weise übersteigerten Ausdruck in der Appräsentation der Fremdwahrnehmung erfährt.

Nur in der Zeitform kann die Intentionalität eine offene, unabschließbare Prozeßform bleiben, deren Idee freilich die erfüllte Intention ist, die den Prozeß reguliert und jeden Zustand ausschließt, der das Bewußtsein vorläufig mit seinem Gegenstand identisch werden ließe.

Nur vordergründig ist dies bei den mathematischen Gegenständen anders. Ihre absolute Identität von Bewußtsein und Gegenstand ist nur der Ausdruck dafür, daß keine Differenz der Subjekte in Abhängigkeit von ihren raumzeitlichen Positionen hinsichtlich dieser Gegenstände angegeben werden kann. Ob dies für die Zeit zutrifft, wenn man eine Geschichte auch dieser Disziplin und der Bestimmung ihrer Gegenstände einbezieht, ist zumindest problematisch. Kant hat das Problem der Allgemeingültigkeit solcher Gegenstände durch Annahme eines immer noch erforderlichen Substrats der Konstruktion in der reinen Anschauung dargestellt; in dieser sind solche Gegenstände nicht schon gegeben, sondern müssen allererst erzeugt werden, wobei sie freilich wegen der Identität eben des Substrats keine Differenzen haben können. Aber diese Angewiesenheit auf Anschauung verhindert den Idealismus für die mathematischen Gegenstände.

Wenn Schopenhauer die absolute Identität in der reinen Anschauung für möglich hielt – auch weil sie das alleinige Gegenmittel gegen die unbändige Herrschaft des Willens über das Bewußtsein und in der Unterwerfung unter diese die absolute Identität des Lebens in allen Subjekten, also deren Vernichtung als solcher, wäre –, mußte für ihn die erfüllte Intention – also der totale und momentane ›Besitz‹ des Gegenstandes in seiner Idealität und Einzigkeit – auch das erfüllte Bewußtsein bedeuten; und darin dieses sich als sein einziger Gegenstand selbst. Bewußtsein, auf dem vermeintlichen Gipfel seiner selbst, wäre nicht Bewußtsein von etwas, was es nicht selbst ist, und für den Phänomenologen nichts anderes als Bewußtlosigkeit; gleichgültig, ob diese verheißungsvoll oder abschreckend auf ihn und seine Wünsche wirkt. Für Schopenhauer war sie verheißungsvoll, weil das

Abschreckende am Gegenpol seines Dualismus lag und Selbstvernichtung des Bewußtseins nach der Seite der anschaulichen Identität hin nur die Alternative zu seiner Vernichtung durch den Absolutismus des Willens gewesen wäre.

Indem die Phänomenologie eine derartige Folgerung zu vermeiden sucht, genügt sie nicht nur dem deskriptiven Befund der Autonomie des Gegenstandes gegenüber dem Bewußtsein, sondern ebenso dem Anspruch des Bewußtseins auf seine Autonomie. Insofern ist sie eine Methode der Selbsterhaltung des Bewußtseins, der Vermeidung seiner Selbstpreisgabe. Darin liegt das Korrelat der Begründung aller Begriffe auf Anschauung: die Rationalität der Vermeidung des Extrems dieser Evidenznorm.

Auch seine transzendentale Funktion erfüllt das mundane Bewußtsein in dieser Rationalität der Selbsterhaltung – sofern man im Ansatz Husserls späten Spekulationen über die absolute Subjektivität folgen mag. Aber solche Spekulationen projizieren ja nur in die Nähe der Metaphysik die Tendenz der Vernunft, sich nicht von ihren Gegenständen – so wenig wie von einer tyrannischen Nicht-Gegenständlichkeit – verschlingen zu lassen. Für Schopenhauer war die Differenz des Gegenstandes vom Bewußtsein der Zustand eines unreinen Subjekts, das sich unter dem Druck der Individuation in Raum und Zeit von der reinen Einzigkeit der Idee hatte trennen müssen. Zu ihr zurück zu streben, die Anschauung der Idee am Gegenstand selbst wiederzugewinnen, die Idee nicht in einer fernen und fremden Sphäre der Transzendenz zu suchen, bedeutet, *mit einem Schlage das einzelne Ding zur Idee seiner Gattung und das anschauende Individuum zum reinen Subjekt des Erkennens* zu machen.[59]

59 Schopenhauer, Die Welt als Wille und Vorstellung, III § 34 (Sämtliche Werke, ed. v. Löhneysen, I 258).

Nun gibt es unverkennbar eine Ähnlichkeit zwischen der phänomenologischen Reduktion, der lebenslang einzuübenden Wesensschau, der Meditation des Phänomenologen, und dem von Schopenhauer beschriebenen Übergang von der konkreten Anschauung in die der Gattungsidee. Wobei ganz konsequent und gleichlaufend auch die Verwandlung des anschauenden Individuums als eines Falls von Konkretion zum reinen Subjekt des Erkennens jenseits seiner Willensbestimmtheit stattfindet. Nur braucht sich das phänomenologische Subjekt bei dieser Überschreitung seiner mundanen Bedingtheit zur transzendentalen Wesensfähigkeit seiner Unbedingtheit nicht vor irgend etwas zu retten, was mit der Drohung des Willens zu tun hätte. Vielmehr ist die Individualität des mundanen Subjekts die Bedingung für die Möglichkeit der Ausübung seiner transzendentalen Bestimmung: für seine intersubjektive Funktion, die wesensmäßig ohne seine Leiblichkeit nicht realisierbar wäre und zu deren Gunsten es diese Leiblichkeit überhaupt besitzen muß.
Kein Schritt der Erkenntnis wäre zulässig, der die phänomenologische Meditation zur Preisgabe der mundanen Subjektivität treibt; keine Weltflüchtigkeit also zugunsten einer vermeintlich höheren Existenzform, die sich der Theoretiker durch seine reduktive Weltenthaltung gleichsam verdient hätte. Nicht zufällig kehrt die Phänomenologie über die Thematik der Intersubjektivität zu genau der Existenz der Welt zurück, die an ihrem Anfang mit dem Akt der Reduktion hatte verlassen werden müssen. Deshalb ist die fünfte die letzte der »Cartesianischen Meditationen«; sie restituiert die reduzierte Weltexistenz. Aber auch jene phänomenologische Reduktion, die von der Existenz der Welt als einer objektivierbaren Natur absehen sollte, hatte sich mit der Methode der freien Variation verbinden müssen, die auf die Diskursivität und Zeitform des Durchlaufens möglicher Veränderungen des Gegenstandes unablösbar angewiesen blieb. Zumal

es für die freie Variation kein zuverlässiges Kriterium der Vollständigkeit und Abgeschlossenheit der von ihr versuchten Umformungen des Gegenstandes gibt; jeder invariante ›Rest‹ gibt zwar Anschauung, enthält aber einen Vorbehalt – ein Paradox.

Daher hatte sich auch der Evidenzbegriff der Phänomenologie wandeln müssen; von einem Ideal der apodiktischen Endgültigkeit der Wesensschau ausgehend, war er zu dem Begriff einer ständigen Vorläufigkeit des Endgültigen geworden, der Überwiegbarkeit jeder Evidenz durch eine stärkere. Auch darin liegt eine der Vermeidungen jener Konsequenz der Identität des Bewußtseins mit seinem Gegenstand. Der Evidenzbegriff selbst hatte sich der Rahmenbedingung der Intentionalität als der Wesensbestimmung des Bewußtseins fügen müssen. Dies um so mehr angesichts einer drohenden Folgerung, die auszusprechen dem Phänomenologen schwer fällt: Es gibt die Wesensschau nicht.

Wenn es sie gäbe, würde sie die Definition des Bewußtseins als Intentionalität zerstören – obwohl sich diese Definition selbst auf die Möglichkeit der Wesensschau berufen muß: wie sollte sie sonst ihren systematischen Rang behaupten? Man muß in Kauf nehmen, daß sich selbst diese Grundlage der Phänomenologie zwar vielfältig bewähren, niemals aber endgültig bestätigen läßt. Auch in der Phänomenologie muß es sich immer wieder lohnen zu widersprechen.

Damit aber, daß die phänomenologische Evidenz selbst unter die Problematik fällt, die durch den Bewußtseinsbegriff der Intentionalität ausgelöst und virulent erhalten wird, ist auch die Folgerung der wesensmäßigen Zugehörigkeit der Zeitstruktur zum Bewußtsein betroffen. Positiv gewendet hieße dies: Zeitbewußtsein ist ein anthropologischer Begriff. Für Husserl hätte dieses Bedenken, unwidersprochen gelassen, die Katastrophe der Phänomenologie bedeutet: Intentionalität und Gegenstandsbewußtsein wären voneinander ablösbar, die absolute Subjektivität oder eine beliebige andere wäre denkbar geworden ohne die von der Phänomenologie gefundenen Wesensbestimmungen. Damit wären auch Formen des Übergangs vom mundanen zum transzendentalen Subjekt möglich geworden, die unbekannte Erlebnisqualitäten hätten haben oder für sich behaupten, als ihre Erfahrungen hätten ausgeben können – mit anderen Worten: *Ansprüche auf Mystik* wären inmitten der Rationalität und sogar mit deren Mitteln abzuschirmen, wenn nicht abzusegnen gewesen.

Sicher ist, daß Verlegenheiten eines solchen Anthropologismus gegenwärtig nicht so lebendig zu machen sind, wie sie es für Husserl waren. Man darf nicht vergessen, daß er die intellektuellen Schrecknisse seiner Zeit aus Versäumnissen und Verfehlungen gegen das Ideal der Theorie und ihrer Reinheit hatte hervorgehen sehen: die *Krisis des europäischen Menschentums und der europäischen Wissenschaften*, mit der er die Unmenschlichkeit seiner Gegenwart identifizierte.

Meine These ist: Die Intentionalität als Bestimmtheit des Bewußtseins, die ihm seine Gegenstandsfähigkeit bei Nichtidentität bewahrt, ist auf einem anthropologischen Fundament zureichend zu begründen und mit dem Werden des Menschen zu dem, was er ist, unablösbar zu verbinden. Mit anderen Worten: Ich versuche mich in Entfürchtung vor dem Anthropologismus. Und diesen nehme ich als eine Variante des Ökonomieprinzips.

Jede anthropologische Erörterung muß davon ausgehen, daß es biologisch etwas ganz Unnützes ist, Gegenstände zu haben. Es ist immer effektiver, der Selbsterhaltung dienlicher, für die Lebensnutzenqualität von etwas, was wir ›Ding‹ nennen, nur ein einziges Merkmal zu benötigen – allenfalls ein Minimum an Merkmalen –, um darauf mit einem bestimmten Verhalten einzugehen. So ist die ganze organische Natur konstruiert und so funktioniert sie bei ausreichender Spezifität des Merkmals, das als Auslöser für Verhalten determiniert ist und determiniert. Das Verhältnis von Wahrnehmung und Verhalten – enger gefaßt: von Reiz und Reaktion – beruht auf der bewußtseinsfreien Ökonomie einer *Pars pro toto*-Struktur, während das gegenständliche Interesse potentiell offen auf das Und-so-weiter der Einholung von Informationen über das Gegebene ist und bleibt. Dieser Schritt von der *Ökonomie* der Verhaltenssteuerung durch Umweltinformation zur *Intentionalität* ist nicht rückgängig zu machen, obwohl innerhalb der Weltbeziehung der Intentionalität ständig auch reduktive und damit ökonomische Prozesse ablaufen. Sie haben nur der Überlastung des Bewußtseins, die ihm ständig droht, gegenzusteuern. Denn die Intentionalität ist prinzipiell unendlich. Jede Teilstrecke ihrer Prozeßform ist auswechselbar durch eine andere. Niemals kann mit zureichender Sicherheit entschieden werden, ob der Informationsstand über eine ›Sache‹ ausreicht, das Verhalten zu ihr, den Umgang mit ihr, auch nur die Furcht vor ihr zu bestimmen. Bewußtsein als Intentionalität unterliegt dem *principium rationis insufficientis*, dem Zentrum der anthropologischen Theorie.

Das ist eine ebenso unpraktische wie biologisch luxuriöse Lage. Daß man sich mit ihr abfinden muß, liegt an dem Faktum, das als anthropogenetischer Urvorgang längst im Rükken der Gattung steht: Irgendwann und aus irgend einem Grund muß das ökonomische System der Zuordnung von Merkmalen und Verhaltensweisen versagt haben. Veränderungen der Umwelt, Wechsel des Biotops, können zu dem geführt haben, was man ›Undeutlichkeit‹ des Merkmals nennen mag. Spezifische Veränderungen des Organismus können auch dazu geführt haben, daß an der sensorischen Empfindlichkeit des Rezeptors Veränderungen aufgetreten sind. Für den phänomenologischen Zweck der anthropologischen Begründung der Intentionalität kommt es nur auf das irreparable Faktum, nicht auf seine paläontologische Nachweisbarkeit an.

Intentionalität ist nichts anderes als der Inbegriff der Verfahren, mit Undeutlichkeit und Unempfindlichkeit im Umweltverhältnis des Organismus bei der Klärung von Lebensdienlichkeiten fertig zu werden. Dabei kann auch außer Betracht bleiben, daß die Zunahme von Ungenauigkeit in jenem Verhältnis durchaus mit selektiven Vorteilen verbunden gewesen sein kann. Intentionalität könnte, trotz ihrer biologischen Funktionsschwäche, einen anderen Vorteil als den der schnellen Identifikation von Verhaltenssignalen gewährt haben; etwa den eines größeren und schließlich auf der Erde fast unbegrenzten Aktionsradius des neuen Lebewesens über die Grenzen von Biotopen hinweg. Der Mensch ist das Wesen einer unbegrenzten Siedlungsfähigkeit geworden. Urwald, Eisregionen, Wüsten haben seine terrestrische Ubiquität nicht blockieren können. *Wo Menschen einmal hingeraten, da bleiben sie hängen.* (Anna Seghers, Bauern von Hruschowo). Hingeraten? Es ist ein indifferentes Wort, das sogar fraglich bleiben läßt, ob es nur der Druck der Nachdrängenden gewesen sei, was sie in die riskantesten Einöden und Extremlagen vorantrieb. Das ist die Leistung einer unspezifischen Sachverarbeitung, die wir Bewußtsein nennen.

Ungenauigkeit und Gegenständlichkeit haben etwas Gemeinsames: die Distanz. Das für den sensorischen Apparat sehr früh, für seine Empfindlichkeit zu früh Wahrgenommene zeigt noch nicht die Deutlichkeit eines das Verhalten regulierenden Merkmals. Eben eine solche Distanz zum akuten Objektfall aber ist – und zwar im Maße ihrer Vergrößerung – immer dann ein selektiver Vorteil, wenn Vorausannahmen über die Bedeutung des ›Objekts‹ möglich werden, und im Maße, wie sie das werden. Der Verhaltensspielraum vergrößert sich, wenn durch Distanz Zeit bis zur vollen

Schärfe der Situation verbleibt, und Intentionalität ist der Begriff für die Bedingung der Möglichkeit dessen, was in dieser Spanne zu leisten ist und wie es geleistet werden kann.

Fragt man noch, wie sich eine Vergrößerung der Distanzen für alle Wahrnehmungen und damit eine größere Undeutlichkeit der ›Objekte‹, eine geringere Ansprechbarkeit der Rezeptionsorgane erklären ließen, so gibt es darauf wohl eine unanfechtbare biologische Antwort: durch die Selbstaufrichtung des organischen Systems und die damit verbundene Ausweitung des Horizonts seiner Sinnesorgane. Selbstaufrichtung läßt sich ja nicht als kontinuierlich möglicher Vorgang denken, sie ist immer ein Sprung der Verlagerung der aktiven Optik und damit ein sprunghafter Distanzgewinn – oder Verlust an Vorteilen des Nahverkehrs mit deutlichen Auslösern. Der Distanzvorteil ist ein Zeitvorteil, der Nachteil ein Eindeutigkeitsverlust der Information.[60]

Intentionalität ist die Struktur, die Vorteil und Nachteil zur Konvergenz auf eine mittlere Linie von Möglichkeiten bringt. Was einsetzt, ist eben die Verarbeitung einer offenen Vielheit nach einer Regel, die Sammlung und Verarbeitung einer Mannigfaltigkeit von Daten durch ihre Zuordnung zu einem einzigen Gegenstand, der sich durch das Medium des Noch-Zeit-Habens als diese Einheit der Vielheit konstituiert. Nähe macht angewiesen auf Einfältigkeit, Punktualität, Zuverlässigkeit des knappen Signals, denn sie ist Unmöglichkeit der Verzögerung. Ferne erlaubt Vielfältigkeit, Abschät-

60 Die Plötzlichkeit der Selbstaufrichtung, als Voraussetzung für das Versagen der bewährten Muster für das angepaßte Verhalten, ist auch durch die ›Kürze‹ der Spanne zwischen pongiden und hominiden Fossilien stratigraphisch wahrscheinlich: *Das Besondere der menschlichen Evolution liegt vielleicht weniger darin, daß der Mensch sich überhaupt, sondern daß er sich so schnell und so plötzlich entwickelt hat.* (G.H.R. von Koenigswald).

zung und Vermutung, Aufschub der Entscheidung, Risiko, die Informationen gegeneinander auszuspielen und abzuwägen.

Intentionalität und Zeitbewußtsein liegen also auch genetisch dicht beieinander. Die durch Erweiterung des optischen Raumes gewonnene Zeit wäre nichts wert, wäre von ausschließlich negativem Lebensbezug, wäre nicht die intentionale Leistung des Bewußtseins genau und gerade die Form ihrer Nutzung, der Umwertung des Verlustes zum Gewinn. Bewußtsein entsteht durch Störung der Nahfunktionalität, durch Aufbau eines Fernerkennungssystems und der in ihm möglichen und günstigen Verzögerungen. Bewußtsein entsteht durch Zeitgewinn und ist zugleich das Instrument seiner Nutzung. Was entsteht, sind Entscheidungen statt Reaktionen. Entscheidung unterscheidet sich von Reaktion im Maße ihrer Unselbstverständlichkeit.

Die Aussage, Intentionalität sei das Wesen von Bewußtsein, überschreitet also die deskriptive Behauptung durch ihre anthropologische Integration. Sie läßt uns begreifen, von welcher Doppeldeutigkeit Erkenntnis ist und bleiben wird: Sie tendiert auf Identität und darf diese doch niemals erreichen, die Nichtidentität von Subjekt und Objekt nicht zerstören. In diesem Sinne gibt es eine Widersprüchlichkeit der theoretischen und der humanen Gerichtetheit des Bewußtseins. Diese Gegenstrebigkeit wird nicht dadurch berührt, daß Ideale von ›Bewußtsein‹ entworfen werden können: das Bewußtsein absoluter Evidenzen und reiner Identität, ein darin schon zur Mystik disponiertes Bewußtsein; andererseits ein Bewußtsein reiner Vollstreckung des Sensualismus, der punktuellen Reize, der erfüllenden und überfließenden Gefühle, die einmal genügt haben mögen, um die Ökonomie der Selbsterhaltung zu leisten, und deswegen auch versprechen können, dies wieder erreichbar zu machen, sobald nur das Leben dem Geist entkommen wäre.

In beiden Extremfällen tritt das Problem der Identität des Bewußtseins selbst nicht auf. Nur das gegenständliche, das leistende Bewußtsein ist in seiner Identität unselbstverständlich, weil es für das, was es leisten soll, auf seine Identität ›angewiesen‹ ist und doch diese allererst im Vollzug seiner Leistung konstituiert. Für ein gedachtes göttliches wie für ein gedachtes animalisches Bewußtsein ist es gleichgültig, ob seine momentanen Empfindungen oder gar Evidenzen miteinander in einem Kontext stehen, ob dieser Begriff überhaupt sinnvoll auf ein solches Bewußtsein anzuwenden ist. Sollte dies dennoch der Fall sein, so wäre es ein bloßer Zuschuß zu dem, was für sich schon sich genügt, ein Superadditum, von dem wir nicht einmal anzugeben wüßten, ob es ein Glückswert, ein Selektionsvorteil, eine Erfüllungsqualität wäre.

Niemand weiß, was Bewußtsein ist, wenn es dies nicht ist, was wir aus dem Bewußtsein unseres Bewußtseins beschreiben können, gleichgültig ob dieses Wissen im strengsten Sinne Reflexion genannt zu werden verdient oder nur so etwas wie Erinnerung an das ist, was wir letzthin als unser Bewußtsein vorfanden. *Könnte man sich vorstellen, daß ein Stein Bewußtsein hätte?*[61] Nein, man könnte es nicht, denn es wäre der Widerspruch eines Bewußtseins, das nichts zu tun hätte – aber gerade das: Bewußtsein als Leerstruktur, als reine Form, läßt die Phänomenologie nicht zu.

Zwischen der Intentionalität des Bewußtseins und seiner Identität im Sinne seiner lebenslangen Selbstbezüglichkeit besteht zunächst kein zwingender Zusammenhang. Intentionalität ist auf Gegenstände bezogen und besorgt deren Integration aus Sinnesdaten, Eigenschaften, Merkmalen, Prädikaten. Für Gegenstände, die zur Welt gehören und daher nur

61 Wittgenstein, Philosophische Untersuchungen § 390, Schriften I. Frankfurt a. M. 1960, 425.

in aspektgebundenen Abschattungen gegeben sein können – dazu gehören auch die Appräsentationen der Fremdwahrnehmung –, ist der intentionale Vorgang unabschließbar, die Integration durch keinen evident letzten Akt zu beenden. Dennoch werden Intentionalitäten abgebrochen, ihre immanenten Zusammenhänge unter Kriterien der gegebenen Bedürfnisse verfolgt und wieder aus dem Griff gelassen. Das endliche Bewußtsein macht die immanente Unendlichkeit seiner Gegenstände seiner Existenzbedingung gefügig.

Nun wäre es denkbar, daß sich mit jedem solchen Ablassen von einem ihrer Gegenstände die Intentionalität des Bewußtseins jeweils erschöpfte. Dann wüßte eine Phase des Bewußtseins nichts von der anderen; eine andere wäre für dieses niemals gegeben. Einheit eines Bewußtseins wäre nur eine Redeweise für einen fiktiven Zuschauer, der durch Appräsentation mit einem identischen Leib dessen Äußerungen einer angenommenen Identität zuordnete – also etwa diese für jede ihrer Leiblichkeit zuzuordnende Handlung verantwortlich machte. Aber das wäre dann nur eine Fiktion der Fremderfahrung.

Was bedeutet dieser denkbare Sachverhalt? Zumindest, daß die Phänomenologie hinnehmen muß, Identität des Bewußtseins sei nicht die Bedingung der Möglichkeit seiner Intentionalität. Daß aber diese jene konstituiere, ist aus der bloßen Gegenständlichkeit des intentionalen Bewußtseins nicht abzuleiten, weil der gegenständliche Bezug zwar potentiell – und sogar sachbedingt – unendlich, faktisch aber nach heterogenem Bedarf abbrechbar-endlich: in Vermeinung verbleibend, ist.

Wenn Identität nicht als Bedingung der Intentionalität vorausgesetzt werden darf, muß sie von deren Inhalten her, von den Sachen, dieser aufgezwungen oder abgenötigt werden. Das aber ließe sich nicht zeigen, wenn Gegenstände sich nur in und mit der Offenheit ihrer immanenten Unabschließbarkeit präsentierten, solange sich das Leben dem Anspruch der Sache, die Endlichkeit des Daseins der Unendlichkeit des Gegebenen versagt und Ablassen vom Gegenstand in die Normalität des lebensweltlich-vortheoretischen Bewußtseins gehört. Anders, wenn solches Ablassen vom Gegenstand seinerseits auf Intentionalität beruht und überhaupt nur durch sie einsichtig gemacht werden kann.

Das Bewußtsein läßt von einem Gegenstand, der es doch immanent weiter beansprucht, weil es *in einer Welt* noch anderes zu tun und zu lassen gibt, und dies nicht nur aus Selbsterhaltung. Die Gegenstände haben, als zu einer Welt gehörig, bestimmte Strukturen einer ihre Binnenhorizonte übergreifenden Immanenz ihrer Außenhorizonte. Die Intentionalität der Außenhorizonte rivalisiert mit der der Binnenhorizonte, überbietet diese und sticht sie aus: Bei der Welt zu bleiben ist gewichtiger als bei der Sache zu bleiben, denn ›Welt‹ ist, in einer ungelenken Redeweise, die ›Sache der Sachen‹ – das, was es mit ihnen letztlich auf sich hat, etwa: daß sie wirklich sind.

Wenn also die Abfolge von Gegenstandsverhältnissen – als endlich gemachter unendlicher – selbst wiederum unendlich ist, so deshalb, weil es phänomenologisch nicht nur Gegenstände unter dem Inbegriff der Intentionalität gibt, sondern eben diese Welt als deren letzte Verzahnung und Überwölbung, als Gesamtheit ihrer Verweisungen über sich hinaus und aufeinander. So ist nicht nur jeder Gegenstand ein unerschöpflicher, sondern die Gegenständlichkeit im ganzen eine unerschöpfliche. Sie ist es nicht nur, weil immer noch etwas übrig wäre, was nicht beachtet worden war; sie ist es, weil immer wieder das eine mit dem anderen auf diese oder jene Weise zu tun hat. Die Unerschöpflichkeit des Gegenstandes *ist* seine Weltzugehörigkeit, sein Weltanteil *(methexis)*.

Wenn der Horizont aller Horizonte von Gegenständen die Welt ist, muß die Intentionalität aller Intentionalitäten des

Bewußtseins dessen Identität sein. Die Weltlichkeit der Objekte verlangt die Selbigkeit des Ich, produziert sie sich als die ihr korrelate Leistungsstruktur. Diese läßt sich anthropologisch nicht mehr unmittelbar begründen.

Mit der Aussage, der Mensch sei das Wesen, das statt einer Umwelt eine Welt habe, ist es nicht getan. Wie anderes am menschlichen Leben, hat sich auch dies von den genuinen Zwängen und unmittelbaren Notwendigkeiten abgelöst und eine eigene Konsistenz erzeugt, in der sich Welt und Ich gegenseitig gleichsam aufwiegen. So ist das lebensumspannende, lebensüberspannende theoretische Interesse an *einem* Thema, einer Disziplin, ein neues, vielleicht ›spätes‹ Phänomen. Wer hätte das jemals zuvor in der Geschichte ausgehalten?

Es könnte sein, es ist sogar wahrscheinlich, daß eine weitere Analyse zeigen würde, die Konstitution des Zeitbewußtseins liege tiefer als die Strukturen der Intentionalität im Bewußtsein. Da aber die Konstitution des Zeitbewußtseins von der lückenlosen Folge der Urimpressionen abhängig und geradezu das Resultat ihrer wesentlich unmöglichen ›Gleichzeitigkeit‹ ist, dürfte die Intentionalität mit der Abfolge der Urimpressionen nichts zu tun haben; wohl aber ist deren Lückenlosigkeit, Unausgesetztheit, ein Korrelat für den Welthorizont, dessen Dichte darin besteht, daß es Impressionslosigkeit – die logisch unmögliche Zeitlücke – nicht gibt. Diese Impressionsdichte mit dem wahren *horror vacui* wäre als passives Grundereignis der Affektion seiner Herkunft und Regelhaftigkeit nach unerklärbar.

Wichtiger in diesem Zusammenhang ist die andere Feststellung, daß die phänomenologische Theorie des inneren Zeitbewußtseins dieses nur auf Urimpression, Retention und Protention gründet und damit die Weite der Öffnung des Bewußtseins für jeweils einen Gegenstand unter der Regie der Intentionalität beschreibt. Aber keine Analyse der Zeit-

anschauung kann genügen, die nicht die Basis für einen Zeit*begriff* hergibt, der auch Erinnerung und Erwartung als die in Diskontinuität zur Gegenwart stehenden Verhältnisse des Subjekts zu sich selbst einschließt. Die *Diskontinuität* der Akte von Erwartung und Erinnerung setzt die *Kontinuität* im Begriff der Zeit voraus. Sie macht Vergangenheit und Zukunft zu nur aspektbedingten Unterscheidungen.

Zwar ist die Retention so wenig wie die Protention von bestimmter Begrenzung, aber damit trägt sie noch nicht den Begriff einer homogenen und über das aktuelle Zeitbewußtsein hinausgehenden Zeit. Was erinnert und was erwartet wird, liegt immer seiner Bestimmtheit nach in der Zeit. Es gibt keine fernste Erinnerung und keine fernste Erwartung des Subjekts, die nicht noch überboten werden könnten. Das gilt auch für jedes gedachte – für das transzendentale wie das absolute – Subjekt, weil es zum *Begriff* der Zeit gehört.

Zeit kann nicht inhomogen sein. Sie kann nicht Anfang oder Ende haben, weil jede dieser Bestimmungen wiederum Zeit voraussetzt. Daß es keine bestimmte Begrenzung der Retention, keine Erinnerung an den Anfang des Subjekts, keine Erwartung seines Endes gibt, wird vom Zeitbegriff her zum Phänomen dessen, daß es solche Grenzen nicht geben *kann*.

Bei allem Reden von der inneren Konstitution des Zeitbewußtseins gibt es kein anderes Bewußtsein von Zeit, als sich *in ihr* schon vorzufinden und dieses Sich-Vorfinden für jedes Zeitverhältnis, also auch für Erinnerung und Erwartung, sich wiederholen zu sehen. Keine Dauer, die nicht in der Zeit läge; diese selbst hat keine.

Wenn alles, was dem Zeitbegriff notwendig zukommt, auch seiner anschaulichen Basis muß deskriptiv abgewonnen werden können, dann wird fraglich, ob die durch Urimpression, Retention und Protention konstituierte immanente Zeitlichkeit des Bewußtseins diese Basis hergibt und ob dazu die Unbestimmtheit ihrer Erstreckungen, ihr Sichverlieren an den Rändern ihrer Deutlichkeit, genügt. Müssen aber Erinnerung und Erwartung, mit ihren eigenen Undeutlichkeiten der Lage und der Begrenzung, hinzugenommen werden, so erweist sich die Unzulänglichkeit der Phänomenologie des inneren Zeitbewußtseins in ihrer klassischen, ihr von Husserl gegebenen und durch Heideggers Edition etablierten Gestalt. Denn in dieser sind Erinnerung und Erwartung faktische Zusatzphänomene. Sie sind nicht als Ersatzphänomene für die Begrenztheit des Retention-Protention-Kernfeldes erkannt, erst recht nicht als auf deren Unbestimmtheit beruhend.

Erinnerung und Erwartung sind die Erlebnisformen der Identität. Sie sind dies gerade wegen der unbestimmten Leerräume, über die hinweg sich das Erlebnis vollzieht. An der faktischen Datierbarkeit der Bezugsereignisse besteht ebensowenig Zweifel wie an der Selbigkeit des Subjekts ihrer einstmals schon eingetretenen oder zukünftig noch eintretenden Erfahrung. Auch wer an Tag und Stunde eines Ereignisses eine völlig bestimmte Erinnerung hätte, würde die Lücke zwischen der erinnerten Zeit und der Zeit der Erinnerung daran niemals derart schließen können, daß ihm die homogene Ständigkeit des Zeitflusses zum Erlebnis werden könnte. Und doch ist diese nicht nur erschlossen. Denn die Evidenz, daß er es selbst gewesen ist, der bei aller möglichen Zweifelhaftigkeit erinnerter Inhalte diese erlebt hatte und durch deren Erlebtheit fortan als dieser mit seiner Geschichte bestimmt worden ist, gibt ihm die Gewißheit auch dafür, daß seither dieses Subjekt in seiner Selbigkeit durch die homogene Zeit hindurch Bestand gehabt hat. Dies sieht freilich aus wie eine Schlußfolgerung aus dem Sachverhalt, daß ein sich erinnerndes Ich sich mit dem erinnerten Ich absolut identisch weiß; folglich auch die Bedingungen erfüllen muß, die sich aus dieser Evidenz ergeben: die der unausgesetzten zeitlichen Anwesenheit zwischen den urimpressiven Gegenwarten des erinnerten Ich und des sich erinnernden Ich.

Aber, wo auch immer das noch so unbestimmt erinnerte Ich in der Zeit liegen mag, es kann nicht anders erinnert werden als ein wiederum der Erinnerung genauso fähiges Ich. Ein Ich, das keiner Erinnerung fähig wäre, kann nicht erinnert werden.[62]

Es genügt also nicht, dem erinnerten Ich mit der Wesensnotwendigkeit, die für jedes Bewußtsein überhaupt einsichtig ist, seine urimpressiven Erlebnisse und die zugehörigen Retentionen und Protentionen – eine originäre Zeitkonstitution mithin – zuzugestehen. Es ist auch das Ich, das in seiner Erwartung – mit welcher haarsträubenden Ungewißheit und Illusionsfähigkeit auch immer – das gegenwärtig sich erinnernde Ich gehabt und gehegt hatte: Ich bin der, den ich stets schon erwartet hatte – auch wenn ich ganz anders sein sollte, als ich mir es von mir versprach und erhoffte. Ich kann aus dem Erwartungshorizont meiner Vergangenheit und damit meiner erinnerten Gegenwarten nicht aussteigen. Und das hat Folgen, die als Erfüllungen oder Enttäuschungen beschrieben werden können; vermutlich die intensivsten, die es geben kann. Genauso ist es jenes Zeit originär konstituierende Bewußtsein, das seinerseits Erinnerung an sich selbst hatte, die als Erinnerung in der Erinnerung auftreten kann, können muß. Oft erinnert man sich an ein Erlebnis, weil und wie man sich an dasselbe Erlebnis schon früher erinnert hatte: Erinnerungen sind Verstärkerstationen für Erinnerungen.

62 Wittgenstein hat das Paradox des erstmals sich Erinnernden formuliert: *Einer erinnert sich zum ersten Mal im Leben an etwas und sagt: »Ja, jetzt weiß ich, was ›Erinnern‹ ist, wie erinnern tut.« – Wie weiß er, daß dies Gefühl ›Erinnern‹ ist?* (Philosophische Untersuchungen II 13; Schriften I. Frankfurt a. M. 1960, 543) Etwa: weil es sich auf Vergangenes bezieht? Woher hätte er denn die Kenntnis davon, was Vergangenes ist? *Den Begriff des Vergangenen lernt ja der Mensch, indem er sich erinnert.* Dann ist aber auch richtig: seine Vergangenheit konstituiert der Mensch durch Erinnerung.

All dieses liegt in der Zeit; nicht nur in der objektiven und meßbaren Zeit, sondern in *meiner* Zeit als nach Vorher und Nachher, nach vergleichbaren Distanzen endgültig Bestimmtes. Nichts kann daran noch verschoben werden. Zeit, auch subjektive Zeit, ist der feste Aggregatzustand des Bewußtseins. Daran liegt, daß *seine* Zeit objektive Zeit als mit der anderer vergleichbare werden kann – objektiv ist das subjektiv Unverfügbare.

IX

Zwei Begriffe von Bewußtsein

Bewußtsein besteht durch und durch aus Bewußtsein, ist eine der prägnantesten Formeln Husserls für seinen phänomenologischen Bewußtseinsbegriff.[63] Alles Spielen mit dem Unbewußten oder Unterbewußten – sofern dies als eine der Reflexion, der beschreibenden Aufmerksamkeit entzogene Sphäre gilt, die nur aus ihrem Hereinwirken ins Bewußtsein erschlossen werden kann – soll mit dieser Formel verhindert werden. Die absolute Selbstzugänglichkeit des Bewußtseins ist Voraussetzung der Phänomenologie. Das ist auch konsequent, wenn das Bewußtsein als eine in sich zweckmäßige Struktur der Bezogenheit auf Gegenstände, der Intentionalität, gesehen wird. Alle Arbeit des beschreibenden Phänomenologen kann sich dann nur auf Bewußtsein von Bewußtsein berufen und dieses herzustellen bestrebt sein. Wichtigstes Kennzeichen der *intentionalen* Struktur ist, daß Bewußtsein wiederum Bewußtsein, und niemals anderes als dieses, produziert. Potentiell erzeugt sogar jede Stufe des Bewußtseins eine höhere Stufe, aber dies nicht auch aktuell, da das Bewußtsein sich auf seine Gegenstandsbezüge nicht ungehindert und ohne Störungen anderer Lebenszwecke einlassen kann. Will man zu einer verdeutlichenden Übertreibung greifen, so wäre der ideale Standard des intentionalen Be-

63 Gesammelte Werke XXIII 265. – Kant hat als Metapher vor Augen gehabt: *Die Flüsse wenn man sie ihre Überschwemmungen machen läßt bilden sich selbst Ufer.* Ihnen Dämme entgegenzusetzen (hier: Bücherzensur), macht ihre Zerstörung unaufhörlich. (Akademie-Ausgabe XX 105).

wußtseins der eine und einzige beliebige Gegenstand als unendliche Aufgabe. Allwissenheit, als Grenzwert der Realisierung des Phänomenologen vorgestellt, wäre nicht Wissen von allem, wohl aber alles Wissen von einem. Dieses Wissen stände dann paradigmatisch für alles andere, und alles andere würde darin überflüssig. Darauf beruht die gleichgültige Wertlosigkeit der phänomenologischen Beispielwelt.

Der andere Bewußtseinsbegriff faßt dieses als Interim im Lebensprozeß, als Episode in einem größeren Zusammenhang, der weder im Bewußtsein kulminiert noch überhaupt von seiner Art ist. Eine Hemmung der Lebensbewegung, Störung des Handlungskontextes, bedarf zu ihrer Bewältigung eines unorthodoxen Mittels zur Rückgewinnung der Lebendigkeit. Hat das Mittel gegriffen, mündet der wieder ungehemmte Fluß des Lebens zurück in konsolidierte Verhaltensformen, in Gewohnheit, wesentliche Reflexionslosigkeit der Handlung, schließlich in Bewußtlosigkeit des nur noch sich genießenden Lebens. Nietzsche und die Lebensphilosophie, Dewey und der Pragmatismus haben je in ihrer Weise diesen interimistischen Bewußtseinsbegriff vertreten.

Man kann die Differenz der beiden Begriffe von Bewußtsein mit Hilfe eines anderen Begriffs beschreiben, des Begriffs der Lebenswelt. Das intentionale Bewußtsein geht aus der Lebenswelt hervor, indem es diese abbaut, zerstört, ohne sie notwendig ganz zu absorbieren. Es erzeugt sogar zu seiner Entlastung, zum Ausgleich seiner kontingenten ›Enge‹, ständig neue Lebenswelt, obwohl es im ganzen auf das Heraustreten aus der Lebenswelt und den Erwerb ständiger Durchsichtigkeit seiner Welt gerichtet ist. Umgekehrt tendiert das interimistische Bewußtsein, gleichgültig von welchem Ausgangspunkt es herkommt, auf Herstellung von Lebenswelt als der dem Leben günstigen Form aller Gegebenheit. In dieser realisiert es sich hemmungslos selbst und bildet erneut Bewußtsein immer nur instrumentell als Aushilfe zur Wiederherstellung seiner originären Lebendigkeit. Wo für Lebenswelt ›Alltäglichkeit‹ eintreten kann, ist auch diese ein Gegenbegriff zum Bewußtsein als einem Selbstwert, auch sie immer nur auf ihre Selbsterhaltung als ungestörte Lebensform angelegt.

Schon 1940 – also noch ohne Kenntnis der Lebenswelt-Thematik, wohl aber mit der unausgesprochenen Kenntnis von Heideggers Umwandlung der Lebenswelt in die ›Alltäglichkeit‹ von »Sein und Zeit« – hat Arnold Gehlen, gegen die Nietzsche-Tradition in der Lebensphilosophie und gegen den Pragmatismus mit seiner Auffassung von der nur episodischen Rückwendung des Denkens zur Behebung von Verlegenheiten der wesentlich reflexionslosen Handlung, geltend gemacht, es sei dies so wenig wahr wie das andere, *daß unser eigentlicher Lebensboden der Alltag* sei. Reflexionsloses Dasein, als Bestimmung solchen Alltags, sei nur das in die Gewohnheit abgesunkene Bewußtsein, welches einen Ansatz hat, für den Gehlen die Formel angibt: *Wir leben vom Alltag in die Zukunft. Es gibt kein reflexionsloses Dasein, sondern nur reflexionslos gewordenes...*[64] Hier steht er der Phänomenologie mit ihrer Symmetrie von Retention und Protention im Zeitbewußtsein nahe und Nietzsche fern.

Seine Kritik am episodischen Bewußtseinsbegriff beruht nicht primär auf der These, daß es Bewußtsein ohne *Reflexion* nicht gebe, vielmehr darauf, daß es Bewußtsein ohne *Protention* nicht gibt. Die Protention macht alles das überhaupt erst erlebbar, wofür angeblich das Bewußtsein als Instrument seiner Behebung und Entschärfung aufgeboten werden soll. Durch die Protention werden Hemmung und Mißerfolg, aber auch Erfolg erst Gegebenheiten, für den letzteren zum Motiv seiner Wiederholung (Erfolgserlebnis) sowie seiner Variation. Der Erfolg verhilft dazu, Konstanten zu

64 A. Gehlen, Der Mensch, [1]Berlin 1940, 149.

schaffen, Verhalten zu standardisieren. Dazu wieder Gehlen: *Der Erfolg wird Motiv, d.h. er steuert nun als Ziel unsere sich zu ihm hin bewegenden Handlungen. Der Mensch kann seine Handlungen, sobald er sie in die Führung übernommen hat, samt ihren Umgangsresultaten so wiederholen, daß der schon erreichte Erfolg oder das schon erworbene Können zum Ziel einer bei ihnen endenden geführten Bewegung wird. Das ist, an der Wurzel seines Werdens betrachtet, der Wille.*[65] Die Erfahrungen von Erfolg oder Mißerfolg setzen ein protentionales Bewußtsein von der Unselbstverständlichkeit des Leistungsausgangs voraus.

Dennoch wird man den intentionalen Bewußtseinsbegriff nicht unbehelligt durch den interimistischen stehenlassen können. Bewußtsein als Selbstwert ist auch überlastetes, überfordertes Bewußtsein, selbst wenn es die Stufe der bloßen ›Reizüberflutung‹ im Sinne Gehlens hinter sich gelassen hat. Die schwierigste Frage der Phänomenologie bleibt die der Umsetzung erworbener Evidenz in individuellen Besitz. Wie kann das Resultat *unendlicher Arbeit* jemals dem einzelnen zur Nutznießung zuteil werden, wenn es seinen genuinen Bewußtseinswert als Evidenz nur aus dieser Arbeit selbst und in ihr gewinnt? Anschauung haftet nicht an ihren Resultaten. Diese verselbständigen sich in der Form der Deskription, die als solche immer nur wieder *Anweisung* auf Anschauung sein kann. Dann aber wird niemals jemand Nutznießer der Ergebnisse jener unendlichen Arbeit sein können.

Der intentionale Bewußtseinsbegriff unterschätzt den Bedarf des endlichen Wesens an *erworbener Neutralität*, an möglicher Indifferenz gegenüber der Welt und ihren Gegenständen, an Distanz zur einmal gewonnenen Erfahrung und zur Nötigung ihrer Wiederholung. Den Tieren ist *eindrucksvolle Indifferenz* gegenüber allem, was ihre programmierte

65 A.a.O. 155.

Ansprechbarkeit nicht reizt, was nicht zu ihrer spezifischen Umwelt gehört, eigen. Dagegen gibt es nur erworbene Indifferenz des Menschen, die entsteht, *nachdem er alle Einzelheiten der erfahrbaren Welt sich angeeignet hat und nun diese Erfahrungen ›zur Disposition‹ dahingestellt sein läßt.*[66] Da ist freilich die ganze Problematik hineingesteckt in die Formel ›alle Einzelheiten der erfahrbaren Welt angeeignet‹ – gibt es das?

Eben die Leugnung dieser Möglichkeit ist die Implikation des intentionalen Bewußtseinsbegriffs. In der Sprache der Phänomenologie wäre eine solche Formel, wie die von Gehlen zitierte, schlechthin unmöglich. Doch gehört diese Voraussetzung der Phänomenologie auch zu ihren eigenen Evidenzen? Kann man mit der phänomenologischen Methode zum Begriff der unendlichen Aufgabe gelangen? Oder ist das nur eine Formel im Pathos des Schulgründers, der sich überwältigt sieht von den durch die Reduktion eröffneten Reichen neuer Gegenständlichkeit?

Bei Gehlen bereitet sich ein *funktionaler* Bewußtseinsbegriff vor, der die Rückkehr aus der Episode in die Dauerhaftigkeit des Lebens nicht kennt, aber auch die unendliche Weltoffenheit des intentionalen Bewußtseinsbegriffs eher fürchtet als zum Anreiz einer dauerhaften Einstellung nimmt. Spannung auf die Zukunft ist Natur des Bewußtseins und Voraussetzung seiner Erfahrungsbereitschaft, aber nicht dessen Selbstwert, der gleichsam systematisch in Kultur genommen werden müßte; vielmehr eine Beunruhigung und Belastung, die ohne Aussicht auf endgültige Überwindung doch des ständigen Abbaus, der Reduktion, der Entschärfung bedarf. Das ist es, was mit dem Begriff der erworbenen Neutralität gemeint ist: *Die erworbene Neutralität und einstweilen dahingestellte Gleichgültigkeit unserer Weltumgebung setzt die*

66 A.a.O. 162.

vorher geschehene, in alle Einzelheiten gehende Durcharbeitung, vor allem in der Sprache, voraus.[67] Der Sprachbesitz zumal verendlicht die Arbeit an der Überfülle des Gegebenen, vereinigt Gattungsertrag und Individualgenuß.
Für die Fähigkeit des Bewußtseins zur Distanz setzt es seine Mittel der Synthesis ein, der Zusammenfassung von Reizen zu Komplexen, zu Gestalten, die als Einheiten von Mannigfaltigkeiten immer das Resultat einer vorausgegangenen Leistung enthalten und stabilisieren, in der späteren Sprache Gehlens: ritualisieren und institutionalisieren. Das war etwas, was schon der frühe Husserl an den Leistungen der Logik erfaßt hatte und was er mit dem Begriff der ›Repräsentation‹ belegte: die Ökonomie des Bewußtseins, es sich mit *weniger* als der Sache *selbst* und der *ganzen* Sache genug sein zu lassen. Phänomenologie wurde, in der Hyperbolik ihrer Ansprüche, zur Umkehrung jener Ökonomie. Sie sah Husserl nicht als die Natur des Bewußtseins, sondern als deren neuzeitlich-wissenschaftliche Denaturierung, später: Technisierung, an. Die Phänomenologie wird, zumal im spätesten Selbstbewußtsein ihres Begründers, zur Restitution der Ursprünglichkeit des Bewußtseins, seiner Weltoffenheit, seiner Ansprechbarkeit vom Unendlichen der Sachen selbst und ihren Horizonten her – zur Therapie des Zeitgeistes.
Und da sieht man leicht, daß in dieser Gegnerschaft jener andere Bewußtseinsbegriff gemeint war, der das Bewußtsein zum Interim des Lebens machen wollte und sich nun darbot in der Gestalt einer öffentlich geförderten, politisch instrumentalisierten Bewußtlosigkeit. Aber die Gefährdung des Bewußtseins als Selbstwert steckt in seiner Funktion und Herkunft: Synthesis zu Gestalten, Annahme von Teilqualitäten als symbolischer Repräsentanten, gibt es bereits in der Wahrnehmungswelt der Tiere: die Ökonomie der zweckmä-

67 A.a.O. 162.

ßigen Orientierung an einem Minimum von Daten, durch welches sich Beschleunigung der Reaktion ergibt. Reihenbildung mag nur die Zwischenstufe zur Herausbildung von Erwartungen sein, insofern diese aus unvollendeten Gestalten (Komplexergänzung) als Intention hervorgegangen sein könnten. Entscheidend ist, daß erst die intentionale Struktur des Bewußtseins jede Reduktion auf Neutralität nur zur Entlastung für den Aufbau höherer und neuer Funktionen nimmt. Insofern schafft, in einer funktionalistischen Behandlung des Bewußtseinsthemas, der zunächst als episodisch angenommene instrumentelle Bewußtseinsbegriff die Voraussetzungen für den intentionalen: Wenn dieser überhaupt eine Chance hat, sich als Inbegriff unendlich offener Ansprüche durchzusetzen, hat er es kraft der Vorleistungen jener Reduktion und Neutralisierung der Umwelt. Welt zu haben, ist das Resultat der institutionell bewältigten Umwelt: Freiheit, die darauf beruht, daß das Nächste nicht mehr das Dringlichste ist. Die beiden antithetischen Bewußtseinsbegriffe gegen einander auszuspielen, hätte sich nicht als vergeblich erwiesen.

X

Zu den Sachen – von wo her?

Die Phänomenologie und die Systeme

Im Verhältnis zur Selbstdarbietung anderer philosophischer Schulen steht die Phänomenologie nicht als System unter Systemen. Man kann ganz davon absehen, daß sie einen herausgehobenen Wahrheitsanspruch stellt, denn das tun die anderen gegen einander auch. Aber die Art der von ihr thematisierten Sachverhalte und in ihr vereinigten Aussagen rechtfertigt eher die Qualifikation als ›vorsystematisch‹.
Allerdings bleibt es für eine Philosophie nicht gleichgültig, was die anderen tun und als was sie sich ausgeben; es ist peinlich, etwas nicht zu haben, was die anderen haben, und sich einer Fragestellung zu verweigern, für die andere ihre Angebote von Antworten bereithalten. Da entsteht nicht nur ein Innendruck aus der Schule, deren Mitglieder im gegebenen Fall nicht zurückstehen möchten, sondern offenbar auch ein Innendruck des phänomenologischen Subjekts selbst, welches sich seine Enthaltungen und Zurücknahmen nicht so leichthin verzeiht, wie es sie sich vorgeschrieben hat.
Bei Husserl ist die Spur dieses Innendrucks schon sehr früh bemerkbar. In einer Beilage zur Vorlesung des Wintersemesters 1908/09 notiert er nicht ohne Pathos: *Was mich beunruhigt ist, daß ich noch immer keine völlig klare innere Einheit all der Probleme besitze, reinlich auseinandergelegt und geordnet und systematisiert.*[68] Das könnte die erste Andeutung sein, daß die gegen alle Systeme angetretene Phäno-

68 Husserl-Chronik 121.

menologie ihren eigenen systematischen Bedarf entdeckt hätte. Weshalb ist der Phänomenologe beunruhigt, daß sich ihm keine innere Einheit seiner Probleme zeigt, da sie doch in ihrem Bezug auf Anschauung von Wesenssachverhalten eine solche Einheit ihrer Mannigfaltigkeit weder haben noch versprechen müssen? Es muß kein System von Bedeutungen geben, damit die einzelne Bedeutung erfaßt werden kann, sofern diese auf Anschauung beruht und nicht auf Verfahren der Vereinigung mit anderen Elementen und Setzungen. Weshalb sollte eins aus dem anderen hervorgehen, eins das andere bedingen?

Zwar wollte die Phänomenologie zu den Sachen *kommen*; doch nun zeigt sich, daß eine ihrer Schwierigkeiten ist, bei den Sachen zu *bleiben*. Die von Husserl notierte Beunruhigung scheint nicht von den Sachen herzurühren, sondern an sie herangetragen zu sein. Dann wäre der Wunsch des Phänomenologen nach systematischer Einheit seiner Probleme der erste in der langen Reihe seiner Verstöße gegen das Prinzip der exklusiven Deskriptivität – vielleicht ein ebenso unvermeidlicher wie begreiflicher Verstoß. Dann aber einer, der zur Revision der phänomenologischen Urstiftung und ihrer Reinheitsgebote genötigt hätte; anders ausgedrückt: die Phänomenologie genötigt hätte, sich mit der Rolle zu begnügen, eine Philosophie unter Philosophien zu sein. Aber wo hätte es das jemals gegeben?

Nun könnte man die ›vorsystematische‹ Qualität der phänomenologischen Beschreibungen als eben deren Funktion in bezug auf systematische Formationen auffassen. Dann ließe sich denken, daß die Phänomenologie nicht ihr eigenes System auszubilden brauchte, was sie auch gar nicht können sollte, sondern in den historisch vorgegebenen Systemen mehr oder weniger adäquate Muster fände für eine nicht mehr evidente, eher spekulative Zuordnung ihrer Ergebnisse zu umfassenden Positionen und Doktrinen, ohne daß dabei jemals befriedigende Anschlüsse und Übergänge erreicht werden könnten. An Husserls plötzlich hergestelltem und nicht einmal historisch fundiertem Verhältnis zu Leibniz zeigt sich, wie beliebig die Sprache eines Systems aufgegriffen werden kann; hier die der Monadologie. Dabei kennt Husserl nicht einmal den späten Phänomenalismus des Remond-Briefes.

Nietzsche hat gesagt, der Philosoph glaube, der Wert seiner Philosophie liege im Bau des Ganzen, während die Nachwelt ihn im Stein fände, mit dem er gebaut hatte und mit dem noch oft gebaut werden kann – allerdings unter der Voraussetzung, daß jener erste Bau zerstört wird und seinen Wert nur noch im Material hat.[69] Die Brutalität dieses Bildes überzieht. Der Stein, die Einzelheit, das Teilstück können auch im Ganzen betrachtet werden, ohne daß dieses zerstört werden muß, und sogar mit Gewinn für Würde und Wirkung des Ganzen.

Husserl hat seine Rückgriffe auf historische Philosopheme niemals ›geschichtlich‹ gesehen und überdacht. Am ehesten nehmen sie sich wie Formulierungshilfen für einen der philosophischen Fachsprache relativ Unkundigen aus, der sich in Verlegenheit gern soufflieren läßt und dankbar diese und jene Übereinstimmung akzeptiert, die er auf der anderen Seite für zufällig hält. Selbst im Verhältnis zu Descartes blieb es bei der punktuellen Formulierungshilfe des *Cogito*. Niemals wurde etwas spürbar von geschichtlicher Abwägung und Vergleichung der Situationen, aus denen der Zweifels- und Rettungsversuch dort, die Psychologismusabwehr und Evidenzanstrengung hier hervorgegangen waren. Descartes wird getadelt, weil er aus dem *Cogito* vorschnell herausspringt und die Evidenz der Welt einem deduktiven Verfahren abgewinnt. Das sieht wie eine Verfehlung vor fast

69 Nietzsche, Gesammelte Werke (Musarion-Ausgabe) IX 103f.

erreichtem Ziel aus, ohne daß der geschichtliche Umschlag mit dem durch Kant unmöglich gewordenen Gottesbeweis und der damit entfallenen deduktiven Aushilfe als die Endlichkeit der eigenen Möglichkeiten – also die Deskriptivität auch als Ausdruck verschärfter Bedingungen – begriffen würde.

Ähnliches gilt für das Verständnis der Fensterlosigkeit von Leibnizens Monaden im Rahmen der eigenen Intersubjektivitätsthematik, die ihren Bedarf nach Evidenz des ›anderen Ich‹ gerade aus dem Verlust der ›Paratheorie‹ von der prästabilierten Harmonie der Monaden sich zugezogen oder über sich verhängt gesehen hatte. Es kommt nicht darauf an, Husserl ein Defizit anzukreiden, das zu seiner Niederlage gegen Heidegger wesentlich beitragen sollte; vielmehr ist der Mangel an ›Geschichtlichkeit‹ als Erschwerung der Bedingungen zu verstehen, unter denen die Phänomenologie das erste Vierteljahrhundert ihrer Geschichte bestand und sich ein ganzes Instrumentarium von Aushilfen zu schaffen hatte, um ihren eigentümlichen ›Rückstand‹ an historischer Selbstbestimmung zu kompensieren.

Vielleicht gehört nicht allzu viel Kühnheit zu der Behauptung, in jedem philosophischen System stecke ein so zwar noch nicht benannter Anteil an deskriptiv-phänomenologischer Arbeit, auch wenn dieser schon auf einer anderen Strecke der doktrinalen Geschichte eingebracht und erst in der Verfestigung der Terminologie transportfähig geworden war.

Am Anfang der neuzeitlichen Physik galt die des Aristoteles als der starre dogmatische und von jeder Erfahrung abgewandte Gegner, dem so etwas wie ›das Leben‹ als erfahrenes entgegenzusetzen und endgültig zu seinem Recht zu bringen war. Husserls Ansätze zu einer Theorie der Lebenswelt und anderes, was darauf zurückgeht und daraus geworden ist, haben bemerken lassen, in welchem Grad die Physik des

Aristoteles eine der Lebenswelt nahestehende Theorie ist, etwa mit ihrer Vorstellung von der Ermüdbarkeit jeder physischen Bewegung oder mit ihrer absoluten Unterscheidung von Oben und Unten. Husserl hat in der »Krisis«-Abhandlung gesehen, daß es Galilei war, der den Bruch mit der anschaulichen Kontinuität der Theorie zur Lebenswelt vollzog und derart die Formalisierungen der neuen Wissenschaft erst möglich machte, in denen sich mit der Größe des Anspruchs eine lange verkannte Größe des Verzichts verbindet, dessen Rekompensation dem greisen Husserl schließlich als der entscheidende Sinn seiner Phänomenologie erscheinen wollte.

Man kann noch einen Schritt weitergehen. Der dem Aristoteles, nach den Jahrhunderten der Scholastik, so heftig vorgeworfene Mangel an Erfahrung hätte zur Grundlage seiner Wissenschaft eine mißlungene oder nur teilweise gelungene Form der Reduktion gemacht: das Wesen zu beschreiben, ohne auf die Erscheinung hinzublicken. In der Meinung freilich, auf Erscheinungen sei schon lange genug und gründlich genug hingeblickt worden. Das läßt sich gut vergleichen mit Husserls Unterschätzung der Schwierigkeiten seiner ›freien Variation‹ als eines Geschäftes der Phantasie und der Imagination. Ihm fehlte es an Imagination, um das unerforschte Übermaß des Imaginären, das nicht mehr als Beispiele im Faktischen hat, zureichend einzuschätzen. Dazu braucht nur an seine völlige Vernachlässigung aller Resultate der Psychopathologie, aber auch der Ethnologie und Anthropologie erinnert zu werden. Denn es ist wohl Legende, er habe sich außer flüchtigen Einblicken in Lévy-Bruhls »Mentalität der Primitiven« ausgedehnten Studien über exotische Kulturen hingegeben.

Ohne daß Husserl selbst ein Typus historischer Gerechtigkeit genannt werden könnte, muß doch darauf bestanden werden, daß die Phänomenologie dazu beigetragen hat, auch außerhalb des Begriffsfeldes von ›Geschichtlichkeit‹ den Selbstvergleich mit fremden Systemen über das Niveau der bloßen Feststellungen des Obsoleten oder Erträglichen hinauf anzuheben. Wenn es so etwas wie anschauliche Evidenz überhaupt geben sollte, muß ausgeschlossen werden, daß erst der methodische Kunstgriff der Reduktion solche Einblicke und Einsichten erstmalig erschlossen und möglich gemacht hätte. *Wenn es dies gibt, hat es dies schon gegeben*, kann nur die schlichte Formel sein, die hier den Blick leiten muß. Es wird zwar nichts wahrer dadurch, daß es irgendwo schon einmal da gewesen ist; aber es wird wahrscheinlicher, daß nur etwas den Selektionsprozess der Geschichte durchgestanden hat, was nicht gänzlich des Rückhalts an einem Wahrheitszugang entbehrt, den gangbar gemacht zu haben die Phänomenologie nicht mit absoluter Aktualität auszeichnet. Das müßte schon durch den Rückblick ausgeschlossen werden, den Husserls späte Geschichtsphilosophie auf den Gang der eigenen Theoriebildung ernötigt. Der vielfache Hinweis auf die Vertracktheiten der Reduktion als bloß ›methodische‹ Verzögerung beruhigt nicht.

Leistung der ›Phänomenologie‹ sollte der auf die Phänomene zurückgeführte und in ihnen allein begründete *Logos* sein. Blickt man auf ihr Gesamtschicksal über mehr als ein Dreivierteljahrhundert hinweg, gelangt man zu der verblüffenden Feststellung, daß ihre theoretische Sorge und ihr Resultat gerade umgekehrt wie die Zurückführung und Begründung der Phänomene auf den *Logos* aussehen.

Solche Umkehrungen sind nicht bloße Spiele des Überdrusses und des Aufbegehrens der Generationen gegeneinander. Husserls Grundgedanke, alle Berechtigungen zu theoretischen Aussagen ursprünglich aus der Anschauung der Phänomene zu beziehen, hatte von allem Anfang an den Mangel, die unerreichbare Vollständigkeit der Phänomene als ein Quasi-Ideal, einen Standard deskriptiver Emsigkeit hervortreten zu lassen, ohne die darin liegende Verlegenheit einer unvermeidlichen Vergeblichkeit einzugestehen. Die Flucht vor den Systemen, heraus aus den *Logoi* – in der umgekehrten Richtung des fliehenden Sokrates also –, bezog ihren Antrieb aus der Verkennung des Sachverhalts, daß Systeme zwar zum Übersehen von Phänomenen verführen, aber auch zur Sichtbarkeit sonst übersehener Phänomene verhelfen. Husserl erwartete einfach, daß nicht nur das Heil bei den Sachen zu finden sein würde, sondern auch die Ordnung der Sachen bei diesen selbst liegen und aus ihnen hervorgehen müsse. Aber dies gerade versteht sich nicht von selbst. Die Sachen sind die eine Sache, ihr Zusammenhang, ihre mögliche Welthaftigkeit eine andere – da war der Horizontbegriff eine bloße Ausflucht. Er hätte nämlich zu beschreiben vorschreiben müssen, daß Horizonte schon Systemabhängigkeiten *sind*, nicht von ihnen her systematische Korrelationen und Übergreifungen allererst konstituiert werden *können*.

Verschweigungen und Abneigungen verdienen in der Philosophie nicht mindere Beachtung als Einflüsse und Abhängigkeiten. Es muß dabei nicht gleich an Hinterhältiges gedacht werden. Husserls Schüler und Enkelschüler sind auf den dégoût gegen Schopenhauer festgelegt. Das wäre nicht auffällig ohne Husserls eigenes Verstummen. 1880 erwirbt er Schopenhauers »Sämtliche Werke«, im Wintersemester 1892/93 gibt er ein Seminar über die »Welt als Wille und Vorstellung«, im Sommersemester 1897 nochmals ein Seminar für Anfänger über Schopenhauer – danach fällt dessen Name nicht mehr. Man wird das nicht ohne Zusammenhang sehen können mit der minimalen Rolle, die der Begriff des Willens in der Phänomenologie spielt, bis er im schwachen Voluntarismus der »Krisis«-Abhandlung für die Pseudo-Erklärung des Anfangs der theoretischen Einstellung als des unverbrüchlichen Programms der europäischen Geschichte wiederkehrt. Vielleicht kann man diesen spät eingeführten geheimnisvollen Gründungsakt nur im Rückblick über das halbe Jahrhundert hinweg auf das frühe Interesse für Schopenhauer begreiflich machen.

Aber das ist hier nicht das Problem. Die Abkehr von einer Metaphysik des absoluten Willens und der alleinigen Gewißheit des immanenten ›Ich will‹ wäre für den werdenden Phänomenologen nur allzu begreiflich, hätte nicht Schopenhauer selbst aus der Weltgeschichte des Willens mit ihrem zerebralen Instrument der Vernunft das entscheidende Gegenmittel gegen dessen Absolutismus hervorgehen lassen und zum Inbegriff der philosophischen Kultur gemacht: die reine Anschauung des Wesensmäßigen und deren Evidenz. Es ist nicht der Entschluß des Willens, sich gegen sich selbst zu wenden, als sei ihm eine Art von Todestrieb immanent, sondern die rationale Konsequenz der ihm durch Welt und Leben aufgenötigten Selbsterhaltung, ein derart zweideutiges Organ sich auszubilden, das ebenso im Dienst des Lebens wie in der Rebellion gegen dessen Zwänge zur Freiheit der Anschauung und zum Zur-Ruhe-Kommen in ihr determiniert sein mußte. Die metaphysische Vorgeschichte konnte oder mußte schrecken, mit der Bevorzugung der Selbstgewißheit des cartesischen *Cogito* endgültig unmöglich geworden sein. Aber die mit dieser systematischen Introduktion legitimierte Anschauung bot eine Fülle von Bezügen, Anknüpfungen – wenn nichts anderes, dann meisterhaft vorgeprägte Formulierungen.

Hätte es also bei Schopenhauer so etwas wie eine ›prähistorische‹ Form von Phänomenologie gegeben, so wäre sie gerade nicht das ›vorsystematische‹ Stück seines philosophischen Ganzen, sondern der ›nachsystematische‹ Abspann, ein Schlenker im strikten systematischen Sinne, den er sich noch erlaubt hätte, um sich doch auch therapeutisch zu geben und den Extremen der Resignation zu steuern. Zuschauertum ist dieses therapeutische Rezept; und darin liegt eine tiefere als nur methodische Gemeinsamkeit mit der Phänomenologie. Ästhetisch ist die ›*Nature morte*‹ Schopenhauers Ideal – und bis zu ihrer Genetisierung gab es für die Phänomenologie den Verdacht oder die ironische Freundlichkeit, eine Bilderbuchphilosophie zu sein. Der von Schopenhauer idealisierte Betrachter des Baumes in der Landschaft ist gerade deshalb kein Systematiker, weil er nicht über diesen Baum hinausdrängt auf dessen spezifische Relation zu allem übrigen und anderen. Gerade bei diesem verweilt er, um seinen Anblick ins Wesensmäßig-Beruhigte aller Baumhaftigkeit umschlagen zu lassen. Das System liegt hinter dem, der den Betrachter betrachtet.

Schopenhauer hat nicht die Schwierigkeit des Cartesianers, von der Selbstgewißheit des *Cogito* irgendwann einmal zur Gewißheit des Eigenleibs zu kommen. Für ihn ist der Leib die Sichtbarkeit des Willens, nichts anderes also als der andere Aspekt dessen, was in der Selbstgewißheit der harte Kern ist. Diese systematische Verbindung kann als Erleichterung dem Phänomenologen nicht ohne weiteres angepriesen werden, weil sie eine andere Verbindung zerstört oder zumindest problematisiert, auf die Husserl nach seiner transzendentalen Selbstentdeckung alles setzen sollte: die Erweiterung des cartesischen *Cogito* zu einem mit diesem konsistenten und in der Evidenz gleichrangigen Bereich transzendentaler Erkenntnis. Bei Schopenhauer bestand zwischen der Evidenz des Willens und der Evidenz der Anschauung der Hiatus, den zu begreifen es des ganzen Systems bedurft hatte.

Will man den Gegensatz zwischen Schopenhauers Voluntarismus und Husserls Phänomenalismus ganz äußerlich fassen, so besteht er vor allem in der zentral anthropologischen Systematik Schopenhauers und dem Ausschluß jeder Anthropologisierung des Bewußtseinsbegriffs bei Husserl. Aber das ist vordergründig, denn die Zentralität des Menschen ist selbst ein Wesenssachverhalt und sogar der entscheidende für Schopenhauer: Der Weg zum Wesen der Dinge führt *über das Wesen der bedeutungsvollsten Erscheinung der Welt, den Menschen.*[70] Im Menschen ist sich das Prinzip der Welt gegenwärtig, Selbsterkenntnis des Willens zu sein, und es wäre philosophische Leichtfertigkeit, diese einzigartige Chance zu übergehen, von der Welt unmittelbar das ihr Wesentliche zu erfahren.

Es ist nicht, wie bei Husserl, die Konstitution des Zeitbewußtseins, die die Selbsterfahrung auszeichnet. Vielmehr bleibt Schopenhauer hier bei Kants Grundthese, daß durch die Form des inneren Sinnes auch der Selbsterfahrung nur Erscheinungen gegeben sind. Dafür gewinnt er gegenüber Husserl die unmittelbare Einsicht, was – in einem sprachlich freilich unzulänglichen Sinne – ›Gleichzeitigkeit‹ bedeutet: die von Willensakt und Leibesakt. Dies ist es, was heißt, daß *die Akten über Kants Ding an sich noch nicht für geschlossen* zu halten seien und man zu dem Punkt zurückzugehen habe, *wo man 1790 Kants Lehre verließ.*[71] Die kürzeste Fassung dieser Anknüpfung Schopenhauers an Kant und ihrer anthropologischen Zentralität lautet so: *Was nun also Kant von der Erscheinung des Menschen und seines Tuns lehrt, das dehnt meine Lehre auf alle Erscheinungen in der Natur aus, indem sie ihnen den Willen als Ding an sich zum Grunde legt.*[72] Das schafft zugleich die härteste ›systematische‹ Differenz mit Husserl: die unvereinbare Zuordnung der Zeit zum Wesen des Bewußtseins.

Der Ursprung aller Phänomene ist, daß der Wille sich als Phänomen will. Die Spiegelmetapher taugt nicht gut für die-

70 Schopenhauer, Der handschriftliche Nachlaß, ed. A. Hübscher, I 366 (1816).

71 Der handschriftliche Nachlaß III 655, 659.

72 Sämtliche Werke, ed. v. Löhneysen, II 225.

sen Sachverhalt, weil nur das sich spiegelt, was schon Erscheinung ist. Es ist das Urfaktum dieser Philosophie, daß der Wille sich als Erscheinung im Menschen: als Sichtbarkeit des Leibes will. Daß er sich damit etwas auflastet, was seinem Wesen nicht immanent ist, sieht wie die unerwartete Selbsterfahrung in der Geschichte des Willens aus: Indem er Sichtbarkeit im Leib wird, stürzt er sich in die Nöte der Selbsterhaltung und damit in die Notwendigkeit der Vernunft. Sie ist nicht das ursprüngliche Organ aller Evidenzen, sondern ihrer Funktion nach durch und durch instrumentelle Vernunft, im Dienst des Leibes unmittelbar, im Dienst des Willens mittelbar. Der Organismus ist der Umweg des Willens zur Vernunft, seine Bedürfnisse schon deren Erfindung. Die Vernunft wäre überflüssig in der Welt, wenn nicht der Leib ihrer bedürfte, um existieren zu können, und er muß existieren, weil der Wille sich in ihm will. Die Frage nach dem Grund dieses Bedarfs an Selbsterhaltung fände wohl dieselbe Antwort, die auch Husserl für das transzendentale Subjekt am Ende geben sollte: Ein Subjekt ohne Objekt ist sinnlos, wie ein Wille ohne Gewolltes. Husserls späteste Spekulationen über die Verleiblichung der transzendentalen Intersubjektivität hätten schließlich zu dem Punkt, wo die Vernunft in den Dienst der Selbsterhaltung gezwungen und die Theorie dazu instrumentalisiert wird, zurückkehren müssen. Es dient sich dem Sinn der Welt nicht mehr ohne den Therapeuten.

Das überraschende Junktim zwischen Schopenhauers System und Husserls Welt›phänomen‹ ist die Funktionalisierung des Leibes: dort die primäre Objektität des Willens, hier die unerläßliche Bedingung der Intersubjektivität als ›Organ‹ der transzendentalen Subjektivität zur Objektivierung der Welt. Husserl scheint das Problem, das er sich durch die weltfinale Vervielfältigung der Subjekte auflädt, nicht zu belasten. Wohl nicht einmal ins Blickfeld gekommen zu sein: Diese Subjekte sind nicht nur das Kooperativ der intersubjektiven

Objektivierung, sondern auch die erbitterten Rivalen um die Welt, ihren Raum, ihren Boden, ihre Lebenssubstrate. Wo Schopenhauer das Potential des Elends gewahrt, das nur durch den Rückzug aus dem Leben gemindert werden kann, hat die Phänomenologie das Produkt einer menschheitlichen Anstrengung vor Augen, ohne auch nur dessen Rückbezug auf die Selbsterhaltung seiner Funktionäre eines Wortes zu würdigen. Schopenhauers Zuschauer des mundanen Trauerspiels war zwar der, dem der Wille zum Leben ein wenig Ruhe zu lassen schien, doch zugleich damit kein Faktor mehr zur Erleichterung der Funktion, die abzuwerfen der Sinn seiner theoretischen Einstellung geworden war.

Bei Husserl bleibt der Mensch im Inbegriff seiner Weltfunktion das klassische ›vernünftige Lebewesen‹, während er bei Schopenhauer nur das leidige Zusatzproblem seiner Selbsterhaltung zu lösen hatte, indem er sich das Gehirn und dessen sensorische wie rationale Leistungen zulegte, die etwas Sekundäres waren und blieben, durch das niemals das Wesen des Menschen definiert werden konnte. Das ›vernünftige Lebewesen‹ ist das Scheinprodukt einer Emanzipation, einer Rebellion, zu der sich das Organ der Selbsterhaltung mit parasitärer Rücksichtslosigkeit aufschwingt. Der Funktionär erwirkt im Maße seines niederen Erfolgs die Freistellung von seinen Diensten. So entsteht kulturelle Sicherung und Erleichterung als das Paradox einer funktionsfreien Funktion bis hin zum unglaublichen Luxus der Autonomisierung der Theorie als Reflexion.

Das ›System‹ markiert die Stelle des Mangels, die die Phänomenologie auch und gerade als genetische nicht wird besetzen können: zu begreifen, wie es zum ›Unding‹ der Reflexion kommen konnte. Unter Schopenhauers Primat der zerebralen Selbsterhaltung wird wenigstens im Umriß vermutbar, daß die Sichtbarkeit des Willens immer auch dessen Angriffspunkt in anderer Gestalt und Individualität ist. Er wird sich selbst damit zum Zentrum seiner Aufmerksamkeit auf die Nebenfolgen von Sichtbarkeit machen. Diese leicht einsichtige Superfunktion der Vernunft als Sichtbarkeitskontrolle kann im Maße der kulturell verminderten Bedrohlichkeiten ihren Überschuß an den Selbstzweck der Reflexion ›abtreten‹.

Aus der Rücksicht auf eigene Sichtbarkeit als Risiko des oktroyierten Lebens wird die bewußt geübte, reflexiv genossene und kultivierte Selbstdarstellung: Sichtbarkeit als das Zeremoniell der Individuen voreinander, wie es die von Schopenhauer zum Exzeß geführte Moralistik entdeckt und ausgekostet hatte. Der Vernunft, dieser späten Ausgeburt des Lebenswillens, bleibt die Sichtbarkeit das Ärgernis der Kontingenz, die sie nicht begreift, weil daran nichts zu begreifen ist; gerade deshalb rebelliert sie vor dem Sichtbaren, leistet ihm den einzigen ihr möglichen Widerstand, es das Wesentliche vorstellen zu lassen. Sie will nicht nur wissen, weshalb sie an den Leib als dieses Vehikel ihrer Verwundbarkeit gefesselt ist; sie will auch an allem anderen begreifen, weshalb das Wesen an das Dasein gekettet ist. Sie begreift es nicht, aber sie mißversteht es in ihrem Sinne: als Ablösbarkeit des Wesens vom Dasein. Husserls Reduktion wird die Ablösbarkeit des Daseins vom Wesen für die zunächst einfachste, unbehinderte, von keiner Metaphysik belastete, weil logisch vorgezeichnete Operation halten.

In der Reflexion erst wendet sich die Vernunft gegen ihre organische Dienstbarkeit; sie läßt es auf das Risiko des letzten Begründungsmangels der Selbstgewißheit ankommen. Das freilich entzieht der historische Aspekt dem Blick, der die Denker solcher Wendungen immer schon im Besitz ihrer Lösungen sieht, wenn sie sich ihre mörderischen Probleme stellen. Das durch Schopenhauer sichtbar werdende und im ersten Jahrzehnt der Phänomenologie bis zur cartesischen Rückendeckung durchgespielte Wagnis hat, betrachtet man es von Schopenhauers System her, zu tun mit dem parasitären Genuß der durch Dienstgewinn übergewichtig gewordenen Vernunft.

Schopenhauer hat diesen Komplex mit den zeitgenössischen Kenntnissen der Hirnanatomie unterbaut. Er weist auf das späte Auftreten des Großhirns hin und läßt wissen, daß im Gegensatz dazu die Willensfunktion an die archaischen Teile des Stammhirns gebunden sei, wo all das residiert, was er als vitale Funktionen einschätzt. Das Großhirn aber ist der Epiphyt des Organismus, der mit dessen Abschöpfung bis an die Grenze der ihm obliegenden Selbsterhaltung geht. Welches Urbild für die Dissoziation von Realität und Intellektualität, von Vorsicht und Rücksicht der Vernunft! Diese Zerfällung durch Reflexivität ist zugleich die denkbar intensivste Störung des organischen Prozesses: Störung der Selbstverständlichkeit seiner Abläufe, Brechung der Lustbezogenheit seiner Funktionen. Wer auf seinen Gang reflektiert, verliert die triviale Ungestörtheit des Gehenkönnens.

Die Tödlichkeit der Reflexion besteht bei Schopenhauer wie bei Husserl in der ›Nichtung‹ des mundanen Subjekts. Wo Descartes sich noch damit geholfen hatte, die Idee des Unendlichen könne in einem endlichen Subjekt nicht aus diesem selbst stammen und bedürfe daher eines noch unerkannten, aber adäquaten Ursprungs, entsteht bei Husserl die Unmittelbarkeit der absoluten Selbstgewißheit zum absoluten Selbst, dessen Reflexion sie ist. Auch dies ist noch das Argument der formalen Adäquation aus scholastischem Hintergrund. Denn es ist ein exotisch gewordener Gedanke, daß die absolute Gewißheit des *Cogito* ein anderes Subjekt notwendig machte als das sonst mit moderaten Gewißheiten abgefundene – sofern es mit der absoluten Evidenz überhaupt etwas auf sich hat.

Bei Schopenhauer gilt für den Willen dieselbe Einheit, die jeder Idealismus daraus folgert, daß von allen Subjekten identisch ›Ich‹ gesagt wird und also identisch gemeint sein muß. In der Reflexion findet das Subjekt nicht etwa seinen individuellen Willen auf, sondern eben jenen, dessen bloßer erscheinender Repräsentant es ist. Es kann auf sich beruhen bleiben, ob jemals jemand diese absolute Reflexion realisiert hat oder ob sie nur von Quelle zu Quelle als ›Methode‹ weitererzählt, gleichsam aus zweiter Hand referiert wird, wie schon das *Cogito* des Descartes. Hier kommt alles darauf an, zwischen dem, was einer sagt, und dem, was er zu denken vermag, zu unterscheiden. Das Gesagte läßt schlechthin keinen Schluß auf das Gedachte zu, weil es nichts dem Sprechenden wie dem Hörenden Gemeinsames ist. Jeder kennt diese Reflexion nur vom Hörensagen, als eine unwiderlegbare Behauptung. Wer sie widerlegen wollte, könnte sich immer wieder nur auf dasselbe berufen: nicht zu verstehen, was gemeint sei.

Darin zeigt sich ein Grenzwert der Vernunft: Sie zerstört die Allgemeinheit, für die sie das Individuelle preisgibt, indem sie es an das ›Erlebnis‹ zurückverweist, diesem aber sein authentisches Subjekt, das mundane, wiederum nicht läßt. Was Schopenhauer der Reflexion zu entdecken gibt, ist vernichtend für das Subjekt, weil es noch seinen Zustand reinster Theorie als Knechtschaft unter dem Willen begreifen muß: Ohne das Auge des Menschen wäre alle vom Willen gewollte Erscheinung nichts – nichts hinsichtlich dessen, was sie als Erscheinung und nur als solche sein soll.

Sie soll sein, was einem erscheint, der seinerseits einem anderen erscheint und sich selbst erscheint. Die Vernunft entdeckt sich als zum Martyrium, zur Zeugenschaft für den Willen ins Dasein gerufen und darin der autonomen Sinngebung ihrer selbst sogar beraubt, wo sie nicht mehr Organ der Selbsterhaltung zu sein brauchte. Der Zuschauer, der das ganze Trauerspiel für sich aufgeführt zu wissen meint, entdeckt sich als das Publikum, ohne das nichts aufgeführt zu werden brauchte.

Daraus ergibt sich alles, was ›Anthropologie‹ heißen kann. Ein Zuschauerwesen kann nicht irgendwo in einem schützenden Schlupfwinkel des Urwalds, in einer ökologischen Nische, in einer Höhle für sich verborgen und nur dem Genuß seiner Sicherheit hingegeben gedacht werden – es trägt den Kopf hoch, im aufrechten Gang, weil es nur so der Zeuge der Erscheinungen wird, und erzeugt derart zwangsläufig den gesteigerten Bedarf an Leistungen der Selbsterhaltung, dem nur dieses besondere Organ genügen kann.

Die Vernunft gerät in den Zirkel ihrer Selbststeigerung, der jeden Akt ihrer theoretischen und reflexiven Autonomisierung an neue Empfindlichkeiten kettet, die Sensibilität für Minderungen ihrer subtilen Ansprüche emportreibt und sie so zur potentiellen Beute künftiger Therapien macht. Dabei wird die Reflexion zur Meuterei des zum Zuschauer der Erscheinungen bestimmten Wesens: Es will nicht bloßer Bewunderer der Welt sein, nicht deren gaffender Betrachter; es will in den Abgrund seiner selbst hinabsteigen, auch wenn sich als Illusion erweisen sollte, dort nicht wiederum auf die ›Erscheinungen‹ der inneren Wahrnehmung zu treffen. Dieses entschlossene Selbstinteresse ist der Konvergenzpunkt der Reflexion bei Schopenhauer wie bei Husserl. Dessen Leugnung des Rechtes auf Anthropologie verblaßt dabei so wie die ganz entsprechende Heideggers, Fundamentalontologie sei zu betreiben, auch wenn dabei vom Menschen die Rede sein müsse, weil dieser kein anderes Seinsverständnis kennt als das seinige.

In gewisser Weise sind die Systeme gleichgültig, in denen die Phänomene ›auftreten‹, sei es als Vorspann zu dem, was sie nur zu belegen haben, oder als deren letzte Aufarbeitung, als Zugeständnis an eine Vernunft, die mehr wissen will, als in einer Beschreibung von Phänomenen jemals zu finden sein kann. Schopenhauer ist nicht nur deshalb als Beleg vorgeführt worden, weil er in die Frühgeschichte des von der

Mathematik zur Philosophie übergehenden Husserl gehört, sondern weil er für die deskriptive Orientierung und Anregung durch eine hochgradig spekulative Systematik einsteht – dazu noch für einen deskriptiven Ertrag, der im Gegensatz zu allem in der Phänomenologie Zugelassenen wesentlich anthropologisch ist. Schopenhauer kann zeigen, weshalb das zwangsläufig so ist, wenn die Geschichte endet, wo sie geschrieben wird, und nicht, wo sie geschieht, weil niemand weiß, ob sie geschieht.

Erkennt man nun an, daß auch die spekulative Spätphase der Phänomenologie mit ihrer Verweltlichung und Verleiblichung der transzendentalen Intersubjektivität den Menschen unausweichlich zum Thema hätte machen müssen, sofern ihr dazu noch die Zeit und neben Heidegger noch der Raum geblieben wäre, so gewinnt dieser systematische Vergleich unter dem Kriterium des deskriptiven Ertrages sowie seiner Rechtfertigung an Plausibilität. Daneben verliert sich die Frage nach einem Einflußverhältnis am Rande. Schließlich haben damals Zahllose Schopenhauer als spannende Lektüre konsumiert: als Geschichte von der heimlich-unheimlichen Verschwörung des Willens gegen unsere Illusionen, im reinen Dienst höherer Wahrheiten zu stehen. Gerade dieser ›Unterhaltungswert‹ hat den ›Einfluß‹ minimalisiert.

Wenn die Phänomenologie die Wissenschaft der Trivialitäten ist, darf sie die zentrale Selbstverständlichkeit nicht unangetastet lassen: die, die der Mensch sich selbst bedeutet. Doch gerade sie wird durch die transzendentale Reflexion, durch den unmittelbaren Durchbruch vom ›Ich‹ zum ›absoluten Subjekt‹, beiseite geschoben; und dies aus einem Interesse, das nur dadurch ausgezeichnet zu sein scheint, daß es mit der Selbsterhaltung nichts zu tun hat. Denn, um es überspitzt auszudrücken, dieses *Cogito* hat seine absolute Qualität gänzlich unabhängig davon, ob es im nächsten Augenblick noch seinen Platz hält oder aus der Geschichte verschwunden ist. Die Entdeckung des Absoluten braucht nur ein einziges Mal gemacht zu werden. Ihr ist nichts hinzuzugewinnen.

Die Reflexion ist in ihrer Konsequenz anthropologiefeindlich, indem sie ihre Konzentration auf das Absolute nicht preisgibt zugunsten ihrer Betroffenheit durch das Kontingente. Es muß ihr am wenigsten selbstverständlich werden, daß es die Welt und den Menschen gibt. Husserl hat wie Schopenhauer die eine Fragestellung mit der anderen verbunden durch den spekulativen Versuch, die Kontingenz des Menschen als das Interesse des Absoluten selbst zu erklären: Es mußte nicht dieser sein, aber so einer wie dieser.

Für die Tatsächlichkeit des Menschen eine ›Erklärung‹ anzubieten, nimmt seinen Merkmalen und Leistungen die Vereinzelung, seinen Fähigkeiten das Exzentrische und noch seiner Pathologie die Exotik. Als Übertreibung seiner konstitutiven Verlegenheiten läßt sich begreifen, in welchem Maße er selbstdarstellungsbedürftig ist. Dazu genügt es nicht, daß ›der Wille‹ erscheinen will, sich organisch präsentiert und in die Sackgasse der Selbsterhaltungskrisen seiner Präsentation gerät, so daß er sich die Vernunft zulegen muß. Weniger, um da wieder herauszukommen, als vielmehr, um sich darin zu behaupten und, mit einer Erschleichung auf dem Umweg, seine exzentrische Lage zu genießen.

Die Selbstaufrichtung gehört in diesen Zusammenhang. Sie schafft die Doppeldeutigkeit des Begriffs der ›Erscheinung‹, mit der Heidegger gegenüber Husserl operiert, indem er das griechische *phainesthai* aus der Passivität dessen, was daliegt und wahrgenommen werden kann, überführt in eine Art von Zudringlichkeit des Sich-Zeigens, die der Distanz von Subjekt und Objekt das Ende setzt, welches den klassischen Erkenntnistheorien die Zufuhr abschneidet. Das Phänomen der Selbstaufrichtung spricht zunächst dafür, daß der Zuschauer sich in die Position bringt, einen Horizont zu haben, in dem ihm ›Auffälliges‹ begegnet, zu ›Erscheinungen‹ depotenziert wird, indem deren Zudringlichkeit vorweggenommen und entschärft wird.

Es muß im Zusammenhang dieses Systemvergleichs beachtet werden, daß hinsichtlich des Begriffs der Erscheinung die stärkere Affinität von Heidegger zu Schopenhauer besteht, bei dem der hinter den Erscheinungen lauernde Wille nicht duldet, sich übersehen zu lassen. Dies sind keine gleichgültigen Nuancen. An ihnen hängt das Maß von Motivierung, das die theoretische Konfrontation bestimmt. Sie ist für Heidegger schon die abgeschwächte Modifikation jener Zudringlichkeit der Phänomene, und sie ist es auch für Schopenhauer gewesen, der die Evidenz der Anschauung zur ekstatischen Ausnahmesituation der Verwicklung des Menschen in die Welt erhoben hatte, zu einer ›Un-eigentlichkeit‹, die gegen den Willen als Weltprinzip durchzusetzen und zu behaupten war, nachdem er sich die Verlegenheit aus unerfindlicher Unbegründetheit selbst bereitet hatte. Man kann die ganze Spekulation als bloßes Beiwerk der Beschreibung betrachten. Heideggers Erläuterung dessen, was die Griechen einmal ›Erscheinung‹ genannt hatten, sieht diese in einer zu blassen und schwächlichen Rolle und läßt sie gleichsam nach stärkeren Mitteln greifen. Dann wäre, überraschend genug, der Kern der Systematik Verstärkung der Deskription, Nachhilfe bei ihren Mitteln – also so etwas, was es gar nicht geben dürfte: Rhetorik der Beschreibung.

Der Mensch, der sich in der Welt nicht als selbstverständlich vorfindet und weiß, sieht die allgemeine organische Fragilität bei sich sprunghaft verschärft als Bewußtsein einer exponierten Stellung, die der Preis seines Horizonts von Erscheinungen ist. Sie ist auch der Grund dafür, daß er Bewußtsein von seinem ›Äußeren‹ hat und in diesem Bewußtsein die Zivilität der Pflege seiner Ansichtigkeit begründet liegt. Sie ist mehr als bloße Nebenfolge einer physisch-körperlichen Wahrnehmbarkeit und Identität. Um sich in einem Äußeren darzubieten, das nicht unbearbeitet so ist, wie es ist, muß erlernt worden sein, sich selbst von außen zu sehen, mit den Organen anderer und *noch bevor* andere es getan haben – nicht nur, um ein nacktes Leben zu retten, in dem man sich das ›Ansehen‹ als Nicht-Feind geben kann, sondern in dem man sein Lebenkönnen mit anderen zu arrangieren sucht. Man erträgt nicht, ein Unerträglicher zu sein, indem man als Individuum nicht ›von Natur‹ gattungskonform ist. Man kann nicht vermeiden, bei Gelegenheit ›der Fremde‹ zu sein, und muß daher vermeiden, es ostentativ zu sein, weil es Feindschaft provoziert wie Fremdheit auch sonst im Revierbetrieb der organischen Welt, sofern die Spielregeln, zu sein wie jedermann, nicht einfach eingeübt und angelernt werden können.

Wer nicht vermeiden kann, Fremder oder ›Außenseiter‹ zu sein *und* zu scheinen, muß den Durchbruch in die Forcierung, auf die Minderheit hin, riskieren. Er hat die Wahl zwischen dem Spektakulären, der Auserwählung oder sonstigen Besonderheit, der Inspiration, der zur Schau getragenen Askese, der simulierten oder zufällig echten Genialität – oder auch nur dem Mitleid für seine Anpassungsunfähigkeit.

Alle Bildung zielt darauf, sich von außen sehen zu lernen. Nicht nur physisch als dieses visible Individuum, sondern auch aus anderen Kulturen und Sprachen auf die Eigenheit der eigenen, aus anderen Zeiten auf die eigene. Das geht nicht, ohne daß man diesen ›Zweck‹ gründlich vergessen macht, indem man ihm das Air einer ganz unzweckmäßigen Auszeichnung verleiht. Deren Bedingungen werden der Prüfung auf Rationalität allemal nicht genügen können. Sie werden als lästiger Selbstzweck unverständlicher Prozeduren der Initiation als Zulassung zur ›anerkannten‹ Lebenstüchtigkeit erscheinen und mit solcher Undurchsichtigkeit jede jeweils sich so nennende ›kritische Intelligenz‹ skandalisieren.

Die Kontingenz der Erscheinung ist selbst ein Wesenssachverhalt ihrer Funktion. Man denke daran, daß sogar ein Land, eine Nation, ein Staat einen Bedarf ›zu erscheinen‹ haben. Sie verzichten darauf nur, ganz gegen ihren Antrieb, um den Preis und unter der Bedingung, daß sie sich die anderen gleichermaßen nicht mehr ›erscheinen‹ lassen: Überall und an allen nimmt man nur noch das Gleiche wahr. Manche glauben, eben diese Einebnung diene der Rückkehr zur Gattungsmäßigkeit des Menschheitlichen, darin der Pazifizierung. Faktisch dynamisiert es die demonstrative Übertreibung von Eigenarten, von Differenzen, von Selbstbestimmungsattitüden. Die Interdependenzen der Selbstbewertung und Vorzeigung von ›Erscheinung‹ bestimmen mit gegenläufigen Tendenzen den Kulturbetrieb einer darin geschäftigen Welt. Kultur ist Erscheinung, und sie drängt auf deren Präsentation, die zwischen Anspruch und Verzicht ihre Moderation sucht. Erscheinung ist nicht das bloße Sich-sein-lassen-wie-man-ist.

Der Vorrang eines beschreibenden Verfahrens in der phänomenologischen Philosophie scheint die bloße Nachträglichkeit von Systematik als ordnender Verwaltung schon gesicherter Resultate zu bedingen. Dagegen steht, daß schon der Zugang zu beschreibungsfähigen Gegenständen sowie die Intensität des an ihnen festhaltenden Interesses systematischer Orientierung und Verteilung der Aufmerksamkeit bedürfen. Wenn angesichts dieser Alternative Zurückhaltung geboten ist, so wegen der Besonderheit, die das Verhältnis der Philosophie zu ihren Gegenständen im ganzen bestimmt. Sie hat nämlich die Wahl dieser Gegenstände nicht in ihrer Zuständigkeit wie andere Disziplinen, jedenfalls nicht mit deren Sicherheit, sondern erwirbt, was sie dann ihre Themata nennt, auf eine ihr eigentümliche Weise. Darin ergeht es ihr nicht viel anders als bei der Frage, wozu sie denn überhaupt betrieben werde und noch zu betreiben sei – worauf die Antwort immer wieder, offen oder klausuliert, lautet: Weil sie schon immer betrieben wird. (Eine schlechte Antwort, möglicherweise, und nur erträglich, sofern sonst gar keine gegeben werden könnte.)

Vergleichbar verhält es sich mit ihren Gegenständen. Erst im Maße ihrer Behandlung und deren Ergiebigkeit erweisen sie sich als solche. Muß man in anderen Disziplinen zuerst Klarheit darüber schaffen, wovon die Rede sein soll, um dann zu klären, wie und unter welchen Bedingungen zu reden möglich werden kann, nach Anwendung welcher Mittel und Verfahren, unter Beachtung welcher Regeln und Grenzen, entscheidet sich für die Philosophie die Frage, was sie in ihre Zuständigkeit nehmen, worauf sie ihren Zugriff erstrecken soll, als Resultat ihres Vollzuges selbst, der eine Geschichte von ›Phänomenwerdungen‹ konstituiert.

Etwa in der Phänomenologie, ob und in welchem Umfang neben dem klassischen Thema der Wahrnehmung auch über Phantasie und Erinnerung gehandelt werden müsse, ohne daß dies unter der bloßen Norm der Vollständigkeit erreichbarer Materialien stehen dürfte. Solche Art von Klärung ist nicht zu verwechseln mit der noch geschuldeten oder schon gelungenen Erklärung dafür, daß man auch dieses und jenes habe nicht übergehen können. Dieser deskriptive Sachverhalt an der Deskription selbst ist unverkennbar ein Indiz dafür, daß von philosophischen Gegenständen als solchen zu sprechen ist, welche ›sich zeigen‹, erst sekundär also: sich *auch ihr* zeigen. Was zu beschreiben ist, stellt sich heraus, wenn man zu beschreiben begonnen hat. Deshalb gibt es unter den maßlosen methodischen Erörterungen Husserls keine, die sich auf die Vorwahl von Gegenständen beziehen.

Der herausragende Beleg für diesen Sachverhalt ist das unaufhaltsame Vorkommen des Menschen in der Phänomenologie. Husserl hat bei der Abwehr des in den zwanziger Jahren bis in seine eigene Schule vordringenden Anthropologismus, den er als Variante eines erneuerten Naturalismus und Psychologismus fürchtete, beschwörend ausgeschlossen, der Mensch könne bevorzugtes Thema der Phänomenologie sein, wenn diese es mit dem Bewußtsein als der wesentlichen Voraussetzung für jederlei Gegenständlichkeit und deren wesensmäßige Konstitution ernst nehmen wolle. Als aber der bedrohlichste Vertreter dieses Anthropologismus sich in den dreißiger Jahren schon dem Sein und der Seinsgeschichte in einer nachträglich zur ›Kehre‹ dramatisierten Kursänderung zuzuwenden begonnen hatte, trat bei Husserl selbst – und zwar unter seinen Händen bei der Schlußsteinsetzung der Phänomenologie – der Mensch als weltlich-geschichtliches Vollzugsorgan der transzendentalen Intersubjektivität unabweisbar ›in die Erscheinung‹. In publizierten Texten hätte Husserl vermutlich aus Furcht vor dem naturalistischen Rezidiv diesen Triumph des Phänomens in seinem ›Sich-zeigen‹ nicht eingeräumt; aber seine privat-spekulativen Notizen über die absolute Subjektivität ließen ihm den unverbindlichen Spielraum für dessen Zulassung.

Vergessenes meldete sich mit Nachdruck zurück: Das intersubjektive Vollzugsorgan mußte leibhaftig sein, denn Subjekte können nur über Leiber interagieren. Phänomenologie war, ihrem genuinen Reinheitsgebot nach, zu vergessen gehalten, wer es war, der sich ihre Fragen stellte und deren Antworten mit einem Sicherheitsgrad beanspruchte, der auf eine theoretisch verzweifelte Lage – der des Descartes vergleichbar – schließen ließ.

Die phänomenologische Reduktion war das Verbot, davon Notiz zu nehmen, daß Wesenssachverhalte nur zufällig thematisiert werden können: in einer kontingent existierenden und eben deshalb reduktionsfähigen Welt durch diese Subjekte mit dieser Organisation von Wahrnehmung, von Erinnerung, von Erwartung, von Phantasie. Denn, zum Beispiel, daß ein Subjekt Phantasie haben muß, um Subjekt zu sein, läßt sich nicht beweisen; daß es, um Subjekt phänomenologischer Theorie zu sein, Phantasie haben *muß*, ist so notwendig, wie es die ›freie Variation‹ für diese Art des Philosophierens ist, weil sie in einer kontingenten Welt stattfindet – und jede Welt, in der sie stattfinden könnte, notwendig wiederum eine kontingente Welt wäre.

Was zur Reduktion führt, macht diese zugleich ohnmächtig gegenüber dem, was danach verbleibt – gäbe es nicht die wiederum faktische Erstaunlichkeit am Subjekt, den entnaturalisierten Phänomenbestand durch den Prozeß der Variation führen zu können. Gebunden an eine Fähigkeit, die, obwohl ihrem Wesen nach zu beschreiben, doch nicht wesensmäßig zur Subjektivität gehört, löst diese sich aus der Bindung an den Weltrest, den die Reduktion ihr ließ.

Die einzige Ausnahme von dieser Bedingtheit wurde erst mit der transzendentalen Reduktion entdeckt. Das machte sie, allzu bestürzend für die Schulgenossen, zum bevorzugten Instrument des Phänomenologen. Das ›Ich denke‹ in seiner Evidenz war gänzlich unempfindlich dagegen, in einem weltgebundenen Subjekt vorzukommen und wesensmäßig implikative Ständigkeit jedes seiner Akte zu sein. Als dessen ›Inhalt‹ transzendierte es doch dieses momentan; war Vorkommnis *in* dieser Welt und dennoch nicht *von* dieser Welt.

Muß die transzendentale Reduktion als bloß verschärfte Variante der eidetischen Reduktion aufgefaßt werden, so doch nur deshalb, weil die erreichbare Qualität der Erkenntnis – die der absoluten Evidenz – alleiniges Kriterium für deren Gegenstände ist. Dieses Maß ist gleichgültig dagegen, welchen Wertbetrag jene Gegenstände aus sonstigen Motivationen des erkennenden Subjekts an sich zu ziehen vermögen.

Etwa aus der Geschichte der Philosophie mit ihren metaphysischen Rangordnungen und deren umbesetzbaren Primaten für Kosmos, Gott, Seele oder Sein.

Wie wenig selbstverständlich die Ersetzung des Kriteriums der Dignität des Gegenstandes durch das der Evidenzqualität ist, ergibt sich fast aufdringlich aus einer Entscheidung ganz anderen Typs, die aus der Phänomenologie heraus in Rivalität zu dieser trat, weil sie nun oder wieder auf der absoluten Würde ihres ›Phänomens‹ bestand. Das ›Sein‹ zum einzig anstrengungswerten Gegenstand zu erlesen, war die Entscheidung, die sich nicht weniger unter den Titel des ›Phänomens‹, als des ›Sich Zeigenden‹, stellte; aber der Evidenz nicht denselben Vorrang einräumte wie der Frage nach dem ›Sinn von Sein‹.

Nun ist unter dem Gesichtspunkt der Evidenz das im fundamentalontologischen Seinsverständnis des Daseins zugängliche oder für zugänglich erklärte Moment nicht vergleichbar mit dem im *Cogito* erschlossenen *Sum*. Daran ändert nichts, daß die Bedeutung des *Sum* aus nichts anderem als jenem Seinsverständnis des Daseins herkommen und nur im Rückgang dorthin verständlich gemacht werden kann. Diese Nachhilfe für den Cartesianismus der Phänomenologie ist sekundär. Die Frage nach dem ›Sinn von Sein‹ wird aufgeworfen im Hinblick auf ihre Unüberbietbarkeit, die eine der Radikalität ist: Weiter als bis zum Sein des Seienden kann den ›Sachen‹, auf die zurückzugehen die Phänomenologie zum unveränderlichen Programm hatte, nicht auf den Grund und an die Wurzel gegangen werden. Diese Frage trägt ihre Philosophiewürdigkeit an der Stirn.

Dafür schien sich hinnehmen zu lassen, daß bis zum letzten Zuge ihrer daseinsanalytischen Vorantreibung offen blieb, was sie genauer bedeutete und zu erreichen verlangte. Der Rang des Gegenstandes, der sich mit den an Gewichtigkeit unübertrefflichen Wörtern ›Sinn‹ und ›Sein‹ vorstellte, ließ mit Leichtigkeit vergessen nachzufragen, welche Art von Aussagen über ihn zu erwarten wäre.

Die eher zufällig im Rahmen ein und derselben Schule auftretende Rivalität der Fragestellungen nach der Verfassung einer transzendentalen Subjektivität einerseits, nach dem Sinn von Sein andererseits, drängt noch über die Aktualität dieser Dissoziation hinaus auf die systematische Klarstellung, ob die *Qualität* von Erkenntnis einen Verzicht hinsichtlich der *Dignität* ihres Gegenstandes zum Preis haben könnte. Ohne Rücksicht auf alles, was es an Phänomenen, in diesem Plural, sonst noch geben mag, exklusiv auf den ›Sinn von Sein‹ zu setzen, kann nur heißen, die Bedingung einer gewissen Genügsamkeit hinsichtlich des Grades an Evidenz zu akzeptieren, mit dem die zugehörige Fundamentalontologie ausgestattet sein würde, hätte man sie erst.

Umgekehrt hieße die bedingungslose Aufrechterhaltung des Anspruches auf Evidenz, in der transzendentalen Reflexion zwar ihren punktuellen Höchstwert zu erreichen, oder besser: zu berühren, zugleich jedoch das Risiko einzugehen, jeder weiteren Zugänglichkeit von Phänomenen beraubt zu sein und damit, wie in symmetrischer Entsprechung zum ›Sinn von Sein‹, der Einphänomenalität zu verfallen. Da allerdings glaubte Husserl, man dürfe nur nicht so eilig wie Descartes das *Cogito* in Richtung auf Gott und Welt verlassen, müsse auf der Hochebene seiner einsamen Apodiktizität bleiben, um den Blick auf das Gelobte Land einer unendlichen Phänomenfülle zu werfen – das zu betreten nur noch einiger Zurüstungen der Methode bedürfe.

Doch die trotz der verheißenen Unendlichkeit unverkennbare phänomenale Verarmung zugunsten der qualifizierenden Evidenz dürfte es gewesen sein, was den Ausschlag gegen die Phänomenologie des Schulgründers gegeben hat, mag man diesen Mißerfolg auch mit der Einschränkung der Vorläufigkeit bedenken. Ob zu recht oder unrecht, die der

Fundamentalontologie vorgeordnete und verordnete Daseinsanalytik war unbestritten die Erschließung eines erweiterten Feldes von ›Sich Zeigendem‹ – unter Einschluß des zum ›Dasein‹ anonymisierten Menschen. Der bekam zu seinem Erstaunen bestätigt, daß er auch im Rahmen höchster philosophischer Ansprüche auf das Interesse an sich selbst nicht würde verzichten müssen, um noch größerer Einsicht gewürdigt zu werden.

Vergleicht man zwei ungefähr gleichzeitig entstandene Hauptwerke miteinander, nämlich »Sein und Zeit« und die »Cartesianischen Meditationen«, so ist der Eindruck deskriptiver Vielfalt und Aufschließungskraft eindeutig bei dem Werk Heideggers. Läßt man sich für einen Augenblick auf das Zugeständnis ein, die Thematik der Fremderfahrung sei der Zugang der Phänomenologie zur Anthropologie, auch wenn diese dabei niemals erreicht werde, so ist die rein äußerliche Feststellung unvermeidbar, daß erst am Schluß der »Cartesianischen Meditationen« dieses Thema berührt oder behandelt wird, während die systematische Vorgabe von »Sein und Zeit« der Daseinsanalytik als dem Äquivalent einer Anthropologie den methodischen Vortritt vor allen kommenden oder auch nur angekündigten Erörterungen von Zeit und Sein gibt, quantitativ mit dem Hauptanteil an dem vorliegenden Stück des Werkes.

Dieser Vergleich drängt auf eine Aussage über das Verhältnis von Deskription und Systematik: gegen die transzendentale Reflexion, für die Fundamentalontologie. Allerdings, bevor man einwilligt, diesem Resultat als dem letzten zuzustimmen, muß Zweifel angemeldet werden, ob nicht Heideggers »Sein und Zeit« über den systematisch gerechtfertigten Bedarf hinaus mit Anthropologie angereichert worden ist. Der systematische Rahmen gibt nur den Anlaß – oder gar den Vorwand – für die Ausbreitung eines deskriptiv-analytischen Materials, das mit einer eindrucksvoll raffinierten Anordnung die Illusion erweckt, systematisch auf das transanthropologische Resultat überzuführen, ohne dies konsistent zu leisten.

Dagegen könnte, was als Schwäche der »Cartesianischen Meditationen« Husserls erscheint, bei hartnäckiger Nachprüfung deren systematische Stringenz verstärken: die durch die Reduktion am Anfang verlorene Welt durch das Instrument der Intersubjektivität am Ende zurückzugewinnen. Dann könnte es auch sein, daß der ängstliche Ausschluß der Anthropologie aus der Phänomenologie nur die zeit- und zeitgeistbedingte Verkennung eines Aufschubs auf eine noch unabsehbare, aber systematisch zwingende Position gewesen wäre. Dies ist die Intersubjektivität als solche noch nicht. Jedenfalls ist die fünfte und letzte Meditation so etwas wie die überraschende Wiederkehr der Systematik aus dem Schulterschluß der Deskriptionen. Kaum zulässig zu denken, Husserl sollte das nicht gemerkt und den Vorschlag der Erweiterung um eine sechste Meditation freudig begrüßt haben.

Versucht man einmal, das Verhältnis von Deskription und Systematik durch eine äußerste Verschlichtung des Begriffs von Philosophie zu entschärfen, so kann man diese als eine bestimmte Konzentration der Aufmerksamkeit beschreiben, deren Fokussierung durch Systematik gelenkt wird, deren Befunde durch Deskription aufgeschlossen werden. Nun ist aber ›Aufmerksamkeit‹ ein ambivalenter und selbst nicht deskriptiver Ausdruck: Sie entsteht, indem ihr etwas auffällt, und etwas fällt ihr auf, indem sie es an einem bestimmten ›Ort‹ erwartet oder auch nur für möglich hält. Die pure Auffälligkeit – so etwas wie die Spontaneität des ›Sich Zeigens‹ – gibt es so wenig wie die pure Erwartung – so etwas wie reine und dennoch gespannte Rezeptivität.

Auch aus dem Begriff der Erscheinung läßt sich diese Ambivalenz nicht eliminieren. Bevor er seine positive Aufwertung nach der platonischen Abwertung erlangte, mußte er selbst das Auffällige geworden sein. Folgt die Beschreibung der Phänomene dem in diesen vorgezeichneten Zug, stößt sie als auf ihr Anfangs- und Enddatum – das eine implikativ, das andere explikativ – auf das Phänomen des Phänomens. Dieses ist für eine Phänomenologie, wie sich versteht, nicht das zu Erklärende, sondern das zu Beschreibende. Solche Iterationen wie ›Phänomen des Phänomens‹ sind für die Begriffsbildung der Neuzeit charakteristisch, und gelegentlich hat die bloße Lust an ihnen zur Stellung einer sachlich noch unvermuteten Aufgabe geführt. Ein Prädikat, das achtlos vielen Subjekten beigelegt werden konnte, fiel bei diesem Verfahren unweigerlich irgendwann als das selbst thematisch Erstrebenswerte auf.

So wurde schon bei Thomas Hobbes das Phänomen zum Phänomen. Einfach als das, was aus seiner Selbstverständlichkeit heraustrat, auffällig wurde: *Unter allen Erscheinungen, die es um uns gibt, ist das Erscheinen selbst am erstaunlichsten. (Phaenomenōn autem omnium, quae prope nos existunt, id ipsum to phainesthai est admirabilissimum...)*[73] Daß es noch nicht das ›Sich Zeigende‹ ist, liegt einfach daran, daß es noch ein agierendes Subjekt im Hintergrund gibt, welches die Phänomene vorzeigt: die Natur. Sie ist *natura naturans* nicht nur, indem sie die *natura naturata* hervorbringt, sondern auch, indem sie sie hervortreten läßt. Phänomen als das, was erscheint, ist es dadurch, daß es uns, und niemand sonst, von der Natur gezeigt wird: *a natura nobis sunt ostensa*. Hervorgegangen ist das aus dem Gegensatz zu dem, was nicht erscheint und als solches nicht mehr – oder doch das Mehr des Glaubens – verlangt oder gar verdient. Negation und Position schaukeln sich in ihren Bedeutsamkeiten und Anforderungen gegenseitig auf. An das, was ›nur‹ gedacht wird, das Noumenon, wird dabei nur hilfsweise ge-

73 De corpore XXV 1, Works, ed. Molesworth I 316.

dacht, wo es am Glauben wie an der Erscheinung fehlt. Zugleich aber stellen die Phänomene, da sie von der Natur und nicht von Gott ›gezeigt‹ werden, nicht den letzten Wahrheitsanspruch; ohne doch ins Trügerische zu entgleiten, da die Natur für sie einsteht und der von ihr gemeinte Adressat, der Mensch, zu ihr gehört. Dieses Zeigen hat notwendig ein doppeltes Objekt, in beiden Kasus. Der Wegfall beider ist konstitutiv für die Begriffsgeschichte von Phänomen als ›Sich Zeigen‹ im phänomenologischen Verstande.

XI

Auffallen und Aufmerken

Das Phänomen der Aufmerksamkeit kann nur an einem Bewußtsein auftreten, das keinen geregelten Dienstbetrieb für die Lebenserhaltung kennt. In seiner Redundanz, gemessen an den Erfordernissen des Daseins als Sorge um sich selbst, liegen seine Möglichkeiten auf der ganzen Toleranzbreite zwischen der impressionistischen Öffnung gegenüber einem Universum diffuser Affektion einerseits und der immanenten Logik seiner Intentionalität, die es im Grenzwert an die Unablässigkeit von einem einzigen Gegenstand und seiner Unerschöpflichkeit fesselt. Zwischen diesen Extremen findet sich all das, was Konturierung und Strukturierung durch Aufmerksamkeit genannt werden könnte. Wobei die Bezeichnung schon offen und im Zweifel läßt, ob Kontur und Struktur das am Gegebenen vorgefundene Regulativ der Aufmerksamkeit sind oder ob die Aufmerksamkeit als entschlossener Eingriff in das Überangebot möglicher Bewußtseinsbindungen Konturen und Strukturen verordnet, induziert, als Nothilfe der Ökonomie eines endlichen Wesens den Sachen oktroyiert, um sie zu handlichen Sachen allererst zuzuschneiden. Dieses Dilemma macht es nicht weiter erstaunlich, daß in der Philosophie noch nicht lange von der Aufmerksamkeit gesprochen wird, und auch dann, wenn es geschieht, kein Thema erster Ordnung darin gefunden wird.

Es mag voranhelfen, das Dilemma zunächst zu umgehen und von dem benachbarten Sachverhalt zu sprechen, daß die Funktion der Beschreibung – die eben hier gerade stattfindet

– allein darin besteht, auf etwas, was gesehen worden ist und folglich gesehen werden kann, aufmerksam zu machen. Dies geschieht auf das Risiko, die Intention könnte ihr Ziel nicht erreichen: Adressaten der Absicht bestreiten zu sehen, was zu sehen ihnen empfohlen und ermöglicht werden soll. Das deskriptive Zeigen unterstellt, das Sich-Zeigen der Phänomene könnte nicht genügen, auf sie aufmerksam zu werden. Dies muß ›gemacht‹ werden. Aufmerksammachen ist die Formel für das, was wesentlich philosophisch – aber auch in anderen deskriptiven Disziplinen – geleistet werden kann.
Es wird nichts gelehrt, nichts zu lernen aufgegeben, nichts eingeführt und niemand angeführt, nichts versprochen und erst recht nichts verheißen, weder Hoffnung erweckt noch Furcht eingejagt. Statt dessen dies: Es wird aufmerksam gemacht auf das, wovon die Vermutung besteht, es sei bis dahin nicht oder nicht deutlich genug gesehen worden. Wer es daraufhin nicht sieht, ist gleichsam dispensiert. Überredung wäre geradezu die nachträgliche Desavouierung der Beschreibung. Sie hätte nicht enthalten, was sie enthalten sollte, um sichtbar zu machen, was der Normallage der Aufmerksamkeit so lange entgangen war. Bei der Beschreibung gibt es nicht, was es bei der Überredung immer gibt: daß mehr gesagt als gesehen werden könnte. Wer die einzige Anmeldung von Widerspruch vollzieht zu sagen: Ich sehe es nicht, steht im Gleichgewicht zur Beschreibung. Ihm kann, bis zum nächsten Versuch, nicht geholfen werden – und darf es nicht, denn vielleicht bekommt er recht, beim nächsten Versuch.
Aufmerksamkeit ist geradezu eine Form von Freiheit. Sie ist die Fähigkeit der Verfügung über das Wahrnehmungsvermögen hinsichtlich seiner Intensität, seines gezielten Aufgebots an Energie. Belehren läßt sich ohne Einbuße an Autonomie keiner, aufmerksam machen jeder. In der Disposition über die Intensität der Wahrnehmung wird die Dispositionsschwelle des Systems von Reiz und Reaktion, der Festlegung

auf einen bestimmten Reizwert, um überhaupt ›etwas bedeuten zu lassen‹, überschritten. Daher ist ein Zeitalter dem Genuß durch Wahrnehmung ungünstig, in welchem die Konkurrenz um die Zuwendung disponibler Wahrnehmung mit der Steigerung von Reizen statt mit der Verfeinerung von Aufmerksamkeit ausgetragen wird.

Beigebracht, nach Manier gelehrt und gelernt werden können nur Begriffe; in Begriffen jedoch liegt das Wesentliche selbst nicht. Sie sind Anweisungen darauf und dazu, zugleich mit der Vorschrift versehen, die Anweisung müsse bis auf weiteres für die Sache selbst angenommen werden bei Strafe des Zeitverlustes und Androhung des Ausscheidens aus dem Zusammenhang derer, die im Begriffsgebrauch ihre Disziplin ausüben und ihr genügen zu können glauben. Anschauung hingegen kann auf keine Weise beigebracht, nur selbst gewonnen werden. Wenn nicht beigebracht, dann allerdings und wenigstens ›nahegebracht‹. In der Vorsicht des Ausdrucks ›Nähe‹ liegt das Zögern, von einer ›Methode‹ zu sprechen, die Ausgangspunkt und Endpunkt eines Weges im Verfolg der Sache bezeichnet. Nähe wird hergestellt durch die Annäherung, die in der Verschärfung der Aufmerksamkeit besteht und die asymptotische Prozedur der immer verfeinerungsfähigen Beschreibung ausmacht.

Mit dieser transitiven Nebenform von ›Aufmerksamkeit‹ ist das Dilemma, das bezeichnet wurde, nur umgangen. Dennoch ist herausgekommen, daß dem Aufmerksammachen als Entsprechung das Aufmerksamwerden zugeordnet ist, dem nur die Bedeutung von ›Aufmerksamkeit‹ als Handlung und Eingriff ins Gebotene und Gegebene genügen kann. Die Frage, wie der, der durch Beschreibung aufmerksam macht, zu seinen Gegebenheiten gekommen ist, enthält das Dilemma in Vorschaltung und wird daher vorsichtig oder ängstlich außer acht gelassen. Wir konzentrieren uns auf den, der Beschreibung von Phänomenen wie eine Gabe der Natur vorfindet und beobachten ihn dabei, wie er sich daraufhin verhält.

Wird die Leistung einer beschreibenden, phänomenologischen Philosophie als Induktion von Aufmerksamkeit auf Wesenssachverhalte bestimmt, ergibt sich sogleich die weitere Frage, welche bewußtseinstheoretischen, um nicht zu sagen ›erkenntnistheoretischen‹, Voraussetzungen diese These hat. Am leichtesten läßt sich sehen, unter welchen Voraussetzungen sie nicht haltbar wäre: nämlich unter denen eines Monismus der Empfindungen, einer atomistischen Theorie des Bewußtseins, des Sensualismus also. Im »Traité des sensations« von Condillac (1754) muß das einzige Konstituens aller psychisch-geistigen Prozesse, die Empfindung, auch alles das zustande bringen, was sich vermeintlich auf sie richtet, dem homogenen Ansatz der Theorie nach aber nichts anderes sein darf als der ›Aggregatzustand‹ der Elemente selbst. Es gibt ›das Subjekt‹ nicht, welches sich dem Zufluß der Sinnesdaten erst zuwendet, um ihnen differenziert ›Aufmerksamkeit zu schenken‹, wie es nicht ohne deskriptiven Anhalt redensartlich so schön heißt. Es geht allemal um so etwas wie ›Verstärkungen‹ durch bloße Kumulation, quantitative Ballungen. Nicht anders als Aufmerksamkeit entstehen Reflexion und Urteil, und alle drei Formationen des sensorischen Prozesses liegen auf derselben Linie quantitativer Bekräftigung durch bloße Vielfältigkeit desselben.

Wenn Condillac sagt, Aufmerksamkeit sei nichts anderes als die Empfindung, sofern sie gerade die einzige sei, die das Subjekt ›besetze‹ und darin ›ausmache‹, so hat er innerhalb seiner Theorie eine bloß analytische Aussage gemacht. Aber das Problem entsteht überhaupt erst durch die Vorgabe einer diffusen Mannigfaltigkeit von Empfindungen. Eben des Gewühls der Empfindungen, von dem Kant sprechen wird. Die solitäre Empfindung ist ein Präparat, ein Konstrukt, vielleicht abgelesen an der Besonderheit von Schmerz und Lust.

Das Problem wird auch nicht aus der Welt geschafft, indem man sagt, Empfindung sei genau dann Aufmerksamkeit, wenn sie lebhafter ist als alle anderen mit ihr sich gebenden Empfindungen.[74] Damit wäre das Phänomen in einer anderen Ausdrucksweise wiederum nur beschrieben, nicht genetisch erschlossen. Woher denn nähme die Empfindung ihre Lebhaftigkeit? Die Antwort, die Condillac weiß, kann ohne Frontstellung des Subjekts zu den Empfindungen nicht einmal formuliert werden: Jene Lebhaftigkeit komme vom Interesse, welches das Subjekt an einer Empfindung mehr als an anderen hat, und solches Interesse sei primär das von Lust an der Empfindung oder auch der mindesten Unlust an ihr, mit dem Interesse ihrer Abwehr.

Damit ist der sensualistische Monismus schon durchbrochen. Nicht die Lustbesetzung der Empfindung bewirkt dies, sondern die ohne weiteres angenommene Fähigkeit eines ›Subjekts‹, Empfindungen solcher Besetzung anderen vorzuziehen. Lust ist ihr Angebot; aber das ist nicht alles. Die Redeweise von der ›Lebhaftigkeit‹ könnte auch bedeuten, daß jede beliebige Empfindung aus einer unbekannten Quelle der Affektion ein Quantum an Energie mitbringt, welches sie im Subjekt – und dieses dabei schaffend – sich durchsetzen läßt. Dann würde die Differenz von Lust und Unlust ganz gleichgültig: das Subjekt entginge seinem Schicksal nicht, zu erleiden, was ihm ›zustößt‹. Eine solche ›Energie‹ wäre eine hypothetische Größe, die mit dem Inhalt der Empfindungen nichts mehr zu tun hätte, durch diesen nicht fundiert und erklärt würde – die ›Aufmerksamkeit‹ würde zum Naturereignis, dessen ›Physik‹ noch – und vielleicht für immer – ausstände.

Ein homogenes Empfindungsbewußtsein ist für alle seine Zustände strikt an die Erklärungsvorschrift gebunden, aus

74 Condillac, Traité des sensations, Extrait Raisonné, Œuvres I 326.

dem Verhältnis der Empfindungen untereinander zu beschreiben, welche Intensitäten der Einstellung es annehmen kann. Sprachlich ist dies durchaus, was jeder kennt und benennt: er wendet sich dem zu, was ihn am meisten angeht, erregt, anzieht, verspricht, Genuß gewährt. Eben das aber, was jedermann nach diesen Formeln vertraut ist, begünstigt die Beschreibungsart, nach der das Subjekt sich als betrachtende, bewertende, beurteilende Instanz dem ihm durch Affektion Zugeführten und als Datenmasse Gegebenen gegenüber verhält und einstellt, zuwendet oder abwendet. Aufmerksamkeit wäre dann, was gerade nicht mit der Ausschließlichkeit oder Ballung von Empfindungen identisch sein kann. Solche sprachlich vorgegebene Tendenz der Beschreibung – vielleicht ihre einzige Chance, dies zu sein – ist allerdings kein Beweis, wohl aber eine Art von Regelung der Beweislast: Wer es anders will, muß dagegen aufkommen. Er muß dies schon deshalb, weil es Lagen gibt oder zu geben scheint, in denen eine unbestimmte Empfindungsmasse auf das Bewußtsein einfällt und kein Element daraus die Aufmerksamkeit zu gewinnen vermag. Diese Verfassung stellt sich treffend in der Metapher des Geräuschs dar, die schon Leibniz verwendet hat. Es wäre sicher eine Verfehlung des Sachverhalts, daraus zu folgern, die sensorischen Elemente in dieser Masse müßten alle gleich lebhaft oder unlebhaft sein, woraus sich die fatale Indifferenz des Bewußtseins bis hin zu dem bekannten Zustand ergibt, daß es nur noch vor sich hin dämmert. Beschreiben läßt sich dies am ehesten durch den Begriff der Distanz als der genuinen Einstellung des Bewußtseins zu seinen Affektionen als dem, womit es sich am besten dadurch arrangiert, daß es sich all dies nichts angehen läßt. Abstand von jedem Vorzug heißt, nichts der Aufmerksamkeit für wert zu befinden. Distanz wäre dann sowohl die natürliche Ausgangshaltung als auch die immer wieder intendierte, gleichsam nur durch ›Wertungsfälle‹ gestörte Grundhaltung.

Das bedeutet nun wiederum, der unvermeidlich heranzuziehende Begriff des Wertes oder der diesem zugeordneten Interessen entstehe gerade hilfsweise wegen der immer übergroßen Mannigfaltigkeit der unbestimmten Empfindungen. Also aus einer Lage des Subjekts, in der ihm durch das Mißverhältnis seiner Endlichkeit zur Unendlichkeit des Gegebenen etwas abverlangt wird, was es von sich aus nicht zu leisten hätte, sofern es nur in einer auf seine rezeptive Kapazität genau zugeordneten Umwelt existieren dürfte, die im ganzen gerade das Maß an Reizen bereit hielte und ins Ziel brächte, das mit dem Lebensbedarf in Kongruenz stände. Dann sind die Begriffe des Wertes und der Aufmerksamkeit nichts anderes als phänomenale Korrelate des Sachverhalts, daß ein Subjekt es mit einer Welt zu tun hat, die seinen Informationsbedarf überfordert und überflutet, was durch die Begriffe von Endlichkeit und Unendlichkeit mit zulässigem Mangel an Präzision ausgedrückt wird.

Wie sich versteht, gilt das auch für die Erinnerung. Sie kann nicht nach der Formel Condillacs eine bloße Transformation der Empfindung sein.[75] Ohnehin setzt Condillacs Theorie auch des Urteils voraus, daß Aufmerksamkeit immer auf mehr als eine Empfindung sich einläßt; sonst könnte Urteil nicht sein, was es ist, nämlich die Umformung einer Mehrheit von mindestens zwei Empfindungen zu deren Vergleich, zur Herstellung eines Verhältnisses zwischen ihnen, wobei offen bleibt, woher die Mittel zur Feststellung von Verhältnissen, die als Empfindungen nicht vorkommen, genommen werden können. Schließlich wird die Empfindung, nachdem sie Aufmerksamkeit, Vergleichbarkeit und Urteil durchlaufen hat, Reflexion im metaphorischen Sinne: wie das Licht, das von einem Körper auf den anderen zurückgeworfen wird und derart beide beleuchtet, diese Doppelleistung mittels des

75 A.a.O. I 326 B.

einen Körpers für den anderen erbringt.[76] Nur muß bei dieser Zuspitzung des Ganges der Empfindung durch das Bewußtsein und in dessen Konstitution gefragt werden: Woher kommt das Licht? Nach den Voraussetzungen der Theorie gibt es nichts als die beiden Körper als das Resultat von Affektionen. Die Metapher erfordert, daß jenes Licht, das von der Reflexion zu reden gestattet, mit beiden Körpern gleichzeitig ist. Dabei erklärt die Metapher schließlich nur den Namen ›Reflexion‹ mit einem optischen Vorgang, nicht aber, daß und wie Empfindungen aus sich selbst und immanent, ohne Zuschüsse aus unbekannten Quellen, durch bloße genetische Transformation zu dem werden, was ohne metaphorische Beihilfe ›Reflexion‹ in einem schon technisch gewordenen Sinne genannt werden darf. Denn sie setzt voraus, daß im Subjekt ein Akt auf einen Akt angesetzt werden kann – wobei der zweite den ersten im Moment seiner Affektion durch die Empfindung, seiner Einlassung auf diese, auch seiner Wertung und Aufmerksamkeit erfaßt –, daß also etwas zu beschreiben wäre, was nicht anders strukturiert ist als der reflektierende Akt selbst und seine Zuwendung zum Akt der Empfindung. Der ›höhere‹ Akt liefert den Nachweis für die Beschreibungsart des ›niederen‹. Gerade wenn im Bewußtsein keine neuen Instanzen eingeführt werden dürfen, muß dieses Argument a fortiori Platz greifen dürfen.

*

Es macht zweierlei: Aufmerksamkeit als das, was Philosophie an der Einstellung des Bewußtseins zu bewirken und anzuschärfen hat und vielleicht vermag; Aufmerksamkeit als Thema der Philosophie, als Aufgabe der Beschreibung und

76 A.a.O. I 327.

Erklärung, die sie nicht allein der Psychologie überlassen kann.

Jede Wissenschaft darf es sich leisten, ja wird es zur Stabilisierung ihrer Geltung gar nicht ausschlagen können, wenigstens gelegentlich Überraschendes mitzuteilen. Die Philosophie hat dieses Pensum nicht. Wenn sie es dann und wann auf sich lasten gefühlt hat, darin mitzumachen, so jedenfalls nicht zu ihrem Vorteil. Was sie zu bewirken hätte, wäre die milde Nachsicht mit dem, der nichts weiter sagt als das, was man beinahe selbst hätte sagen können, wenn nicht glaubt, schon mal gesagt zu haben. Nachsicht hat sie auch sich selbst zu gewähren, nur gerade übersehen zu haben, was sich doch bei ein wenig mehr Anspannung hätte sehen lassen müssen, da es ein anderes Mal gesehen worden ist.

Insofern ist Philosophie die reine Ausprägung einer jener Disziplinen, die auch unter dem Vorwand höherer und höchster Ansprüche schließlich ›nur‹ der Steigerung und Schärfung von Aufmerksamkeit dienstbar sind. Dazu sind alle beschreibenden und hermeneutischen Disziplinen zu zählen: die Literaturwissenschaft, die Kunstwissenschaft, sogar die Historie, soweit sie nicht, wie die Philologien, auch der Sicherung des Bestandes ihrer kanonischen Objekte und des nackten Zugangs zu ihnen hilfreich zu sein haben. Wer nach der Lektüre eines Buches oder Aufsatzes aus diesen Disziplinen nicht weiteres wahrnimmt als bisher und ohne diese, hat Falsches gelesen.

Rettung der Phänomene ist nicht nur eine Formel der klassischen Astronomie, sondern auch der ›erschließenden‹ theoretischen Verfahren, die Phänomene davor retten, übersehen und vergessen, verachtet und für irrelevant erklärt zu werden. Etwa: Wenn es so etwas wie eine Metaphorologie geben darf und soll, so gegen die traditionelle Mißachtung alles Rhetorischen durch die Philosophie seit Plato und alle die, die bessere Wahrheiten anbieten zu können glaubten.

Die Verächtlichkeit der Philosophie gegen die Rhetorik wird überführt in die Aufmerksamkeit auf das, was die Rhetorik ihr abgenommen hatte, sogar auf das, was an ihr selbst längst rhetorisch gewesen war. Wenn es eine Philosophische Mythologie geben darf und soll, so gerade deshalb, weil der zugestandene Weg aller intellektuellen Geschichte vom Mythos zum Logos geführt haben soll, so daß dieser jenen endgültig hinter sich und hinter uns gelassen hätte, aber nun zu fragen ist, was dabei auf der Strecke geblieben ist.

Aufmerksamkeit ist ein iteratives Phänomen: Sie richtet sich gerade darauf, was faktischen Aufmerksamkeiten seit je und jeweils entgangen ist, weil ihre Fassungsbreite, ihre Rasterfeinheit, ihre Maschenweite, ihre Ständigkeit unter unbeachteten Bedingungen gestanden hatten. Was zu erlernen ist, ist Aufmerksamkeit auf die Aufmerksamkeit. Dazu wäre zu wissen, weshalb wir es gerade mit diesem Dilemma zu tun haben: Eine beschreibende Disziplin wie die Phänomenologie wäre von Gnaden der Aufmerksamkeit, könnte sie sich nicht deren Theorie und der daraus folgenden Aufsicht bemächtigen. Husserls Ordnungsruf *Zu den Sachen!* ist ein Appell an Aufmerksamkeit, ohne schon das Obligo ihrer Theorie erkannt zu haben. Oder anders: Heideggers Alltäglichkeit, sein Man, sind Verdeckungsformen normierter, in Situationen der Selbsterhaltung scharf gemachter Aufmerksamkeit. Sie ist so etwas wie der Aggregatzustand der Wahrnehmung. Philosophie wäre die Methode, ihre Aggregatzustände ineinander zu überführen, wie wenn es darum geht, dem Diffusen Konturen zu geben.

Sofern sich Aufmerksamkeit für die Aufmerksamkeit gefunden hat, erwies sie sich als eine Sache von unentscheidbarer Doppeldeutigkeit: Sollte sich das, was Aufmerksamkeit zu ›erwecken‹ vermochte, als Auszeichnung und Schwerpunkt im diffusen Feld der Wahrnehmung akkumulieren, Beschaffenheit und Befund an den Sachen selbst und ihrem

Gewicht gegeneinander sein? Oder war Aufmerksamkeit ausschließlich eine Sache des subjektiven Hintergrunds, der Wendungen und Einschränkungen, die sein Interesse dem wahrnehmenden Subjekt auferlegte, es so zum ständigen Nachbild des Beobachters machend, der seine theoretische Auswahl längst getroffen hat und seine Fragen kennt, die er an die Sache zu stellen hat? Die Wortbildungen um *attentio* herum begünstigen die Zustimmung zur zweiten Form der Frage. Aber wollte man nicht auf die Sachen, statt auf die Wörter, zurückgehen, um es philosophisch nennen zu dürfen?

An einer Phänomenologie der Aufmerksamkeit ist Husserl mit bemerkenswerter Hartnäckigkeit vorbeigegangen. Zwar spricht er von seiner ›Aufmerksamkeitstheorie‹; doch gibt es diese schwerlich, Überraschungen aus dem Nachlaß einkalkuliert. Das Thema wird ihm, so ist zu vermuten, als untergeordnet erschienen sein gegenüber dem der ›Stellungnahmen‹ im weitesten Sinn, deren spontane Natur sich von selbst versteht.[77] Das Problem der Rivalität von Aufmerksamkeiten, als des Plurals gesetzter Stellungnahmen, hat er bezeichnet und zugleich beiseite geschoben: *Wie Aufmerksamkeiten zueinander stehen, miteinander abwechseln, streiten, das ist ein eigenes Studium.* So der Stand des Jahres 1912.[78]

Husserl hat die zentrale Stellung des Themas für seine Phänomenologie als Theorie des Bewußtseins nicht verkannt. Das belegen Notizen im Löwener Archiv über seine Unzufriedenheit mit den Niederschriften des Jahres 1912. Zu drei Blättern aus den Osterferien dieses Jahres schreibt er nachträglich mit Rotstift, sie seien *höchst wichtig als Schutzwehr gegen manche große Verirrungen, die ich in diesem Monat*

77 Husserl, Gesammelte Werke XXIII 676f.
78 Gesammelte Werke XXIII 420.

März-April 1912 begangen habe.[79] Auf die Frage, um welche ›großen Verirrungen‹ es sich gehandelt haben könne, weist der Herausgeber hin auf den Komplex *Stellungnahmen als Spontaneitäten.*[80] Dort hat Husserl am Rand mit Bleistift vermerkt: *Gegen die Aufmerksamkeitstheorie, vgl. die ausgeschiedenen Blätter in einem Umschlag.* Diese ausgeschiedenen Blätter sind als Konvolut[81] im Archiv vorhanden. Auf einer Seite[82] ist mit Bleistift die Aufschrift zu finden: *Zur falschen Aufmerksamkeitstheorie des Sich-denkens.*[83] Das ist weit und breit der einzige Hinweis, worin Husserl die ›große Verirrung‹ entdeckt haben kann. Noch für den späten Leser ist dieses ›Sich-denken‹ in den Texten des Jahres 1912 ein schwer zur Konsistenz zu bringender Fremdkörper.

Man muß sich vergegenwärtigen, daß dadurch der niedrigste und noch ganz indifferente ›Ansatz‹ der Intentionalität, so etwas wie die erste Fühlungnahme mit dem Gegenstand, ganz der Spontaneität zugeordnet erscheint. Daraus aber würde sich für die Theorie des Zeitbewußtseins die Schwierigkeit ergeben, die dort unerläßliche Affektion, dieses Urstück der Rezeptivität, ihren systematischen Platz räumen lassen zu müssen.

In der Sprache Husserls heißt *Cogito* nicht nur *Ich denke* (etwas), sondern auch: *Ich denke mir* (etwas). Das soll selbstverständlich nicht, jedenfalls nicht ausschließlich, bedeuten: *Ich denke mir etwas aus.* Gemeint ist auch kein Zuschuß an Reflexion. Die Verdoppelung des Pronomens im Dativ akzentuiert vielmehr die Vorgegenständlichkeit, in der das Bewußtsein die seine Gegenständlichkeit aufbauenden Intentionen ansetzt. Anders ausgedrückt: Sich-denken beschreibt

79 Gesammelte Werke XXIII 676.
80 Archiv Löwen A VI 12 I, S. 84.
81 Archiv Löwen A VI 12 III, S. 128-158.
82 128a.
83 Gesammelte Werke XXIII 677.

die Schwelle, den niedersten Wert der Intentionalität, und man möchte, wenn das zulässig wäre, sagen: noch vor dem ›Vermeinen‹ als dem Einstieg in alle Bewußtseinsprozesse. Worauf es anzukommen scheint, ist die Erfassung des Moments der Spontaneität: etwa in der Differenz zur Mitwahrnehmung im Hintergrund, zum flüchtigen Bemerken von etwas, das immer weniger ist als *Sich etwas denken.* Zu diesem genügt die Nennung des Namens, die Erfassung eines repräsentativen Elements. Man tut gut daran, in der Phänomenologie solche deskriptiven Ausdrücke in Imperative umzudenken. Der Befehl: *Denke dir einen Elefanten!* verlangt eine andere Einlassung auf das derart Benannte als die andere Aufforderung: *Sieh dort, ein Elefant!* Diesem Befehl genügt man, wenn man hinsieht und sogleich wieder wegsieht. Sich etwas zu denken, verlangt, dabei zu bleiben.

Nun ist dieses Sich-denken aufspaltbar in zwei intentionale Züge: einmal in den auf eine Phantasievorstellung *(excogitare)*, dann in den auf Begriff und Anschauung *(cogitare)*. Der Elefant, den ich mir denken soll, wird in der Auffassung des Befehls zur Phantasie zu einer Gegebenheit von faktischer Bestimmtheit ohne faktische Gegebenheit. Er hat Größe und Farbe, Verhalten, Bewegung und Umgebung, da auch ein phantasierter Elefant ein bestimmter Elefant sein kann wie ein wahrgenommener, ausgenommen den nur seiner Weltexistenz zukommenden Horizont. Sich einen Elefanten zu denken mit den seiner Gattung zukommenden Merkmalen führt über den Begriff zur Anschauung als dessen Erfüllung, nicht aber zur Vergegenwärtigung eines konkret-lebendigen Falles von Elefant. Sich zu denken, was zu einem Elefanten gehört bis hin zur anschaulich begründeten ›Vollständigkeit‹, ist etwas anderes, als sich durch Phantasie einen Elefanten zu vergegenwärtigen. Der wichtigste Unterschied liegt darin, daß die Phantasievorstellung mit der Konsistenz der Wahrnehmung, in der ich ständig lebe und Einstimmigkeit herstelle, streitet, insofern in dieser faktisch gerade kein Elefant einstimmig vorkommen kann, während die über den Begriff intendierte Anschauung mit der Konsistenz der Wahrnehmung gar nichts zu tun hat und folglich auch nicht in ihr streitig sein kann. Insofern gibt es nicht das, was auch Husserl mißverständlich eine ›Phantasiewelt‹ nennt. Zum phantasierten Gegenstand tritt nur hinzu, was der Phantasierende hinzutreten läßt, ohne dadurch Horizonte schaffen und besetzen zu können; Phantasieren bleibt ein additives Verfahren. Die über den Begriff vermittelte Anschauung hat Innen- wie Außenhorizonte, indem sie intentional weiterführt auf all das, was sich daraus ergibt, daß der Elefant in einer bestimmten Umwelt lebt, die auch in irgendeinem Horizont meiner ›Welt‹ lokalisierbar ist, und zugleich einen Organismus darstellt, der in positiven Wissenschaften verschiedenster Art spezifisch oder generell ›vorkommt‹ – also alles das, was ich nicht zu beachten brauche, wenn ich nur an den Elefanten, aber nicht an Säugetiere oder Lebewesen überhaupt denken soll.

Phantasiewelten sind Inbegriffe von beliebig vermehrbaren, nur unter der Bedingung der Kompatibilität stehenden Gegenständen. Das unterscheidet sie auch, von Husserl zu wenig beachtet, von der Erinnerung, in der jeder Inhalt in bezug auf Horizonte prinzipiell bestimmt ist und entfaltet werden kann. Ganz abgesehen ist dabei von dem anderen Kriterium, daß jede Erinnerung die Intention auf den erfüllenden Gegenwartspunkt der aktuellen Wahrnehmung hat, in dem sie terminiert wäre, dächte man sich ihre Leistung vollständig und abgeschlossen. Erinnerung tendiert auf das, was noch nicht Erinnerung sein kann, aber es potentiell werden wird und werden muß. Sie sinkt dadurch von der Stufe der Aktualität zurück auf die der in jeder Erinnerung implizierten Vermeinung. An der Erinnerung ist leicht zu sehen, in welchem Maße ihre ›Leistungsfähigkeit‹ abhängig ist von der nicht mehr zu ändernden faktischen Aufmerksamkeit des erinnerten Ich, über das das erinnernde Ich insofern keine Einwirkung besitzt. Die Formel: *Darauf habe ich damals nicht geachtet*, bezeichnet eine Endgültigkeit. Sie macht Spontaneität zur Rezeptivität, zur ausschließlichen Angewiesenheit auf das Gegebene der Erinnerung, das seinerseits bedingt war durch ›Aufmerksamkeit‹.

Was Erinnerung und Phantasie endgültig trennt, ist Implikation oder Nichtimplikation des Ich. In jeder Erinnerung ›kommt es vor‹, wenn auch nur als der Bezugspol der erinnerten Inhalte, die aber in Ermangelung möglicher Totalität immer selektiv und damit spontan erworben sein müssen. Die vermeintliche Phantasiewelt ist so wenig eine Welt wie die Bildwelt. Was in dieser ›Welt‹ heißt, ist am Rand des Bildes zu Ende, was auch immer der Urheber getan haben mag, um den Betrachter in sein Bild hineinzuziehen. Auch darin präformiert das Bild die Einstellung des Betrachters anders als die Phantasievorstellung, die schlechthin keiner Welt zugehört und sich daher das Subjekt weniger unterwirft als irgendeine andere: Überraschungen gibt es in der Phantasie so wenig wie das Ich, das von ihnen betroffen sein könnte. Daher ist an Husserls deskriptiver Gelassenheit zu zweifeln, wenn er 1912 schreibt: *Mit einem Mal, ich weiß nicht wie, ist eine Phantasiewelt da und zwingt sich mir vielleicht auf, ohne darum für Wirklichkeit gehalten zu werden.*[84]

Denkt man an Autoren ästhetischer Werke, die auch solche Formeln gebraucht haben, so muß man scharf darauf achten, ob ihr so hoch geschätztes, weil noch der alten Inspiration und Illumination nahestehendes *So muß es sein!* nicht das zwingende Verhältnis zwischen dem schon Eingesetzten und dem daraufhin noch konsistent Hinzuzufügenden gemeint hat: Habe ich meinem Helden erst einmal bestimmte Züge

84 Gesammelte Werke XXIII 465.

verliehen, bin ich um so weniger frei geworden, ihm weitere imaginativ hinzuzufügen und ihn in Handlungen und Abenteuer zu verwickeln, je präziser mir jener ›Ansatz‹, jenes ›Sich-denken‹ gelungen ist.

Insofern diese Weiterungen und Erweiterungen im ›Ansatz‹ nicht absehbar gewesen sein können, entwickelt sich die phantasierte Figur aus ihrer Abhängigkeit von ihrem Urheber heraus, wird ihm gegenüber ›ein Anderer‹. Das sollte allerdings Husserl auch für die Erinnerung gelten. Indem das erinnerte Ich dem erinnernden über die Distanz des Unerinnerten hinweg fremd geworden sein kann, bedarf es der ›Einfühlung‹ in Situation und Motivation des erinnerten Subjekts, um die Erinnerung ›verstehend‹ zu gewinnen. Das wollte Husserl auf die Phantasie übertragen: *Ich phantasiere mich in die Phantasiewelt oft so hinein, daß ich mich wie einen Anderen hineinphantasiere.*[85] Daß dieser Feststellung die Evidenz mangelt, wird an dem Beispiel klar, das Husserl hinzufügt: *Denke ich an meine Kinderzeit, so sehe ich mich als Kind*... Sich als Kind sehen zu können, ist der unvermittelten Erinnerung versagt; wenn ich weiß und mir vorstellen kann, wie ich als Kind ausgesehen habe, so verdanke ich dies den Erinnerungen anderer und einer Welt, die Bilder machen kann. Wer sich an seine Kinderzeit erinnert und dabei auch an das Ich als Subjekt der erinnerten Erlebnisse, der nimmt als jenes Ich wahr, doch ohne das wahrnehmende Ich in seiner Erscheinung dabei vergegenwärtigen zu müssen.

Für die Erinnerung an das, was man erlebt hat, ist die Erinnerung an den, der es erlebt hat, nicht Bedingung und kann es nicht sein, weil er selbst, noch dazu als Kind, gar nicht im Zentrum seines Bewußtseins gestanden hatte. Aufmerksamkeit ist das Phänomen, das sich im Grade seiner Intensität mit Selbstvergessenheit verbindet.

85 Gesammelte Werke XXIII 468.

Man kann sich nun denken, wie ich hoffe, was Husserl an der *Aufmerksamkeitstheorie des Sich-denkens* im Rückblick falsch erscheinen mußte; vor allem aber, weshalb er dies so deutlicher Marginalien für bedürftig befand. Das Sich-denken im ›Ansatz‹ der intentionalen Struktur hat durch seine Anwendungsbreite das Zeug dazu, die Affektion als den Kern der Rezeptivität zu verdrängen, den Bewußtseinsbegriff mehr unter den Aspekt der Spontaneität zu rücken. Die Konkurrenz unter den Minima der Intentionalität ist nun allerdings kein beliebiges Randproblem der Phänomenologie, sondern ein möglicher Konflikt in deren Zentrum. Die Affektion, als der Quellpunkt der Konstitution des Zeitbewußtseins, ist zugleich das drängende Moment des Bewußtseinsstroms, die Bedingung der Möglichkeit seiner linearen Struktur.

Mit der Zeitkonstitution aber, die alle Inhalte des Bewußtseins einmal durch den Jetztpunkt der Affektion hindurchzugehen zwingt, steht das Phänomen der Aufmerksamkeit in einem Wesenszusammenhang, dessen Vernachlässigung in der Phänomenologie unverzeihlich erscheint. Beide Phänomene, das der Zeit und das der Aufmerksamkeit, ergeben sich unmittelbar aus einer elementaren Bestimmung des Bewußtseins: seiner Enge. Will man es scharf formuliert haben, so ist Aufmerksamkeit der funktionale Aspekt des Sachverhalts, daß das Bewußtsein nicht alles auf einmal kann, nicht einmal mehr als eins. Man könnte die Aufmerksamkeit nur von der Konkurrenz mit der Zeit fernhalten, wenn man sie als ›Organ‹ für die räumliche Verteilung von affektiven Momenten nimmt, so wie die Zeit deren Bestimmtheit in der Reihe ausmacht. In einem gedachten Feld zugleich gegenwärtiger Gegenstände kann das Bewußtsein immer nur einen erfassen und intentional an diesem verweilen, alles andere zum Hintergrund abdrängend – und nichts anderes als dies ist Umschreibung von Aufmerksamkeit.

Dabei ist es freilich störbar durch das, was außerhalb seiner intentionalen Konstanz liegt. Das ist schon eine Beschreibung des Gegenphänomens der Aufmerksamkeit, der Ablenkung. Im Grenzfall der idealen Verwirklichung seiner selbst würde das Bewußtsein den beliebigen Gegenstand seiner ersten Fühlungnahme ausschöpfen, bei diesem einen bleiben, ihn sich zur unendlichen Aufgabe machen. Auch wenn es ihn sich dazu nicht erwählt hat, so wenig der Theoretiker im Zusammenhang einer übergreifenden Geschichte seiner Theorie und ihrer Aufgaben wirklich frei wählen könnte: Die Aufgaben stellen sich ihm, pflegt man zu sagen, nicht ohne Pathos der Objektivierung unter Abweisung des Verdachtes individueller Beliebigkeit und Vorliebe als illegitimer Motive.

Ablenkung als das Faktum vorausgesetzt, das dem Bewußtsein zustößt, ist das Phänomen der Aufmerksamkeit charakterisiert durch Unterbrechungen einer Intention zugunsten einer anderen, also als ein gegen die immanente Logik des Bewußtseins gerichteter Faktor. Sie beruht auf negativem Eingriff in seine reinste Verwirklichung als Vollstreckung eigener Identität in und an der des Gegenstandes. Aufmerksamkeit ist ablenkbar durch Konstitution neuer Aufmerksamkeit infolge der ausgeschlossenen Gleichzeitigkeit der Zuwendung des Bewußtseins zu einer Mehrheit von Gegenständen.

Aufmerksamkeit löst den Widerspruch auf, der darin besteht, daß ein *endliches* Bewußtsein infolge des Wesens von Bewußtsein überhaupt – anders ausgedrückt: infolge seiner Identität mit dem transzendentalen Subjekt – die immanente Tendenz zur *Unendlichkeit* hat, auch zu der Totalität des ihm jeweils Gegebenen mit seinem äußersten Horizont, dem der Welt. Das *totum simul*, das der klassischen Metaphysik seit Boethius als Idee des göttlichen Intellekts und des Inhalts seiner Ewigkeit vorschwebte, ist phänomenologisch in Widerspruch zum Wesen nicht nur des endlichen Bewußtseins, sondern des Bewußtseins überhaupt und seiner transzendentalen Wurzel geraten: Kein Bewußtsein kann sich dem entziehen, daß seine Inhalte durch das Nadelöhr des Jetzt gehen und dort die unmodalisierte Modalität der Urimpression annehmen müssen. Zwar kompensiert die Einführung der Retention die Evidenznachteile ein wenig, erzwingt aber zugleich, daß die Konstitution der Zeit zum ›Wesen‹ jedes Bewußtseins wird. Im Sinne der urimpressionalen Qualität vermag niemals eine räumliche Mannigfaltigkeit des Gleichzeitigen mit gleichmäßig verteilter Intensität erfaßt zu werden. Dieses ist also nicht Schicksal, sondern Wesen des Bewußtseins und des Verhältnisses von Raum und Zeit in ihm als nicht gleich berechtigter und gleich fundierender Ordnungsformen. Deshalb wird Husserls späteste Spekulation die absolute Subjektivität nicht mehr als die eines einzigen Bewußtseins sehen können, sondern als transzendentale Intersubjektivität und damit als eine der Totalität der Welt adäquate Form von Bewußtsein überhaupt. Darin erst hat die Phänomenologie einen systematischen Status erreicht, der von der Aufmerksamkeit als einem Notbehelf des einzelnen und einzigen Bewußtseins zur Bewältigung der Fülle des gleichzeitig im Raum Gegebenen aufschließt. Nachträglich erweist sich von dort, daß die *Thematik* der Aufmerksamkeit jedenfalls nicht auf den höchsten spekulativen Rang der Phänomenologie gehört. Das wird den nicht zufriedenstellen, der ihre Leistungen auf der Ebene des Deskriptiven gehalten sehen möchte. Es bleibt, daß wir die Funktionsweise einer auf die Welt bezogenen Intersubjektivität von der Aufmerksamkeit her mindestens so gut verstehen lernen wie von der ›Objektivität‹ ihrer Existenz her.

Im Phänomen der Aufmerksamkeit streitet das mundane gegen das transzendentale Bewußtsein. Dabei mag eine andere Lösung für ein transzendentales Bewußtsein darin liegen, daß ihm die wesensmäßige Zugehörigkeit der Retention zur Urimpression als eine unbegrenzte zugeschrieben wird, so daß es auf diesem Umweg sowohl immanentes Zeitbewußtsein als auch eine der Totalität der Welt gewachsene Gegenwärtigkeit hätte. Diese Zusatzannahme enthält keinen Widerspruch, und mag den Konflikt vermeiden, daß die Phänomenologie ihre am endlichen Bewußtsein gewonnenen Wesenseinsichten rücksichtslos auf die absolute Form des Bewußtseins übertragen muß, weil sie sonst auf die Wesensmäßigkeit ihrer Einsichten überhaupt verzichten müßte und zur Anthropologie ›degenerierte‹, wenn ›Welt‹ als Einheit eines Gegenstands aufgefaßt werden dürfte, so daß die funktionale Koppelung von Retention und Gegenstandsidentität festgehalten würde. Aber Welt ist eben kein gegenständlicher Titel, sondern aus dem Horizont-Phänomen herzuleiten.

Gäbe es das nur aus Urimpression, Protention und Retention bestehende Bewußtsein, dem folglich Erinnerung und Erwartung als Phänomene der Diskontinuität fremd wären, so würde Aufmerksamkeit ausschließlich zur ökonomischen Verwaltung der Enge von Gegenwärtigkeit eines Bewußtseins von endlicher Retention und Protention. Im Gegensatz zum inneren Zeitbewußtsein kann Aufmerksamkeit ein lückenhafter, unterbrochener Zustand sein, in dessen unbesetzte Lücken dann durch ihre eigene Energie sinnwidrige Lückenbüßer eindringen können, die von der Aufmerksamkeit nicht akzeptiert werden, diese Zurückweisung aber dennoch überspielen.

Das Bildbewußtsein ist ein exemplarischer Fall zum Studium dieser phänomenalen Sachverhalte. Es ist nicht selbstverständlich, daß wir diesen Unterschied überhaupt machen können, den ich einmal der Kürze halber den zwischen Sachen und Bildern nennen will. Sachen zeichnen sich aus durch den Grenzwert ihrer Gegebenheit, der phänomenologisch Selbstgegebenheit heißt; Bilder wären, als Selbstgegebenheiten betrachtet, nur bedeutungslose und unverständliche Sachen, etwa wie Tapeten oder Ornamente. Bilder wollen immer das zur Gegebenheit machen, was sie selbst nicht sind. Es versteht sich fast von selbst, daß diese bloße Funktionalität jeden Erzeuger bildmäßiger Gegenstände verdrießen muß und es daher ein ganz konsequentes und legitimes Ziel ästhetischer Hervorbringungen ist, die Eigenschaften von Bildern und Sachen zur Konvergenz zu bringen: bildhafte Gegenstände zu machen, die dennoch nur sie selbst in Selbstgegebenheit sein sollen. Das ist ein ästhetischer Grenzwert, der nur bestritten wird von denen, die danach fragen, was es bedeuten solle.

Aber auch der ästhetische Gegenstand, der nur sich selbst bedeuten soll, also Sache und Bild vereinigt, ist auf eine bestimmte Zurichtung für die Aufmerksamkeit angewiesen, die man insgesamt als ›Rahmenbedingungen‹ seiner Gegebenheit beschreiben kann: Aufhängungen, Podeste, Isolierungen aus der alltäglichen Wahrnehmung, Isolierungen aus dem Kontext, in dem der Gegenstand sonst vorkommt und fungiert: unvermeidliches Beispiel der Flaschentrockner von Duchamp, die beiden Bierdosen auf dem bronzierten Podest von Jasper Johns oder die hundert Suppendosen der Firma Campbell von Andy Warhol.[86] Wäre der Wechsel von Intentionalität dem Bewußtsein nicht möglich, könnte es Bildbewußtsein nicht geben. Dieses ist immer Störung der einen übergreifenden Intentionalität, nun nicht zugunsten einer anderen gleichwertigen, sondern einer nur durch Umdeutung, durch Funktionswechsel der Wahrnehmung, integrierbaren Gegebenheit, die gerade durch diese Heteronomie Aufmerksamkeit erzwingt.

86 J. Wissman, Pop art oder die Realität als Kunstwerk. In: H. R. Jauß (Hg.), Die nicht mehr schönen Künste (Poetik und Hermeneutik III). München 1968, 507-530.

Bildbewußtsein entsteht so durch eine Art von Gewaltsamkeit gegenüber dem auf die Konsistenz seiner Wahrnehmung eingestellten Bewußtsein. Die Umdeutung der fremdartigen Gegebenheit zum Bild ist zunächst Selbstschutz des Bewußtseins, das auf andere Weise mit der Störung nicht fertig werden könnte, sofern es nicht schafft, das als Bild beabsichtigte Gegebene einfach zu übersehen, wie es in so vielen Wahrnehmungszusammenhängen des Alltags geschieht. Wer eine fremde Wohnung betritt und sich dem dort vorgefundenen Bildbestand widmet, verliert notwendig jede Erträglichkeit als einer, der dort Besucher oder Gast sein will – ausgenommen, er versteht dieses Sich-einlassen darzustellen als Bewunderung des einheimischen Eigentums und des dahinter stehenden Geschmacks. Die Möglichkeit des Bildbewußtseins beruht auf der Toleranz des Bewußtseins in der Zulassung von Störungen, Unterbrechungen, Diskontinuitäten, solange diese funktional integriert und zur Konsistenz gebracht werden können. Die Umlenkung der Aufmerksamkeit durch das Bild ist eine erstaunliche und die Leistungsfähigkeit des Bewußtseins schlechthin exemplifizierende Fähigkeit. Die Technik des Bildes ist ganz auf Lenkung der Aufmerksamkeit abgestellt, etwa auf Überwindung der natürlichen Differenz von Vordergrund und Hintergrund. Denn diese Differenz ist die Technik der Aufmerksamkeit selbst: sie läßt etwas in den Hintergrund treten, indem das Bewußtsein *sein Leben daraus zurückziehen* kann.[87]

Aber wie war es zugegangen, daß das Bewußtsein sein Leben zuvor in etwas hineingesteckt, sich in etwas eingelebt hatte, woraus es sich nur deshalb wieder zurückziehen kann?

Das Bild ist ein Grenzfall der *evozierten* Aufmerksamkeit. Daß etwas die Aufmerksamkeit auf sich lenkt und zieht, ist eine Beschreibung überwiegend von Verhalten. Husserl be-

87 Husserl, Gesammelte Werke XXIII 446.

vorzugt die Aktseite der Einstellungen und Präsumptionen, in denen bereits vorentschieden ist, was Aufmerksamkeit ›verdient‹ und was im Augenblick ihrer Aktualisierung dann ganz von der Seite des Subjekts herkommt und wie seine Spontaneität *aussieht*. Aber er überschätzt die Aktseite des Bewußtseins gerade im Zusammenhang mit den bildhaften und imaginativen Vorkommnissen. Auch sonst: Ich kann mich nicht erinnern, woran ich will und wie ich es will; es kann sich etwas meiner Erinnerung entziehen, und es kann etwas als Einfall in sie eindringen, was keineswegs das in ihr Gesuchte sein muß. Ich kann nicht zweifeln, woran ich zweifeln will; ich werde vom Zweifel befallen, und er fällt von mir ab. So ist es zweifelhaft, ob ich phantasieren kann, wovon ich phantasieren will. Ganz abgesehen schließlich vom berechtigten Satz über den Willen, daß ich nicht wollen kann, was ich will.

Man kann das auf das Bildbewußtsein ausdehnen: Die Einstellung auf ein Bild, von dessen sachlicher Gegebenheit ich nur weiß, daß es Bild sein soll, etwa weil es in einem Museum für ältere Kunst hängt, diese Einstellung ist mir doch nicht in der Weise verfügbar, daß ich sie auch realisieren kann, wenn mir der Bild*inhalt* als ein solcher nicht zugänglich ist. Das Bild wird es nicht für mich, wenn ich seiner transitiven Funktion, etwas ›darzustellen‹, nicht zu folgen vermag. Die Verweigerung gegenüber der Bildintention kann Absicht des Bilderzeugers zur Perhorreszierung des Bildbewußtseins sein. Das geschieht auf zwei verschiedene und antithetische Weisen: einmal durch Zerstörung des Bildinhalts, etwa durch Zerfall der Perspektive oder Abstraktion; zum anderen, indem der Bildinhalt ersetzt wird durch das, worauf seine Intention gehen könnte, indem das vermeintliche Bild selbst die Gegenstände enthält, die es sonst repräsentieren würde, etwa die auf einem Küchentisch herumliegenden Reste einer Zubereitung, die nun an der vertikalen Fläche mit Klebstoff befestigten Kartoffelschalen, Salatblätter, Gewürztüten, Eigelbreste und Eierschalen usw. Der Künstler will sich der Erfüllung trivialer Erwartungen verweigern; er ist Anti-Protentionist.

Kunst hat es immer mit dem Bewußtsein zu tun und nimmt es mit ihm auf. Sie stimuliert die Aufmerksamkeit durch das Angebot dessen, was diese sonst nicht findet. Da liegt wiederum das Moment der Gewaltsamkeit gegenüber dem Bewußtsein; es wird gezwungen, zu gewähren, was es alltäglicherweise nicht gewähren würde. Das Bild befiehlt nicht, an etwas zu denken oder sich etwas zu denken, sondern verbietet dies durch Störung, durch Unterbrechung des Bewußtseinsverlaufs. Aber das Bewußtsein ist nicht umsonst Strom; es ist Naturgewalt gegen das, was sich seinem Lauf entgegenstellt, reißt mit sich fort, überschwemmt, nivelliert, läßt versinken. Je mehr durch Evokation vom Bewußtsein an Aufmerksamkeit verlangt wird, um so mehr wehrt es sich dagegen durch Eingemeindung in seine Gewöhnlichkeiten. Man kann das auch die Wiederkehr der Lebenswelt gegen ihre Widersacher nennen.

Ausgangspunkt der Überlegungen zum Bildbewußtsein war Husserls erkennbare Selbstunzufriedenheit mit der Gleichsetzung von Aufmerksamkeit mit dem Sich-denken. Das aber greift aus. Die Reihe der Fragen, die sich auf die Vermutung der Überschätzung der Aktseite vor der Inhaltsseite des Bewußtseins bei Husserl stützen, läßt sich fortsetzen. Husserl meint, man könne sich ein Urteil vergegenwärtigen, also nicht nur den Inhalt eines Urteils und seinen Bezug auf den Sachverhalt, sondern den Akt des mit dem Urteil verbundenen Glaubens an das Bestehen dieses Sachverhalts, ohne daß dieser jeweils gegeben wäre. Das ist nochmals der Zweifel, wenn man keinen Zweifel hat, das Wissenwollen, wenn Unwissenheit gar nicht möglich ist, wie in dem Satz: Ich weiß, daß ich Schmerzen habe. Oder: Kann man etwas meinen wollen? Ich meine nicht, aber ich meine es nur deshalb, weil ich es zu meinen nicht gewollt habe. Noch schwieriger ist es mit dem Verstehen. Kann man verstehen wollen? Kann man hoffen sollen? Dazu muß man hoffen wollen können. Bezeichnenderweise hatte Kant nur gefragt, was man hoffen darf, wobei offenkundig vorausgesetzt ist, daß man faktisch schon hofft und darin sogar der Disziplinierung bedarf. Nicht ohne Grund wurden die alten theologischen Tugenden zum Geschenk der Gnade erhoben. Nicht zu hoffen, ist in der Epoche des ›Prinzip Hoffnung‹ fast ein öffentliches Vergehen gewesen, wie in der Epoche der Angst von jedermann, keine zu haben. Aber wozu braucht man überhaupt ein solches Prinzip, da doch gehofft schon ganz von selbst wird? Niemand kann seine Feinde lieben, dann wären sie nicht seine Feinde, obwohl er sich dazu zwingen kann, sich ihnen gegenüber zu verhalten, als wären sie es nicht, was für die Betroffenen auf dasselbe hinauskommt. Das alles zeigt, was in der Überschätzung der Aktseite des Bewußtseins an Folgerungen stecken kann. Man wird bei Husserl den Zusammenhang mit der geistigen Übung unter dem Begriff der cartesischen Meditation nicht übersehen dürfen: Meditation ist so etwas wie Training ungekonnter Akte.

XII

Retention und Erinnerung

Erinnerung läßt sich als Erlebnis wie andere Erlebnisse im Bewußtseinsstrom beschreiben. Und diese Beschreibung geht nicht auf Fakten, sondern auf das Wesen von Erinnerung. Insofern ist diese phänomenologisches Thema ersten Ranges. Dennoch ist die Erinnerung ein Faktum: Es könnte sie auch nicht geben. Sie ist als Vorkommnis kontingent, obwohl nicht nach dem, was wesentlich nötig ist, damit so etwas wie Erinnerung überhaupt stattfinden kann. Bewußtsein ohne Erinnerung ist denkbar, sowenig lebensdienlich es wäre, dies vorzufinden. Allerdings wäre auch dann ›Erinnerung‹ in freier Variation ausdenkbar, erfindbar, weil es die Retention und weil es das aus ihr erfließende innere Zeitbewußtsein gibt, das keinen terminus a quo der fließenden Zeit kennt, also einen ›Zeitraum‹ für die Denkbarkeit von Erinnerungsinseln in ihm vorrätig hält.

Dennoch ist die Differenz von Retention (Gegenwartsbehalt) und *Memoria* so entscheidend, daß man Husserls Spiel mit dem Ausweichausdruck für Retention als ›frischer Erinnerung‹ nicht hinnehmen darf.

Weshalb ist das so wichtig? Retention gehört notwendig zum Wesen des Bewußtseins. Durch sie wird das Zeitbewußtsein konstituiert, und ohne dieses wäre das Bewußtsein um seine kapitale Bestimmung durch ›Intentionalität‹ gebracht. Gegenstände sind Komplexionen von Urimpressionen, und als solche werden sie in der Retention zusammengehalten, aufgebaut, zwar nicht abgeschlossen, aber identifizierbar gemacht. Das geht so weit, daß die Anforderungen des

Gegenstandes hinsichtlich seiner Bestimmungsstücke die Reichweite der Retention regulieren: sie ausspannen oder reduzieren. Das Bewußtsein könnte nicht ein solches ›von etwas‹ sein, wäre die Retention ihm akzessorisch.

Die Erinnerung *ist* akzessorisch. Das zeigt sich schon daran, daß es keine Regulation ihrer Leistungsfähigkeit kraft der Leistungen des Bewußtseins und von seinen Gegenständen her gibt. Die Erinnerung hat beliebige, quotlibetale Dichte oder Undichte, und im Grenzwert kann sie ausfallen, ohne dem Bewußtsein einschneidend abträglich zu sein. Denkbar, in freier Variation, wäre aber auch, daß es den Hiatus von Retention und Erinnerung nicht gäbe: die Retentionsstrecke ist dann so lang und unbestimmt ausfließend, daß sie den Leerraum der Erinnerungsinseln überspannte – es wäre keine Erinnerung beschreibbar. Bewußtseinsstrom und Retention wären identisch, die Retention nicht das Muster des Zeitbewußtseins, dieses dessen Extrapolation, sondern Retention und Zeitbewußtsein kongruent.

Von allgemeiner und methodischer Bedeutung ist diese ganze Erwägung unabhängig von der spezifischen Thematik des Zeitbewußtseins. Es gibt zwei Gattungen phänomenologischer Gegenstände: die zum Bewußtsein als Intentionalität wesensnotwendigen, inkontingenten, die beschrieben werden müssen als nicht eliminierbar, *und* die Erlebnisse, von denen nicht gesagt werden kann, das Bewußtsein wäre ohne sie aufgehoben, nicht funktionsfähig, gar nicht gegeben. Sie machen den Kern der Phänomenologie aus, deren Pflichtpensum.

XIII

Naherwartung

Was Husserl, Brentano nachfolgend, *Protention* genannt hat, ist das Stiefkind der Phänomenologie. Es scheint, daß sie nicht in derselben Weise deskriptiv analysiert werden kann wie die *Retention*. Und vor allem ist ihr funktionaler Anteil an der *Konstitution* des ›inneren Zeitbewußtseins‹ nicht mit dem der Retention äquivalent.

Deskriptiv ist allerdings die Protention von der Erwartung zunächst so zu unterscheiden wie die Retention von der Erinnerung: Beide verfallen oder verfließen unabgegrenzt ins Unbestimmte, Erinnerung wie Erwartung ›liegen‹ insular oder episodisch in diesem Unbestimmten auch dann, wenn sie weltzeitlich durch präzise Angaben bestimmbar sind. Im Gegenteil: Diese ›positive‹ Bestimmbarkeit durch Daten, Uhren, Kalender, Chronologien gehört intentional zu Erinnerung wie Erwartung, und das heißt, daß sie optimierbar sind mit den Instrumentarien und nach dem Exaktheitsideal von positiven Wissenschaften. Dem sind Retention und Protention *wesentlich* entzogen und müssen es schon deshalb sein, weil wir den *Begriff* der Zeit, der in Theorien aller Art, aber auch in der verschärften Praxis mit Auszeichnung vorkommt, nur durch die erlebende *Anschauung* der Unmittelbarkeit von Retention und Protention haben. Ohne deren ›Unbestimmtheit in Evidenz‹ wären wir nie zu Zeitbestimmungen und Zeitmessungen gekommen, wüßten mit deren Repertoire nichts anzufangen oder nur ein durch fremde Konditionierung trainiertes Verhalten auszuführen, wie Pawlows kaum noch zitierbarer Hund auf den

Glockenton, der auch eine beliebige Uhrzeit ›bedeuten‹ könnte.
Dennoch muß die Behauptung riskiert werden – womöglich auf Widerruf –, daß die Zeitkonstitution im phänomenologischen Verstande auch *nur* durch die Retention fundiert sein könnte. Überwiegend wird denn auch mit ihr die Beschreibung dessen vollzogen, was durch Extrapolation dem Zeitbewußtsein Grund gibt. Die ›Zukunft‹ wäre mit der Urimpression scharf abgeblendet. Dies käme sogar der oft kulturkritisch und lebenspathetisch beklagten Abschwächung und Zukunftsüberlagerung der doch einzig erlebnisintensiven ›Gegenwärtigkeit‹ zugute. Doch das ist eine bedenkliche Illusion.
Die Protention gehört so wesentlich zur Zeitkonstitution und damit zum Bewußtsein als intentionalem ›Organ‹ wie die Retention. Natürlich kann man einwenden, daß im idealisierten Grenzfall – dargestellt etwa im Laplaceschen Intellekt einer physikalischen Weltrechnungsinstanz – die Unbestimmtheit der Protention ganz und gar aufgezehrt wird durch die Perfektion der Prognose. Mit anderen Worten: Die präzisierte Erwartung absorbiert die Protention. Das gilt nur vordergründig auch für die Retention: Zwar eliminiert die optimierte Erinnerung die Unbestimmtheit der Retention mit Differentialgleichungen; aber deren Verständnis nach dem Zeitschema ist auf einen *Begriff* angewiesen, der nicht ohne die *Anschaulichkeit* der Konstitution ›zur Hand‹ sein kann. Es liegt im Wesenssachverhalt der Zeitlichkeit des Bewußtseins, daß sogar der Laplacesche Dämon, zweifellos ein intentional ›eingerichtetes‹ Subjekt, aus der Retention erhebt, was ihn zu seiner fiktiven ›Leistung‹ instandsetzt, in der schon erfragbare positive Zeitpunkte derart vorausgesetzt sind, daß es die Differenz von Erinnerung und Erwartung nicht mehr gibt: Alles ist, wenn man dies Paradox zuläßt, *Prognose.*

Aber der Laplacesche Dämon hätte einen Vorzug, den wir für das Bewußtsein nicht kennen, obwohl er keinen Widerspruch enthält: Er wäre nicht täuschbar und nicht enttäuschbar. Schärfer ausgedrückt: Er hätte keine Logik, sofern das mehr ist als Begriffsbesitz. Sowenig er der Negation bedürfte, sowenig hätte die Position für ihn einen Sinn, von den Urteilsmodalitäten nicht zu reden. Das ist für die Unterscheidung von Retention und Protention einschlägig, denn die Beschreibung der Protention muß sich der Modalität der *Möglichkeit* bedienen, und zwar in einem über die Widerspruchsfreiheit hinausgehenden Sinn. Protention gibt es, weil es für jede Gegenwart, für jede Urimpression, mehr als *eine* Möglichkeit gibt – nicht: geben *muß* –, zugleich aber nicht *alles* möglich sein darf – was wesensnotwendig ist, sofern das Bewußtsein überhaupt symmetrisch zur Gegenwart fungiert, also außer der ›Rücksicht‹ noch eine ›Aussicht‹ besitzt. Diese wäre sinnlos, ihrem Begriff nach nicht bestimmbar, wenn *alles Mögliche* dem Bewußtsein bevorstände.

Die Phänomenologie beschreibt ein mit Logik vollausgestattetes Bewußtsein. Sie erschließt, was konstitutiv-genetisch dazugehört, auch wenn sie nicht erschließen kann, daß dies alles für ein Bewußtsein *überhaupt* notwendig ist, wie es für die Zeitlichkeit gilt, auch wenn es eine ohne Zukunft sein sollte – was nicht aus dem *Begriff* ausgeschlossen werden kann, daß wir Zeit als begrenzte nicht denken können. Die Protention umfaßt das Phänomen, daß immer *mehr* möglich ist als wirklich werden kann. Das hat mit einem anderen Phänomen zu tun, dem ich Wesentlichkeit zuschreibe: mit der *Enge* des Bewußtseins. Aus der Enge ergibt sich die Potentialität der Protention, aus dieser wiederum der notwendige Ausschluß von Möglichkeiten in einem ständigen Prozeß der Einhaltung von ›Verengung‹ auf die ›Enge‹ der aktuellen Gegenwart hin (sogar wenn es diese nur als erschlossene, nicht als erlebbare geben sollte). Wie der

›Schweif‹ der Retention ist der ›Trichter‹ der Protention die Form der symmetrischen Kontinuität nach beiden ›Seiten‹. Doch geht der ›Schweif‹ anders aus der Gegenwart der Urimpression hervor als der ›Trichter‹ der Protention in sie einmündet; denn an dieser ›Stelle‹ gibt es einen Abbruch. Bildlich: Die Protention mündet nicht ›genau‹ mit einer Spitze in die Gegenwart, sondern mit einem ›Stumpf‹. Sie bricht mehr als *eine* Möglichkeit zugunsten der Wirklichkeit ab; es ist noch ein ›Bündel‹ von Möglichkeiten, das gekappt wird. Anders gesagt: der potentielle *Input* läuft anders aus als der aktuelle *Output* anläuft. Nochmals anders: Die Symmetrie zwischen dem Retentionsflügel der impressionalen Gegenwart und ihrem Protentionsflügel ist auf signifikante Weise verformt, sobald das, was Manfred Sommer die *Möglichkeitsdichte* genannt hat, den maximalen Verdichtungsgrad der unmittelbar bevorstehenden Aggregatveränderung zur Wirklichkeit erreicht.[88]

Diese Profildifferenz von Retention und Protention ist nicht nur und nicht vorrangig ein Unterscheidungsmerkmal. Die Protention muß einer funktionalen Betrachtung unterzogen werden: Was gewinnt das Bewußtsein? Es gewinnt die Elastizität des Umgangs mit einer ›Welt‹, die ihm nicht gestattet, an einem einzigen Gegenstand im intentionalen Vollzug zu verweilen und allein dadurch die immanente Konsistenz seiner Affektionen zu behaupten. Es gibt das unterschätzte Phänomen der ›Aufmerksamkeit‹ und ihres Wechsels, damit des Gegenstandswechsels, pejorativ ›Ablenkung‹ *(aberratio)* genannt. Nicht nur, daß sich das Bewußtsein ›reines‹ Zuschauertum nicht leisten kann, läßt es das Angebot an Gegenständlichkeit auf Zuträgliches und Unzuträgliches absu-

88 M. Sommer, Gegenwart des Augenblicks und Evidenz der Erinnerung. In: D. Henrich/R. Horstmann (edd.), Metaphysik nach Kant? Stuttgarter Hegelkongreß 1987. Stuttgart 1988, 381-392; hier: 387.

chen; mehr noch ist es die Passivität der Affektion, Husserls *passive Synthesis*, was ihm die Selbstverfügung nach strikter Observanz der Intentionalität entzieht: Das Bewußtsein ist faktisch – zumal als eines des Lebewesens Mensch und damit unter anthropologischem Aspekt – *störbar* und muß daher auch ohne anthropologische Rücksicht daraufhin betrachtet werden, wie es *als störbares* wesensmäßig bestehen kann. Da heißt die Antwort: Die Protention ist Bedingung seiner Stetigkeit bei Störbarkeit. Als Phänomen zeigt sich die Protention nur in ihrem Mißlingen: der *Vorgriff* als enttäuschter: *Dann sind wir zwar überrascht, aber doch nicht über alle Maßen.*[89] Das Bewußtsein zerbricht nicht, weil das Überraschende sich als das Dennoch-Mögliche herausstellt. Es war im ›Bündel‹ der Protention, und deshalb kann es *anstatt* eines anderen Vorgezogenen akzeptiert werden. Das Mittel dazu ist vorprädikativ die *Durchstreichung*, prädikativ die *Negation*. Das Instrumentarium zur Korrektur des Vorgriffs ist das der ›Umbesetzung‹: dieses anstatt jenem. Zugleich ist die Negation auch Teilquantum abgeschwächter Modalität: wenn dieses und nicht jenes, dann eher anderes als nächstliegendes. Das Bewußtsein nimmt unter dem Zwang der Korrektur einen anderen Spannungsgrad *(attentio)* an. Wenn es nach Sommers Formel ›doch nicht über alle Maßen‹ überrascht werden kann, so deshalb, weil es ›auf alles gefaßt war‹ – was immer eine Übertreibung ist, denn eben dies wäre die Zerstörung der Protention und damit der genetischen Grundlage der Logik. Auf alles gefaßt zu sein, heißt eben nur, auf etwas mehr als auf den inneren Verdichtungsgrad von Möglichkeiten gefaßt zu sein. Und Gefaßtheit ist die äußerste Abweichung von Erwartung, doch nicht deren Aussetzung. Der Stoiker war der Typ der an die Grenze gehenden Gefaßtheit. Nicht zufällig hat Husserls Logik einen

89 M. Sommer, a.a.O.

Grundzug der stoischen übernommen: die Trennung von Urteilsinhalt und Urteilsqualität.

XIV

Reines Bewußtsein ohne Erinnerung?

Über Husserls weitläufigen Nachlaßpapieren wird irgendwann die Feststellung unvermeidlich, daß diese vielen Versuche und Ansätze im phänomenologischen Denken entgegen der Überlieferung nicht von den subtilen Schwierigkeiten der Reduktion beherrscht werden, sondern schlechtweg von deren völliger Vergessenheit. Das wird an keinem Thema deutlicher als an dem der Erinnerung. So evident es ist, daß Retention und Protention wesensnotwendig zu jedem Bewußtsein gehören, weil zu dem reinen, und nur deren Begrenzungen faktisch, obwohl als solche nicht einmal feststellbar sind, folglich ein Bewußtsein ohne Begrenzung von Retention und Protention diesem Wesen nicht nur nicht widerspricht, sondern wohl am ehesten genügt, läßt sich für Erinnerung und Erwartung nichts anderes zeigen als ihr faktisches Vorkommen in einem Bewußtsein, bei einsichtiger Unaufhebbarkeit zum Wesensbestand, sogar mehr noch: bei Unvereinbarkeit mit der Voraussetzung, unbegrenzte Retention und Protention genüge dem Wesen des Bewußtseins am genauesten. Erinnerung und Erwartung sind nur dort möglich, wo Retention und Protention faktisch begrenzt sind, denn es ist das Wesen von Erinnerung und Erwartung, über diese faktische Begrenzung hinauszugelangen.

Diese Feststellungen schränken die phänomenologische Zuständigkeit nicht ein, über das Wesen von Erinnerung und Erwartung als solcher Aussagen zu machen. Sie haben ihr Wesen, auch wenn sie nicht konstitutiv die Möglichkeit von intentionalem Bewußtsein ausmachen. Aber auch wenn dies so ist, setzt die Reduktion Bedingungen für die Übernahme reflexiv-deskriptiver Befunde. Wenn etwa Husserl beschreibt, wie sich die Erinnerung über einen Namen an das Bild einer Person, über deren Bild schließlich an diese selbst herantastet und heranarbeitet, unterläßt er die geschuldete Prüfung, ob dies ein Sachverhalt von psychologischer Positivität und damit mundaner Einschränkung des Phänomens ist oder ob dabei etwas für die Funktion der Erinnerung Wesentliches ausgemacht werden kann. Man braucht nur daneben zu stellen und zu vergleichen, was ein zur Reduktion ganz unverpflichteter Deskribent als Selbsterfahrung mit einer der Phänomenbeschreibung Husserls noch vorgelagerten Stufe der Erinnerung mitteilt: Lichtenberg beschreibt einen Fall, wo noch nicht einmal der Name gefunden worden ist und in dem er eine ganze Nacht hindurch im Dämmerfeld des Halbvergessens sich auf diesen Namen in quälenden Näherungen zubewegt habe. Daß er den mit Erleichterung geglückten Fund dann noch zu einiger Zeichengläubigkeit benutzt, kann hier auf sich beruhen bleiben, weil es nur darum geht, daß der Phänomenologe nicht anders verfährt als der unreflektive Selbstbetrachter. Das sprechende Ich ist auch das beschriebene, und es läßt keinen Zweifel an der eidetischen und transzendentalen Repräsentanz seiner Befunde erkennen. Das Kriterium für die Unterscheidung von Faktum und Wesen könnte hier nur sein, daß über die Erinnerung nichts als wesenszugehörig festgeschrieben werden könnte, was sich nicht in Konsistenz mit schon gesicherten Evidenzen über das reine Bewußtsein verhält. Und dazu gehört allemal das zwingende Durchhalten der fundamentalen Bestimmung aller Bewußtseinsleistungen als Intentionalität.

Das sagt sich leichter, als es getan ist. Um zu zeigen, wie leicht diese Vorschrift in die Irre gehen läßt, führe ich eine ganz kurze Erwähnung des Themas in der Einleitung zu Husserls

Sommervorlesung von 1907 mit dem Titel »Hauptstücke aus der Phänomenologie und Kritik der Vernunft« an. Sie liegt im Zuge einer Erörterung, deren Auffälligkeit im Nochfehlen des Horizontbegriffs besteht: Der Mensch findet sich in der Welt vor als ein Beziehungszentrum alles übrigen als seiner ›Umgebung‹, in die hinein die faktischen Wahrnehmungen ›Leitfäden‹ zu möglichen Wahrnehmungen und *von einer ersten Umgebung zu immer neuen Umgebungen* sind. Das könnten sie nicht sein, träfe nicht der *wahrnehmende Blick die Dinge in der Ordnung der Räumlichkeit.* Das ist noch ganz vage die Beschreibung dessen, was ›Horizont‹ heißen wird, und es nennt die objektiven Voraussetzungen dafür, daß es so etwas wie Protention und Erwartung überhaupt geben kann, insofern diese auch gekoppelt sind an Bewegungen des Subjekts im Raum oder an Bewegungen seiner Objekte in diesem. Darin liegt der Übergang, auch von einer ›zeitlichen Umgebung‹, einer näheren und ferneren, zu reden. Die nähere: Eben gewesener Dinge und Vorgänge erinnere man sich unmittelbar. Die fernere: Es müsse über den Bereich der Unmittelbarkeit als des *Soeben-wahrgenommenworden-Seins* einfach hinausgegangen werden. Das beschreibt sich so: *Die Erinnerung gleicht dabei als fortgesetzte Wiedererinnerung einem Leitfaden; sie führt uns in der Zeit Schritt für Schritt zurück, und damit treten immer neue Linien der räumlich-zeitlichen Wirklichkeit, und zwar der vergangenen, zu uns in Beziehung...*[90]

Die Analogie der Erinnerung mit der räumlichen Prospektion, der zeitlichen Umgebung mit der räumlichen, ist verfehlt und deskriptiv unfundiert. Im Raum kann ein bestimm-

90 Husserl, Gesammelte Werke XVI 5; Lichtenbergs Beschreibung der Erinnerung: Sudelbücher J 249 (Schriften und Briefe, ed. W. Promies, I 689f.); Husserls Beschreibung der Erinnerung: Gesammelte Werke XXIII 556.

ter Punkt nur dadurch erreicht werden, daß alle zwischen ihm und dem Ausgangspunkt liegenden Raumstellen kontinuierlich durchschritten werden. Jede Erwartung, die sich an Durchschreitung des Raumes knüpft, lebt zwar von der Vorstellung dessen, was mit deren Zielpunkt gegeben sein soll, hat aber jene Kontinuität der Durchquerung aller vorgelagerten Linien zur Voraussetzung. Für die Erinnerung gilt dieses Schema des ›Schritt für Schritt‹ gerade nicht. Dafür gelangt das erinnernde Subjekt doch auch niemals wieder reell an die Zeitstelle des erinnerten. Sie ist ihm verloren und statt dessen nur die Gewißheit geblieben, die freilich zu den wesensmäßigen Evidenzen einer Phänomenologie der Erinnerung gehört, daß erinnerndes und erinnertes Subjekt identisch sind, und dies genau dadurch, daß es zwischen jenem und diesem ein Kontinuum durchschrittener Raumzeitlichkeit gibt. Das erfüllte Prinzip des ›Schritt für Schritt‹ liegt also schon als reale Durchmessung von Raum und Zeit hinter dem Subjekt, wenn es zur Erinnerung auch nur ansetzt. Dessen Wiederholung freilich gibt es nicht: Kein Moment der Erinnerung wird jemals im kontinuierlichen Verfahren ›Schritt für Schritt‹ in der Zeit erreicht. Es gibt keine Wesensbedingung für die Vergegenwärtigung irgend eines vergangenen Erlebnisses, die zu deren Voraussetzung die Erinnerung an zeitlich spätere, also der Erinnerung näherliegende Erlebnisse hätte. Dies geltend zu machen ist von der allergrößten Wichtigkeit, weil es ein der Erinnerung fähiges, auf sie notgedrungen angewiesenes Bewußtsein radikal unterscheidet von einem, welches seine ›Vergangenheit‹ in der Quasi-Evidenz der Retention genauso hätte wie seine ›Zukunft‹ in der Quasi-Evidenz der Protention. Man braucht nur an die Probleme zu denken, die der Metaphysik durch den Begriff eines zeitlosen, nämlich zeitüberlegenen göttlichen Subjekts im ständigen Totalbesitz seiner selbst aufgegeben gewesen waren, um eine solche Erwägung über ein Subjekt der durch

Retention und Protention erweiterten Gegenwart nicht gänzlich sinnlos zu finden.

Erkennbar ist Husserls frühe Fehlbeschreibung der Erinnerung geleitet durch den Begriff der Intentionalität des Bewußtseins und das an diese gebundene Verfahren der gegenständlichen Integration. Aber die Erinnerung integriert gerade nicht die Zeit, über die hinweg sie ihre Leistung vollzieht, sondern das erinnerte Subjekt und die seiner Zeitstelle inhärierenden Erlebnisse. Daß dies so unterschieden werden muß, ergibt sich schon aus der Art, wie Erinnerungen präzisiert und korrigiert werden können, ohne daß andere Hilfsmittel als die der Erinnerung selbst herangezogen werden müßten. Wer sich, wie Lichtenberg, an einen Namen herantastet, der ihm längst vergessen ist, kann lange durchprobieren, was ihm an vermeintlich oder wirklich Ähnlichem einfällt; er wird verwerfen oder sogar irrigerweise zugreifen, aber immer mit den Möglichkeiten verbleibender Unentschiedenheit und ausstehender letzter Korrektur. Im Fall der von Husserl beschriebenen Annäherung über Namen und Bild zur Person ergibt sich die Frage, woher überhaupt Evidenz kommen kann, die zunächst durch Namen und Bild vertretene Person sei durch Erinnerung als sie selbst erreichbar und erreicht. Wie kommt das Bewußtsein zur Ablehnung dieser oder jener verfehlten Probeannahme? Wie kommt es zum abschließenden ›So war es und nicht anders‹? Wie kann einem anderen Recht oder Unrecht gegeben werden, der eine behauptete Erinnerung bestreitet? Die Erinnerung scheint das Bild, das sie sich zunächst gemacht hat – wenn es denn ein Bild sein sollte –, an der Sache selbst prüfen und korrigieren zu können, obwohl doch Selbstgegebenheit der Erinnerung gerade abgesprochen werden muß. Die Instanz der Korrektur kann nicht von derselben Art sein wie die der ursprünglichen Wahrnehmung und ihrer ›Selbststellung‹. Dies ist schon deshalb unmöglich, weil die Erinnerung in anderem Maße als die Wahrnehmung mit Aktivität durchsetzt, gleichsam arbeitsmäßig ist.

Was nun die zwischen der Gegenwart der Erinnerung und der erinnerten Gegenwart liegende Zeitstrecke angeht, so ist freilich evident und wesensmäßig zur Erinnerung gehörig, daß von der erinnerten Gegenwart ausgehend potentiell ein die Gegenwart der Erinnerung einholender Nachvollzug von Zeit realisierbar sein muß. Einander begegnende Subjekte können eine gemeinsame Erinnerung gerade dadurch kultivieren, daß sie deren Zeitpunkt als Ausgangsstelle für den Austausch des seither erlebten Ungemeinsamen nehmen, mit der Evidenz, seither Zeitstrecken von identischer Größe bei differenten Erlebnisinhalten durchlaufen zu haben. Erstaunlich ist, daß sie sich gegenseitig dabei helfen können, ihre Erinnerung an den gemeinsamen Ausgangspunkt zu bestätigen und anzureichern, was keineswegs damit zureichend beschrieben ist, daß der eine dem anderen Informationen gibt, die diesen über etwas belehren, was ihm schlechthin unzugänglich geworden ist, sondern der normale Vorgang der Fremderinnerung gerade der ist, durch die eigene Erinnerung bestätigt zu werden, obwohl diese endogen nicht verfügbar war.

Auch die Beschreibung der Erinnerung muß der Bestimmung des Bewußtseins als Intentionalität genügen. Dabei zeigt die Erinnerung eine doppelte intentionale Struktur, und zwar eine gegenläufige. Einmal geht das für die Erinnerung notwendige Zeitbewußtsein auf Erfüllung in der jeweils aktuellen Gegenwart des sich erinnernden Subjekts, indem jede Zeitdistanz zwischen dem erinnerten Erlebnis und dem erinnernden Subjekt sich als potentiell integrierbar, obwohl keiner Erinnerung je ausfüllbar erscheint. Die Potentialität besteht allein darin, daß für jede beliebige Zeitstelle nachholend ausgewiesen werden kann, daß sie zwischen dem erinnerten Erlebnis und der aktiven Erinnerung einen bestimmten Inhalt hatte, der mit größerer oder geringerer Genauigkeit erschlossen werden kann, etwa vom Typus der Redewendung ›Ich muß da gerade in … gewesen sein‹. Dies ist aber nur die der Erinnerung wesentlich implizite Intentionalität. Die explizite Intentionalität der Erinnerung geht auf den erinnerten Gegenstand und das ihm zugeordnete Erlebnis zurück, nähert sich diesem über vermeinende oder symbolische Vorstufen nach der Art von Namen und Bild, bis diese übergehen und aufgehen in dem, was sie nur zu repräsentieren scheinen. Darin unterscheidet sich die Intentionalität der Erinnerung nicht von der der Wahrnehmung. In beiden Richtungen hat die Intentionalität ihr wesentliches Merkmal der Erfüllung durch Gegenwärtigkeit. Der erinnerte Erlebnisinhalt ist nicht nur durch seine Einschlägigkeit für irgend ein Interesse der erinnernden Gegenwart dieser zu vergegenwärtigen, sondern er ist immer, unabhängig von jeder quantitativen Abwägung, ein die aktuelle Gegenwart miterzeugendes Lebensmoment, insofern er zur Geschichte dieses identischen Subjekts gehört und in der Geschichte die Bedeutung hat, die ihn im Unterschied zu zahllosen anderen Augenblicken erinnerungswürdig macht. Zugleich entfaltet das erinnerte Erlebnis seine eigene Intentionalität in der Erinnerung, die sich potentiell autonomisiert: Das Interesse des Einstiegs in die Erinnerung muß nicht das ihres Austrags und ihrer Erfüllung sein. Es ist das, was sich deskriptiv angeben läßt als das Sich-Überlassen an den erinnerten Augenblick, das sich vom aktuellen Bewußtseinszusammenhang in dem Maße abzukoppeln vermag, in dem Erinnerung ohnehin eine Freisetzung von akuten Bedrängnissen zur Voraussetzung hat. Sie ist die Fähigkeit eines Bewußtseins, das nicht in der Informationsverarbeitung zwecks Selbsterhaltung aufgeht und auf diese programmiert ist. Freiheit ist immer wesentlich Freiheit von der Gegenwart, aber doch nur zugunsten der ihr erreichbaren Gegenwärtigkeit. Insofern ist die dem Gegenstand der Erinnerung immanente Intentionalität, sein zur Selbststellung Drängen, die Ausfüllung gerade derjenigen Spielräume, die dem von gegenwärtiger Intentionalität unbedrängten Bewußtsein gelassen sind und seine Gelassenheit ausmachen können. Im subjektiven Sinne erfüllend ist gerade die Gegenwärtigkeit, die nicht der Gegenwart entrissen werden muß. Insofern ist Erinnerung als phänomenologisches Thema auch schon ein Gegengewicht gegen die beherrschende Rolle der Theorie, die eine Art idealisierter Erfüllung gegenwärtiger Intentionalität ist und nur dies sein kann. Insofern ist sie eine Inanspruchnahme des Subjekts, die ihm Gelassenheit nicht gewährt (obwohl die Griechen eben dies nicht zugegeben hätten). Die Erinnerung läßt sich im Maße ihrer gegenwärtigen Freiheit auf etwas ein, was sie nur einzuleiten, nicht aber zu garantieren vermag: *Bei der Erinnerung erfüllt sich die Intention auf das Selbst in einem ›geglaubten‹, in einem von sich aus als wirklich sich gebenden Selbst, und soweit es einen Sinn hat, der noch unerfüllt ist, geht die Intention weiter und erfüllt sich in immer neuer Wirklichkeit... In meiner Freiheit steht nur das Losgehen auf das Selbst, die möglichen Wege sind dabei vorgezeichnet...*[91] So vorgezeichnet ist auch die andere, auf die erinnernde Gegenwart gerichtete Intentionalität, denn deren Gegenwart muß in Einstimmigkeit von jeder ihrer Vergangenheiten, also auch von der gerade erinnerten, aus erreichbar sein. Diese Kontinuität spielt für die Erinnerung selbst und die Intentionalität ihrer Erfüllung gar keine Rolle, ist aber der implizite Nachweis ihrer Zugehörigkeit zum Identitätssystem des sich erinnernden Ich. Diese undiskrete Erreichbarkeit von jeder seiner Vergangenheiten her, letztlich von der seiner Natalität, ist die biographisch-endliche schematische Grundform der Selbstbeschreibung, die sich prinzipiell von der

91 Husserl 1922/23; Gesammelte Werke XXIII 559.

transzendentalen Reflexion auf die zu jeder Gegenwärtigkeit des Bewußtseins gehörende Retention und damit die gänzliche Unbestimmtheit der Herkunft des Bewußtseins, also die Unzugänglichkeit seines Anfanges, bezieht, wie sein Ende ihm jemals unzugänglich sein wird.

XV

In Wirklichkeit kein Traum

Die Berichtigung philosophischer Sätze fällt ihren Urhebern genauso schwer wie ihren Kritikern. Augustin hatte es da leicht mit seinen »Retractationes«; er hatte inzwischen seine Theologie am paulinischen Römerbrief verschärft, und das verlangte einen anderen Freiheitsbegriff als den der frühen christlichen Jahre, wo es nur darum ging, den Menschen für die Übel in der Welt verantwortlich zu machen.
Daß wir Husserl bei Korrekturen seiner Deskriptionen beobachten können, liegt daran, daß die Hauptmasse seiner Texte erstmals aus dem Nachlaß ediert ist und der Autor uns so seine Randbemerkungen ausliefern mußte. Zwar schlagen Philosophen in ihren professionell langen Lebenszeiten oft neue Wege ein, doch versuchen sie gern, das Neue als Konsequenz des Alten zu erweisen. Selbsttadel wegen verfehlten Denkens hat kaum je die Schärfe des Tadels am Denken anderer, zumal vergangener anderer.
1941 hielt der Cambridger Philosoph George E. Moore an der University of California eine Vorlesung, die er erstmals 1959 in seinen »Philosophical Papers« unter dem Titel »Certainty« veröffentlichte. Der Zeitabstand genügte, um ihn über jene Abhandlung urteilen zu lassen: *Sie enthält schlimme Fehler, von denen ich noch nicht weiß, wie ich sie beseitigen kann.* Nicht nur die Schärfe der Eigenrüge ist eine Rarität, vor allem die Einsicht in Fehler ohne sie ersetzende Berichtigung. Eigentümlich dabei ist, daß Moore damit eine Ratlosigkeit wiederholte, von der die Anfänge der neuzeitlichen Philosophie bestimmt waren. Von Casimir Lewy, der

Moore bei den Vorarbeiten zur Sammlung seiner Schriften unterstützte, ist überliefert, worauf genauer sich der Widerruf bezog: auf die letzten vier Absätze von »Certainty«. Sie handeln von der skeptischen Verunsicherung des Wirklichkeitsbewußtseins durch die drohende Verwechselbarkeit von Erlebnis und Traum. Mit diesem Motiv hatte schon Descartes seinen als ›methodisch‹ verharmlosten Zweifel zugespitzt; aber erst Leibniz hatte zugegeben, daß dieses Argument und das vom trügerischen Dämon unwiderleglich seien und es daher klüger gewesen wäre, sich an ihnen gar nicht erst mit dem Widerlegungsanspruch zu versuchen.

Eben dies hatte frischen Mutes Moore am Schluß von »Certainty« zugunsten seines Realismus des *Common sense* erneut unternommen. Er hatte es anders angepackt, indem er untersuchte, was aus der bloßen Behauptung folge, es gebe Träume, und ob sich daher nicht widerlegen lasse, alle meine Sinneserfahrungen könnten bloße Traumbilder sein. Voraussetzung dieses Zweifels sei aber, daß der Philosoph, der ihn äußert, sich zumindest dessen gewiß ist, daß er Träume gehabt hatte. Wir alle aber wüßten, daß geträumt worden ist, folglich jene Ungewißheit bestehe. Dagegen aber: *Ist es möglich, daß jemand wissen kann, daß es Träume gegeben hat, wenn er gleichzeitig nicht weiß, ob er nicht selber träumt. Wenn er träumt, träumt er vielleicht nur, daß es Träume gegeben hat; und wenn er nicht weiß, daß er nicht träumt, kann er dann wissen, daß er nicht nur träumt, daß es Träume gegeben hat? Ist es also möglich, daß er wissen kann, daß es Träume gegeben hat? Ich glaube nicht, daß er das kann; und ich meine deshalb, daß jeder, der diese Prämisse benutzt und aus ihr folgert, daß niemand jemals weiß, ob er nicht träumt, sich einer Inkonsequenz schuldig macht.*[92]

92 George E. Moore, Philosophical Papers. London/New York 1959; »Certainty«, th. 214.

Das Resultat dieses umständlichen Scharfsinns ist, daß der Zweifel an der ungeträumten Wirklichkeit den radikaleren Zweifel an der wirklichen Träumbarkeit umgeht. Es ist nahezu das alte Argument gegen den dogmatischen Skeptizismus: Wer denkt, es könne alles nur Traum sein, was ihm als wirklich bewußt ist, muß auch diesen Gedanken selber, insofern er ihn wirklich zu denken sich bewußt ist, in den Generaltraum einbeziehen. So weit geht, was Leibniz gemeint hat, als er die Einlassung auf den *Dieu trompeur*, den *genius malignus*, damit entschärfte, die barocke Idee vom ›Leben als Traum‹ mache doch keinen Unterschied und Schaden, sofern man nur nicht den Schock des Erwachens zu gewärtigen habe. Ist George E. Moore mit seinem diskursiven Kunststück darüber hinausgekommen?

Man darf das ebenso auf sich beruhen lassen wie die Furcht vor der unausweichlichen ›Immanenz‹, die hinter seiner späten Selbstverwerfung steht, die den ›kritischen Zustand‹ eines Denkers kurz vor seinem Tod – 1958: wir haben es also mit so etwas wie einem Letzten Wort zu tun – bloßlegt, der soviel Lebensenergie aufgewendet hatte, um ins Recht zu setzen, was ›sich von selbst versteht‹ – denn dessen ›Organ‹ ist der *Common sense*.

Moore scheint sich nicht darum gekümmert zu haben, daß sein ›Publikum‹ ein anderes war als das von Descartes und Leibniz mit seinen akuten Gewißheitssorgen, die doch im hintersten Winkel immer auch Heilsgewißheitssorgen gewesen waren. Nein, das Publikum einer eher ästhetisch eingestellten Epoche nimmt die Frage nicht so ernst, wie wirklich die Wirklichkeit ist – es genügt, daß man unabhängig davon unter ihr alles so erleiden kann, als gäbe es keinen Verdünnungsgrad. Der Schmerz hat sogar dem erkenntnistheoretischen Zwist von Idealismus und Realismus den billigen Verdacht entzogen, nur der ›Realist‹ könne es vollends ernst meinen mit dem Entschluß, die Welt zu verbessern. Nur orthodoxe Epigonen blieben bei diesem alten Streit, als ginge es ums Letzte.

Dennoch kann man Moores »Certainty« und seine letzte Enttäuschung an sich selber damit nicht aus der Hand legen, ohne noch etwas über die Philosophie Entscheidendes daran zu lernen. Woher eigentlich weiß, wer so mit dem *Begriff* des Traums operiert, was ein Traum ist, wenn doch sein vorgegebenes Wissen, daß es ihn gegeben hat, gar nicht auf einer *Anschauung* der Sache, also auf deren ›Erlebnis‹, beruht? Da wird der *Common sense*, um dessen Rechtfertigung es doch geht, schon bei der Einführung des Begriffs ›benutzt‹, der ihn im Ansatz des Problems in Frage stellt. Kommt es auf das Faktum an, ob jeder so träumt, daß er die Verwechslung von Traumbild und Sinnesgegebenheit als ihm vertrauten ›Fall‹ hinnehmen kann? Dann wäre das ganze Argument abhängig von einem psychologischen Faktum, vergleichbar dem anderen Traumproblem des Zeitalters, ob und in welcher Zuverlässigkeit von Erinnerung und Bericht die Psychoanalysanden ihre dem Therapeuten so aufschlußreichen und damit wohlgefälligen Träume *wirklich* geträumt haben. Dabei kommt es doch ›nur‹ auf deren Deutbarkeit, nicht auf ihre realitätsadäquate Intensität an. Der deutungsdisponible manifeste Trauminhalt ist verdächtig, ein Artefakt im Maße seiner Annäherung an die analytische Präsumtion zu sein. Das ist nicht sehr tragisch genommen worden, denn es gehört zum Syndrom der ihrerseits wieder ertragreichen ›Übertragung‹. Dennoch hat die Theorie der ›Traumdeutung‹ mehr zur Beantwortung der Frage beigetragen, was denn ein Traum *ist*, als die philosophischen Skeptizismen, die einfach davon ausgingen: So etwas gibt es – was auch immer es sein mag.

Doch eben dieses ›Was auch immer es sein mag‹ stört einen Teil des philosophischen Publikums mehr als die Skrupel, die sich der sterbenshinfällige Moore um seine logische Demonstration für den ›gesunden Menschenverstand‹ gemacht hat. Wäre das Leben ein Traum und aller Realitätsgehalt des Bewußtseins geträumt, so würde der derart Traumversorgte nicht nur nicht wissen, *daß* er träumt, und davon unbeunruhigt bleiben, er würde erst recht nicht wissen, *was* ein Traum ist – es sei denn, er träumte Träume in seinem Traum. Und dann wäre er wieder nicht mehr ›wohlversorgt‹. Die Traumdeuter seit Freuds Jahrhundertwerk von 1900 (vordatiert) haben zwar die Frage erörtert, *wie* Träume entstehen und welche Lebensfunktion der Schlafverteidigung sie haben, doch ist ihnen das schnell unwichtig geworden angesichts der Aufgabe herauszufinden, was Träume *bedeuten* – unter der riskanten Voraussetzung, daß in ihnen Inhalte *manifest* werden, die aus guten Gründen sonst *latent* blieben und auf dem Weg von der Latenz zur Manifestanz allerlei Entzug an Erkennbarkeit erdulden müssen. Nun beunruhigt diese *vertikale* Prozedur den Philosophen weniger als die *horizontale* Versorgung des Traums mit Tages- und Lebensstoff. Denn eben diese Integration des Traumes in den Realitätskontext läßt ihn anfällig werden für jene Verwechselbarkeit, von der der Zweifel Nahrung bezog. Der Traum scheint weniger ›poietisch‹ zu sein, als seine romantischen Liebhaber ihm zutrauten; er steht der Erinnerung näher als diese es sich gefallen lassen möchte. Auch und vor allem darin, daß die Erinnerung aus Ökonomiegründen episodisch ist, der Kontextabsicherung nicht verfügbar. Wo sie anfängt und wo sie endet, ist Faktum, aber als solches ihr wesentlich im Unterschied zur ›Retention‹, deren Anfang evident, deren Ende jedenfalls nicht abrupt, vielmehr *auch* sachgebunden ist im Maße der Extensionsansprüche, die ihr der Gegenstand stellt.

Von hier aus kann man sich der Aufgabe nähern, über die Frage nach dem *Wie* und *Wozu* des Traumes und nach dem *Was er bedeutet* hinaus zu beschreiben, was denn *wesensmä-*

ßig zu ihm gehört und unseren Begriff von ihm *bestimmt* oder doch bestimmen *sollte*. Verdächtig ist dann gerade, daß jedermann als Teilhaber am *Common sense* wissen soll, daß es Träume gibt, weil gegeben hat; denn da beginnt erst der Zweifel, der einen Wittgenstein gegen Moore erfordert hätte (doch hatte der Tod diesen Zuspruch bei den »Philosophical Papers« inhibiert, ungefragt, ob sonst der Freundschaftsrest ausgereicht hätte, ihn zu begünstigen). Woher wüßten wir, ob einer, der die Existenz von Träumen in jene Argumentation einführt, etwas meint, was auch andere als dasselbe kennen und damit in derselben Insistenz mitmachen? Sollte es nicht Leute geben, die erstaunt wären, ernsthaft vorgetragen zu hören, ihre Art von Träumen verunsichere die Philosophen hinsichtlich der Ersetzbarkeit der Sinneserfahrung durch bloße Traumbilder? Ihnen muß durch anschauliche Abstützung des Begriffs gezeigt werden, daß das, was auch sie als ›Erlebnis‹ kennen, *wesensmäßig* einer Steigerung der Intension (wie der Extension) fähig ist, die den Erkenntnistheoretikern die Sorge bereitet, gegen die Moore *certainty* zu verschaffen sich anheischig gemacht hatte. Vergeblich, nach seinem eigenen Eingeständnis. Doch ist sein Eingeständnis das von ›schlimmen Fehlern‹ in der Logik – ich sage nicht: nur –, und es kommt gar nicht der Gedanke auf, es liege zuvörderst da ein Mangel an *beschreibender* Bestimmtheit und Disziplin.

Mit anderen Worten: Das Publikum des George E. Moore war bereits ein virtuell phänomenologisches, nur wußte er davon weder bei der Vorlesung an der University of California noch bei der Schlußredaktion der »Philosophical Papers«. Nur deshalb, weil er Husserl nicht kannte, der seine Sache immerhin 1927 in der »Encyclopedia Britannica«, Artikel »Phenomenology«, dargestellt hatte? Seit wann aber schlagen Philosophen in Enzyklopädien nach, die sie nicht selbst verfaßt haben? Nein, Moore hätte von seinem Nachfolger in Cambridge seit 1939 und im Vorsitz des »Moral Science Club« seit 1944, inzwischen dem Lehrer seines Sohnes Timothy, soviel an Rückfragestellung übernommen haben können (nicht: müssen, denn das gibt es unter denkgewerblichen Individuen nicht), daß ihm beim Selbstzweifel zumindest eingefallen wäre, wie und woher wir so sicher mit dem Ausdruck ›Traum‹ umzugehen wissen, da doch noch nie einer die Träume des anderen geträumt hat und die Unzuverlässigkeit der Traumerinnerung jedermanns Mißtrauen gegen die eigene wie gegen fremde imprägniert.

Traumerlebnis ist prinzipiell nur erinnertes. Von der Deskription der Wesenszüge von *memoria* muß daher ausgegangen werden, um die Modifikationen am erinnerten ›Erlebnis‹ zu finden. Darf man etwa sagen, aus Träumen wird *wesensmäßig* erwacht, wie Erinnerungen *wesensmäßig* zur Gegenwart hin abbrechen? Da erst ergäbe sich, ob der Traum sich in den Dienst der Skepsis stellen läßt oder ihn verweigert.

XVI

Tastsinn und Wirklichkeitsbewußtsein

Unsere taktilen Erlebnisse haben eine engere Beziehung zu unserem Wirklichkeitsbewußtsein als die optischen. Das ist auf den ersten Blick schon durch die Unterscheidung primärer und sekundärer Sinnesqualitäten begründet, denn die primäre Qualität der räumlichen Gestalt schöpft nur der Tastsinn aus; aber sie sind auch dem Gesichtssinn nicht verschlossen, der freilich von ihnen nur eine über den Tastsinn erschlossene Wahrnehmung vermittelt, wozu auch gehört, daß die in der Positionsveränderung des Leibes entsprechend modifizierte Optik des Körpers ihre evidenten regelhaften Zusammenhänge nur über die Selbsterfahrung der Bewegung als eine taktile gewinnt. Zu beachten ist allerdings auch, daß die Eigenleibbewegung nach Schopenhauers primärer Evidenz unmittelbar aus den Akten des Willens hervorgeht oder sogar mit diesen identisch ist, so daß die Abschattungen der in Kinästhesen gegebenen Körper unmittelbar Korrelate der selbstgewissen Willkür sind. Zwar gibt es intentionale Vorzeichnungen für die optische Integration einer Körperwahrnehmung, aber der Wille kann sie über die Bewegungen von Augen, Kopf oder Gesamtleib zwar nicht sprunghaft, wohl aber in jedem Augenblick in jeder Richtung bestimmen. Ohne daß der Tastsinn ins Spiel gekommen ist, ergibt dies ein von allen theoretischen Absichten unabhängiges System von Korrelationen, die sich ausschließlich darauf beziehen können, Gewißheit zu gewinnen, ob überhaupt ein Ding gegeben ist oder nicht, noch unabhängig von der Frage, welcher Art es ist und welche Bestimmungsstücke es hat.

Eine Welt, in der ein Leib zu physischen Körpern durch Eigenbewegung beliebige Positionen beziehen kann, ist nicht die einzig mögliche aller Welten. Daher muß der Phänomenologe in dieser Hinsicht mit reduzierten Bedingungen arbeiten, um zur Klarheit darüber zu kommen, welche minimale Ausstattung einem leiblichen Subjekt in einer beliebigen Welt genügen würde, ein Wirklichkeitsbewußtsein zu konstituieren, noch ohne daß es darauf befragt würde, welche Art von Erkenntnissen es über diese Wirklichkeit zu gewinnen imstande wäre. Die Reduktion auf Minimalbedingungen ist so etwas wie ein diszipliniertes Verfahren der freien Variation.

Die Zuverlässigkeit der Optik für das Bewußtsein, es mit von sich unabhängigen Realitäten zu tun zu haben, die sich gerade dann nach eigenen Gesetzen verhalten, wenn das Subjekt wiederum seiner Eigenwilligkeit freien Lauf läßt, gerät jedoch in Verdacht oder ins Ungewisse, sobald sie auf einen festen Standort fixiert und zu einer statischen Gegenständlichkeit ins Verhältnis gesetzt gedacht wird. Der Gesichtssinn liefert nur ein zweidimensionales Bild von dieser Gegenständlichkeit, der er nun nicht mehr hinter die Kulissen sehen kann, und kann sich der Verwechselbarkeit von bloßem Bild und reeller Urbildlichkeit nicht leicht erwehren. Doch gilt dies zunächst nur für den Fernraum, während im Nahraum, der durch die gleichzeitige Erreichbarkeit des Gegenstands für Auge und Hand definiert ist, die Korrelation von Gesichtssinn und Tastsinn möglich bleibt. Doch gibt es da eben jene Schwierigkeiten, die in theoretischer Hinsicht gerade die optimale Leistungsfähigkeit des Bewußtseins repräsentieren: Die optische Sinnesschicht des Körpers wird durch Hinzunahme der ihr ständig parallelen taktilen Schicht inhibiert, außer Kraft gesetzt, ausgeschaltet. Die Hand, die den vom Auge ausgemachten Befund an der Oberfläche des Körpers ausmachen und bestätigen will, kann dies nicht ohne den entscheidenden Nachteil, den identischen Teil dieser Oberfläche für das Auge zu verdecken und damit so etwas wie ein Loch in die Parallelität der Sinnesschichten zu stoßen. Das ist unvermeidlich, weil die taktile Leistung an einen undurchsichtigen Leib gebunden ist und dessen Oberfläche nicht um den Bruchteil eines Millimeters überschreiten kann (die Temperaturempfindung ausgenommen). Berührung ist Bedingung für die Funktion des Tastsinns.

Damit wird in demselben Augenblick, wo die Korrelation der Sinne erzeugt werden soll, die dazu erforderliche Gleichzeitigkeit unmöglich. Für alle theoretischen und praktischen Leistungen wird freilich diese Minderung bei weitem aufgewogen durch den intentionalen Kunstgriff des Bewußtseins, auch im aktuell nicht Wahrgenommenen die Kontinuität einer Sinnesschicht weiterlaufen zu lassen. Zwar verdeckt die Hand die Stelle, auf der eben noch der Blick geruht hatte, aber das Bewußtsein zögert nicht und braucht nicht zu zögern, an der Identität des taktil Vorgefundenen mit dem gerade noch optisch Erfaßten festzuhalten. Nur so kommt ein Resultat zustande, das die optische Identifikation der Sache durch taktile Prädikate anzureichern vermag, so daß dasselbe, was soeben als grüne Fläche ausgemacht worden war, nun unbedenklich die zusätzliche Bestimmung der Härte und Rauhigkeit sowie der konkaven Wölbung und einer unauffälligen Temperatur erhält. Aber gerade weil dies ein Kunstgriff des intentionalen Bewußtseins zur Vollstreckung seiner gegenständlichen Anspannung ist, bedeutet es für die Vergewisserung von der nackten Realität des Gegenstandes das genaue Gegenteil: Er ist für den einen Sinn verschwunden, wenn er für den anderen Sinn soll erreichbar werden können, und das setzt ihn aufs höchste in den Verdacht, ein bloßes Produkt der Suggestivfunktion oder Selbstaffektion dieser Sinne zu sein. Wir wissen besser, was die Sache ist, um uns zugleich der größeren Ungewißheit auszusetzen, ob sie überhaupt unabhängig von dem Zugriff unserer Wahrnehmung existiert.

Hier macht sich auf scheinbar unangenehme Weise eine sonst so wohltätige Eigenschaft des menschlichen Leibes bemerkbar: seine Undurchsichtigkeit. Stellt man sich für einen Augenblick einen durchsichtigen Leib für ein solches Subjekt vor, so wären auch seine taktil den Nahraum beherrschenden und sensorisch ausgezeichneten Hände durchsichtig, und es brauchte jene Ausschaltung der einen Sinnesschicht zugunsten der anderen nicht stattzufinden. Sie könnten in ihrer Korrelation unmittelbar agieren. Oder doch nicht? Vergessen wäre bei dieser Verbesserung des leiblichen Sensoriums, daß zum Zwecke der Korrelation die optische Feststellung der identischen Bezugsstelle auf der Oberfläche des gesichteten wie getasteten Körpers zwingend erforderlich ist. Da ist der Haken der Durchsichtigkeit. Was auch immer die Führung der Hand durch den Willen zu leisten vermochte, sie könnte dem Auge niemals die optische Evidenz bieten, die Tastempfindung genau von dem identischen Herkunftsort der optischen Empfindung zu beziehen. Zwar ließe sich durch systematische Operation der Hand sicherstellen, daß sie die dem Subjekt zugewandte Oberfläche des Körpers insgesamt abgetastet hätte, doch bliebe dabei unbestimmt, in welchem Moment die präzise Kongruenz von Optik und Haptik stattgefunden hätte. Hier wäre zwar wieder das gegenständliche Bewußtsein großzügig genug, die Kontinuität des übereinander Herlaufens der sensorischen Schichten zu intendieren und zu extrapolieren; doch wäre das Wirklichkeitsbewußtsein noch kleinlicher als in dem zuvor erörterten Fall der partiellen Ausschaltung der einen Schicht zugunsten der anderen, nur ein bruchloses Maximum an Korrelation für das von ihm geschichtlich gehegte Mißtrauen gelten zu lassen.

Wie aber steht es unter diesen Bedingungen mit der Verwechselbarkeit von Gesichtsbild und Bildwahrnehmung? Um es zugespitzt auszudrücken: Wir wüßten nicht, daß nicht alles Bild ist, hätten wir nicht einen an das undurchsichtige Tast- und Zeigeorgan der Hand gebundenen und von der Optik unabhängigen Sondersinn. Daß sich jedes optische Datum an einem bestimmten Ort im Raum – und nicht nur auf der planen Vorderseite eines Bildträgers – befindet, ist uns als ständig vollziehbare Sachlage bekannt aus der Grunderfahrung, daß auf Gesehenes die Hand gelegt werden kann. Sie stößt in die Tiefe des Raumes vor, vom Zeigen bis zum Berühren, und ist insofern die verleiblichte Intentionalität auf eines der wesentlichen Bestimmungsstücke jedes Körpers: seine Lage im Raum. Noch das durch seinen Leib an einen Ort fixiert gedachte Subjekt könnte die im Nahraum vollstreckbare Beziehung zwischen Zeigen und Berühren auf den Fernraum extrapolieren durch das bloße Zeigen als den intentionalen Ansatz zum nicht mehr vollstreckbaren Berühren. Aber das Schema, das wiederholbare Muster, die Einsicht in den intentionalen Zusammenhang könnten nur im Nahraum und nur mit der leibhaft-undurchsichtigen Hand gewonnen werden. Die Beschreibung dessen, was genetisch einmal erworben sein muß, gerät für die aktuelle Wahrnehmung in den Konjunktiv: Das Gesehene hat seine Stelle im Raum nicht vom Sehen her, sondern von dem diesem implikativen Bewußtsein, es könne eben dort, wo es ist, aber nur in der Richtung, in der es gesehen wird, in demselben Moment berührt werden – ungeachtet der ebenfalls sekundär implikativen Gewißheit, eben dadurch dem Blick partiell oder ganz entzogen zu werden. Die Sinne untereinander sind nicht nur kooperativ, sondern auch im Grenzfall antagonistisch; aber das Bewußtsein beherrscht die Technik, unter den jeweiligen Vordergründigkeiten hindurch den jeweils entmachteten Sinn zu ›vertreten‹, die Gegenständlichkeit gegen ihre oberflächliche Intermittenz zu behaupten.

Der Leib gibt etwas von seiner Undurchsichtigkeit her zur Markierung der Identität des optischen mit dem taktilen Objekt, und damit verleiht er ihm von der gewissesten Realität, die das Bewußtsein kennt, ein Leihquantum, eine projektive Partizipation des Körperhaften am Leibhaften.

Fast gleichzeitig mit Husserls »Ding«-Vorlesung, nämlich 1908, hatte Melchior Palágyi in seinen »Naturphilosophischen Vorlesungen über die Grundprobleme des Bewußtseins und des Lebens« die sensorische Funktion der Undurchsichtigkeit des Eigenleibs analysiert, mit der griffigen Kurzformel als Resultat: *Völlig durchsichtige Wesen können also keine Gesichtswahrnehmungen haben.* Da hatte also einer die freie Variation ein Stück weiter getrieben als deren Erfinder.

XVII

Das Pathos des Realismus und die symbolische Distanz

Der Widder, der für den zum Gottesopfer bestimmten Isaak einsprang, mag die befremden, die ihrem Gott zugetraut und zugemutet hätten, auf das Opfer des Abraham ganz zu verzichten und sich mit dem Akt des Gehorsams zufrieden zu geben. Dann wäre das Symbol nicht erfunden worden – zumindest nicht die größte seiner Leistungen zur Sichtbarkeit gekommen, die Schwere der Realität zu ersetzen. Die Großmut des Verzichts, die Reinheit des Garnichts, hätte nicht einmal eine Kultur der Gesinnungen bewirkt, die es noch nie gegeben hat. So wie Intentionen Emotionen brauchen, um sich durchzuhalten, so benötigen die Emotionen Symbole, um ihre Pausen, ihre unmögliche Ständigkeit, zu überbrükken.

Ebenso richtig ist, daß das Symbol selbst zum Rückfall in den Realismus tendiert. Dann werden die Tieropfer zu Hekatomben, die Wohlgefälligkeit in der Masse gesucht. Vergessen ist der Augenblick der angenommenen Substitution, die Erschaffung des symbolischen Äquivalents. Das gilt noch und wieder für das Theologumenon der unendlichen Genugtuung des Gottessohnes: sie ist geleistet, ihrer braucht nur noch gedacht zu werden – aber die wahre Geschichte dieser wunderbaren Substitution ist die der unendlichen Multiplikationen des Symbols, des kultischen Aktes der *Memoria*, der Meßliturgie.

Die Lebenskunst, sich im Symbolischen zu halten, ist immer auch die, Delegationen der eigenen Sache an die Zuständigkeit anderer ertragen zu können. Das realistische Rezidiv ist wohl unaufhaltsam, eine Versuchung, die sogar auf den sublimen Höhen der Philosophie auftritt: Husserls »Zu den Sachen!« war gewiß ebenso fällig wie gefährlich. Fällig am Ende des Jahrhunderts, das sich an den großen Systemen und ihren Relikten ausgenüchtert hatte; gefährlich als Versprechen eines unmittelbaren Umgangs mit den Realitäten selbst, ohne ihre Geschichte, ohne ihre Sprache, ohne ihren Begriff. Husserl selbst hat diesem Versprechen kein Jahrzehnt standgehalten und sich auf den Weg zu einer ungeheuerlichen transzendentalen Deduktion begeben. Auch er hatte seine Menschenopfer, wie jeder Realismus: die, die nicht mitgehen konnten und mochten, heraus aus dem verheißenen Paradies der Sachen selbst.

XVIII

Das Dilemma der reinen Subjektivität

Auf den Höhen der philosophischen Abstraktion gibt es, aus Bedürfnis nach anschaulichen Ordnungsformen, das Verlangen nach einem Muster, in dem sich Begriffe gruppieren. Am einfachsten in bloßer Paarigkeit, wie Subjekt und Objekt, Sein und Nichtsein, Existenz und Essenz, Materie und Form, die darin so sinnfällig sind wie Himmel und Hölle, Feuer und Wasser, Leben und Tod. Seltener, doch nicht weniger wirkungsvoll, sind die Ternare, wie sie folgenreich bei Kant in der Kategorientafel auftreten, nach deren Muster, die jeweils dritte Kategorie die Antithetik der beiden vorhergehenden vereinigen zu lassen, auch Hegel arbeitete.

Von ihm ungekannter Vorgänger Kants war Augustin, der in den Ternaren der Seele und ihrer Vermögen die wahre Erfüllung des biblischen Wortes fand, der Mensch sei nach Bild und Gleichnis Gottes geschaffen. Für den Theologen konnte dieses Wort nur bedeuten, daß sich im Menschen auch *vestigia trinitatis* fänden; etwa: *memoria, intellectus, voluntas.* Diese trinitarische Analogie war aber bei Augustin schon Rezeption des Musters begrifflicher Ordnung unter Platos Seelenteilen und Staatsetagen sowie bei den Neuplatonikern, zumal bei Plotin, die in ihren Hypostasen einen jeweils dreistufigen Ausgang der Welt von ihrem höchsten Prinzip darzustellen suchten. Auch die Gnostiker, sofern sie nicht strikt dualistisch verfuhren, haben dreiteilige Muster von Hypostasen abstrakter Begriffe aufgebaut.

Vermuten läßt sich, aber kaum je nachweisen, daß der Hauptzweck solcher Muster die Erzeugung der Evidenz von Vollständigkeit ist. Etwa für Augustin der Ausschluß der Frage, ob es nicht noch mehr Vermögen in der Seele geben könnte als die genannten. Mir geht es darum zu zeigen, daß solche Ordnungsmuster von Begriffen eine etwas mißtrauische Aufmerksamkeit verdienen, weil sie dazu beitragen, manchen Systemen oder systematischen Teilstücken den Anschein einer Rationalität zu geben, die diese nicht haben.

Die dualen Unterscheidungen von Subjekt und Objekt, *essentia* und *existentia* haben noch der modernen Philosophie Dienste geleistet, die auch solche der Unterwanderung kritischer Schwellen sein konnten. Etwa bei der ersten phänomenologischen Reduktion als der Bedingung der Wesensschau. Deren Prämisse lag ganz einfach in dem der scholastischen Tradition entnommenen Prinzip der *distinctio realis*: Dasein und Wesen verhielten sich derart zueinander, daß das eine vom anderen nicht nur in der *realen* Operation, die man nur als Zerstörung des Gegenstandes ansehen kann, sondern auch in der *methodischen* Operation getrennt werden könnten, die eben als phänomenologische Reduktion auftritt. Dabei wird vom Philosophen die Fähigkeit verlangt, einen Gegenstand unabhängig von dessen Existenz in einer Natur, in der Welt, in der Zeit, zu betrachten. Wesen ist immer, was bleibt, wenn Dasein von einer Sache abgezogen worden ist.

Hier soll nicht betrachtet werden, ob das schwierig oder leicht ist; behauptet werden soll aber, daß es als zu leicht gedacht und gefordert worden war, *weil* es dieses schlichte Muster der begrifflichen Dualität von *existentia* und *essentia* gegeben hatte. Nicht nur die Trennung erschien einfach, sondern auch der Verlust durch den Abzug des Moments *existentia* gering. Alles, was Sinn und Wert zu haben schien, sollte auf der Seite der *essentia* und ihrer weiteren Bestimmbarkeit liegen. Daß dies die Begünstigung einer methodischen Illusion war – unabhängig von der Frage nach der sachlichen Richtigkeit der Voraussetzungen –, ist durch die Geschichte der Schwierigkeiten Husserls mit seiner Reduktion und ihren mehrfachen Veränderungen belegt.

Jedenfalls war die *essentia* das allein mit Wert besetzte Zielobjekt der Phänomenologie, und die *existentia* eher so etwas wie eine lästige Behinderung der philosophischen Operation oder auch eine Art Verunreinigung des Wesens, das zu erschauen war. So daß man überspitzt sagen könnte, der Phänomenologe fühle sich belästigt durch die Tatsache, daß es eine Welt als alles, was der Fall ist, gibt und er dadurch daran gehindert wird, seine Wesenheiten sogleich rein vor sich zu haben. Dennoch wird die Welt, als der Horizont aller Horizonte, eines der zentralen Themen der Phänomenologie sein.

Allerdings bleibt auch für dieses Thema das Faktum *der* Welt eher die empirische Versuchung als der zureichende Leitfaden zur Frage, was denn *eine* Welt ihrem Wesen nach sei. Die wirkliche Welt entschuldigt den Phänomenologen für die Fehler, die er bei der Reduktion macht, auch nur wenig, wie sich zeigen wird. Daß sie ihm Ausgangspunkte für die Methodik der freien Variation liefern könnte, wird als der unvermeidliche Weg der Phänomenologie leicht übersehen, weil der Freizügigkeit der Phantasie mehr zugetraut wird, als sie erkennbar leistet.

Den Vorgang der Wesensschau hat, wie ich meine, Schopenhauer dargestellt, wenn er annimmt, man könne sich angesichts eines faktischen physischen Gegenstandes in dessen reine Natur ›hineinsehen‹. Man würde vor dem in der Landschaft stehenden Baum einer bestimmten botanischen Spezies innehalten und ihn so betrachten, als fielen seine Zufälligkeiten von ihm ab, die seiner Existenz eingeschlossen; und in der Intensität der Anschauung stände schließlich das Wesen des Baumes und dieser Spezies in einem unbestimmten Horizont vor dem Betrachter. Dies wäre ein Augenblick gegenseitiger Loslösung von Objekt und Subjekt aus dem Zusammenhang ihrer faktischen Bedingtheiten, des Baumes aus Landschaft und Natur, des Betrachters aus der Kontingenz seiner Geschichte und Individualität.

Gedachter Übertritt von der Erfahrung in die reine Anschauung bietet bei Schopenhauer zugleich eine Paratheorie für den Fall, daß dem Subjekt der Nachweis seiner Fähigkeit dazu mißlingt. Das Subjekt war nicht rein genug. Es hatte zu viel von der Mitgift seiner Herkunft aus dem Willen, als daß sich ihm der Zugang zur ruhenden Anschauung hätte öffnen können. Man wird in dieser Theorie die Erweiterung von Kants Kritik der ästhetischen Urteilskraft nicht verkennen, die das, was man später das ›ästhetische Erlebnis‹, neuerdings die ›ästhetische Erfahrung‹ nannte, der Einstellung eines interesselosen Wohlgefallens am Gegenstand zugeschrieben hatte. Für Schopenhauer entfernt sich das Subjekt in dieser Einstellung am weitesten von seiner natürlichen Herkunft, von seiner Verwickelung in die Dienste der physischen Selbsterhaltung. Die phänomenologische Reduktion steht insofern in dieser Linie, als sie, unbekümmert um Herkunft und Funktion, den Verbund des Subjekts mit der Welt in einem einzigen Kraftakt durchzutrennen sich zutraut. An Interesselosigkeit ist allerdings vorwiegend auf dem Umweg über die positiven Wissenschaften und deren Naturbegriff gedacht, die als Funktionen der Selbsterhaltung anzusehen durch die Höhenlage aus dem Blick geraten war, auf die der Neukantianismus die exakte Naturwissenschaft versetzt hatte. An dieser auch bei Husserl vorwiegenden Orientierung liegt es, daß er der Reduktion müheloses Gelingen zutraut.

Allgemeiner gefaßt, ist das Subjekt von Natur aus ›interessiert‹ an dem, was es seiner Aufmerksamkeit überhaupt würdigt, mögen die Implikationen und Motive niederer oder höherer Art sein: vom nackten Habenwollen bis zum prestigeträchtigen Gesehenhabenwollen. Der kulturell zu schönsten Passionen freigesetzte Sammlertrieb ist vielleicht ein Hauptmotor für das, was in Wissenschaften geschieht, auch und gerade wenn diese jeden Zusammenhang mit dem Generalinteresse der Selbsterhaltung verloren haben. Der Genuß des Subjekts an sich selbst, an seinem Gelingen, an seiner Findigkeit, auch nur an dem sich ihm bekundenden Glück, ist die Gegenrichtung zu jenem interesselosen Wohlgefallen, das immer eins am Gegenstand sein sollte, nicht an Stellung und Distanz des Subjekts zu ihm. Das wird für die Theorie der ästhetischen Rezeption nicht durchzuhalten sein, weil es Idealisierung und Überforderung des Subjekts ist. Für das Subjekt der phänomenologischen Reduktion gibt das Mißlingen ästhetischer Subjektbildung vielleicht Aufschlüsse, aber keine zureichende Erklärung – und schon gar keine, die Husserl der ernstlichen Beachtung für wert gehalten hätte.

Ein Zug an der ästhetischen Einstellung ist prototypisch für die mögliche Reinheit der Anschauung überhaupt. Auch in ihr steckt etwas von der Gleichgültigkeit daran, ob das Objekt überhaupt existiert. Sie könnte sich etwa in dieser Weise beschreiben lassen: Das Kunstwerk wäre genauso schön und genießenswert, wenn man es sich nur in der Phantasie vorzustellen brauchte, was man freilich auch können müßte, wozu wiederum man leider und zufällig nicht imstande ist. Das ästhetische Gebilde bekommt eine bloße Hilfsfunktion. Einer hat es gemacht, der es gerade besser konnte, als einem anderen je eingefallen wäre. Aber das ließe sich in einer gedachten Welt anders denken. Es enthält nichts von Wesensmäßigkeit. Diese elementare Gleichgültigkeit gegen die Existenz des Objekts liegt der phänomenologischen Reduktion zugrunde. Ihrer biographischen Typik nach gehört sie in die Berufswelt des Mathematikers, dem die Existenz seiner Gegenstände selbst dann gleichgültig ist, wenn er in irgendeiner Bedeutung von ihr spricht.

An den Mustern paariger Verhältnisse, wie Sein und Nichtsein, Stoff und Form, Wesen und Dasein, Subjekt und Objekt, lassen sich Reinheitsforderungen gut ansetzen. Stoff ist rein als das Unförmige, und umgekehrt. Als reines Sein konnte Gott nicht gedacht werden, solange es nicht gelungen war, das Nichts, aus welchem er die Welt geschaffen haben sollte, nicht nach Demiurgenart als so etwas wie ein wüstes Material von äußerster Unbestimmtheit zu denken, sondern seine unvorstellbare Nichtigkeit zu beschwören, der das bloße Wort entgegengetreten war. So ist ein großer Teil der theologischen Anstrengungen Augustins darauf gerichtet, das *Nihil* in der *creatio ex nihilo* immer erneut zu reinigen; dabei würde sich ganz von selbst die absolute Reinheit des göttlichen Seins im Schöpfungsakt herausstellen. Die Schematik ist immer noch dieselbe, wenn es um Subjekt und Objekt in der neuzeitlichen Reinigung des Gegebenen von seinen subjektiven Zutaten geht. Denn diese sind so etwas wie Belege für die Unfähigkeit des Subjekts, nur Subjekt zu sein oder es sein zu wollen, indem es die Gegenstände in seine Projektionen hereinzieht, sie mit den ›Qualitäten‹ belegt, deren Unterscheidung in primäre und sekundäre sehr bald nur wenig noch ausmacht. Die Gestalttheorie der Wahrnehmung ist da ein Endpunkt. Sobald aber nichts Subjektives mehr am Gegenstand ist, kann seine Gegenständlichkeit selbst und ganz der Subjektivität zugeschrieben werden.

Es ist immer noch dasselbe Grundmuster, wenn das Ich des Phänomenologen, als ein Weltstück, die reine Wesensschau derart stört, daß sich die Aufmerksamkeit von der Sphäre seiner anfänglich für ergiebig gehaltenen Gegenstände alsbald abwendet, um zunächst das Subjekt der Welt zu entreißen und dadurch als Störquelle der reinen Anschauung aufzuheben. Der Kunstgriff ist, es selbst in der Reduktion als Wesenheit zu betrachten. So läßt sich statt des *mundanen* Ego ein *reines* Ego mit der diesem zugehörigen reinen Egologie gewinnen. Dabei wird die Phänomenologie idealer Objekte zu ihrer Selbstrettung schließlich Phänomenologie des reinen Subjekts in seiner Unweltlichkeit, wenn nicht Außerweltlichkeit. War der Ausgangspunkt des Prozesses gewesen, daß das Subjekt die neuartigen Objekte ihrer möglichen Reinheit nach nicht rein genug aufnehmen konnte, so repräsentiert der Phänomenologe schließlich das absolute Subjekt, das er sein muß, um das endlich reine Subjekt zu dem zu machen, was man Objekt zu nennen kaum noch wagen kann. Die Reinigung erfordert Hintergründe, iterative Positionen der Selbstzuschauerschaft. Reflexion wäre ein zu schwächliches Wort. Reduplikation mag es genauer treffen: Das reine Subjekt erschafft sich den ihm adäquaten Zuschauer *(theōros)*.

Die transzendentale Wendung der Phänomenologie, ein knappes Jahrzehnt nach ihrer Begründung abgeschlossen und zum Programm erhoben, erweist sich als Produkt der Erfahrung des Phänomenologen mit der Phänomenologie. Es hatte ein Umweg gemacht werden müssen, und wie es bei Umwegen zu gehen pflegt: Man konnte darin steckenbleiben.

Nun hat die Phänomenologie nicht zum ersten Mal in der Geschichte der Philosophie so etwas wie ein idealisiertes Subjekt einführen und herstellen wollen. Im Grunde lag in der ganzen Geschichte der neuzeitlichen Wissenschaft: die Subjekte waren nicht zureichend für die Aufgabe, die sie sich gestellt hatten oder die sie sich gestellt sahen. Dies nicht nur wegen der subjektiven Momente in der Erfahrung; mehr noch wegen der Individualität der an der *einen* theoretischen Aufgabe der Wissenschaft beteiligten *vielen* Subjekte. Deren Bedingtheiten nach Raum und Zeit auszuschalten, mußte in einem mühsamen Prozeß erlernt werden, bei dem es nicht nur darauf ankam, die Differenzen der Positionen schlichtweg zu eliminieren, sondern sie nach dem Vorbild der Astronomie und ihrer parallaktischen Erscheinungen zu nutzen.

Was nur möglich war, wenn man das Maß der Differenzen unter Kontrolle brachte, die Folgen aus den Differenzen abzuleiten und in die Resultate einzubeziehen vermochte. Dieser Doppelvorgang, Reinigung der Subjekte und Vereinigung der gereinigten Subjekte zum Subjektverbund, wiederholt sich vollkommen adäquat in der Geschichte der Phänomenologie zwischen der phänomenologischen Reduktion und der Einführung des Themas der Intersubjektivität, schließlich der absoluten Subjektivität als transzendentaler Intersubjektivität. Erst wenn dies geschehen war, zeigte sich die Welt wieder, und zwar nun als Notwendigkeit. Sie war nicht mehr kontingentes und damit störendes Faktum, wie es der Reduktion hatte verfallen müssen.

Der Phänomenologe wird so etwas wie der Funktionär der transzendentalen Subjektivität. Er wird ihr mundaner Repräsentant, ohne den sie nicht sein könnte, was zu sein in ihrem Wesen liegt. Um dieser Funktion zu genügen, muß er das gereinigte Subjekt *sein*, welches die Bedingung für den Zugang zu seinen reinen Objekten ist. Reinheit steht gegen Reinheit, die eine bedingt die andere. Nun mag es schwierig und methodisch kompliziert sein, durch die Schule der Phänomenologie zu gehen und diesen ausgezeichneten Zustand zu erreichen, auf den sie angewiesen ist und durch den sie den Funktionär der absoluten Subjektivität auszeichnet. Das soll hier ganz auf sich beruhen bleiben. Um einen anderen Aspekt zu betrachten, der wiederum große Ähnlichkeit hat mit den Folgerungen, die aus einer Ästhetik des interesselosen Wohlgefallens gezogen werden müssen: Wie kommt es, daß ein solches reines Subjekt *überhaupt noch etwas* tut?

Wo liegen die Motive, wenn diese nicht die Motive seines Interesses an der Sache sein dürfen, damit es ästhetisch sie genießen, theoretisch sie als reiner Phänomenologe betrachten kann? Woher stammt die Bewegung, die dieser Prozeß doch haben muß? Der Laplacesche Dämon wird als einer vorgestellt, der alle Fragen über die Welt und ihre Zustände zu jedem Zeitpunkt beantworten könnte; aber daß er sie sich je selbst stellte, läßt sich von ihm schlechthin nicht behaupten. Im Gegenteil: Er ist ein Alleswisser nach Bedarf, der diesen Bedarf selbst nicht haben kann, weil ihm alle Zeitpunkte, auf die sich sein Wissen notwendig bezieht, gleichwertig sind.

Am einfachsten lassen sich solche Sachverhalte in der Sprache der Theologie darstellen. Gott ist allmächtig, allwissend und völlig unbedürftig aller ihm äußeren Gegenstände. Bedeutet nun, daß er allwissend ist, daß er *überhaupt etwas* wissen will? Muß nicht sein Zustand der Unbedürftigkeit so aufgefaßt werden, daß er keinerlei Interesse an irgend etwas hat, was er nicht selbst ist? Und alles darf er doch nicht *sein*, sonst wäre alles er, unzulässigerweise. Blickt man von hier aus auf die ästhetische Einstellung, so sieht man sofort, daß deren Interesselosigkeit nicht die am eigenen Genuß aus ihrer Gegenstandsbeziehung selbst sein kann. Wie ist es aber dann mit jenem Betrachter, der schließlich die reine Wesensgestalt des Baumes vor sich hätte, sofern er nicht auch ästhetischen Genuß aus diesem Gegenstand ziehen kann? Ich fürchte, daß die Antwort auf diese Frage nach der Interesselosigkeit des Theoretikers nur durch Schaffung einer Analogie zur ästhetischen Einstellung beantwortet werden kann, wie sie so schon in der Antike beantwortet worden ist: die Theorie ist Bedingung der *Eudaimonie*.

Dann jedoch ist die reine Einstellung zum Gegenstand Bedingung für den Zustand des Subjekts, der als seine Erfüllung – oder wie immer man die Wohltat des Dämons übersetzen will – zu bestimmen ist. Glück insofern, als es das Subjekt ganz als es selbst wäre, in der sicheren Distanz zu gerade den Objekten, die ihm dies gewähren, wenn sie am weitesten von ihm entfernt sind, wie die Sterne. Sicherheit der Distanz heißt dabei nicht nur und nicht einmal primär, unerreichbar für sie zu sein, sondern sie in keinem Sinne ›haben‹ zu können und schon deshalb die Theorie von diesem Einschlag schnöden Interesses freizuhalten.

Das Interesse freilich, ganz man selbst zu sein, ist so etwas wie ein Vorbehalt gegenüber dem Gegenstand, weil es ihm Bedingungen stellt: hinsichtlich seiner Qualität, seiner Dignität, seiner willkürfreien Zurückhaltung. Was an der Antike am leichtesten auszumachen ist, kehrt überall dort wieder, wo der Theoretiker glaubt, seinem Gegenstand Wertbedingungen stellen zu dürfen. Insofern Wertungen Zutaten zum Gegenstand sind, die diesen in die Projektionen des Subjekts einbeziehen, gleichen sie den sekundären Sinnesqualitäten und widersprechen dem Ideal der neuzeitlichen Wissenschaftlichkeit. Je geringer die Störungen aus dem Zentrum der rohen Lebensinteressen sind oder gehalten werden können, um so leichter schieben sich Werturteile vor, die Sublimierungen des Lebensbezuges sind. So ist, ›Humanisierung‹ zum Kriterium von Erkenntniswürdigkeit zu erheben, ein rhetorisches Prachtstück für alle, die dafür oder davon leben, zwischen Wertem und Unwertem Schiedssprüche zu fällen.

Unter allen Versuchen, die Götter und dann den Gott als Steigerung der Fähigkeiten und Qualitäten des Menschen darzustellen, ist das Attribut der ›vollkommenen Glückseligkeit‹ das merkwürdigste, weil es mit einer der ältesten Auszeichnungen der Götter, ihrer Unbedürftigkeit und Selbstgenügsamkeit, kaum vereinbar erscheint. Da erfüllen sich eben keine Wünsche, werden keine Sehnsüchte gestillt, weil es diese wie jene nicht gab. Wie aber versteht sich dann noch, was das Glück der Götter sein könnte? Was ein Gott ist, ist als Gegentypus menschlicher Bedürftigkeit erdacht: einer, der alles haben kann, was er will, von dem man sich aber nicht vorstellen kann, daß er etwas wollen könnte. Eben darin liegt das Problem: Weshalb sollte einer etwas wollen, der alles kann, nur um zu haben, dessen er nicht bedarf? Das Dilemma der Reinheit zeichnet sich am Präparat ab.

Das reine Subjekt wäre das absolut uninteressierte Subjekt; es wäre ganz von sich selbst ausgefüllt und befriedigt, keines Zugewinns fähig, ja nicht einmal diesen zu wollen und dem zuvor zu erfassen imstande. Die theologischen Attribute haben ihr hohes Ansehen immer nur in bezug auf die Erwartungen und Vertrauensbedürfnisse des Menschen gewonnen, dabei diesen und seine Bedürftigkeit als schon gegebene Selbstverständlichkeit eingeschlossen. Der Allwissende kann und wird der gerechte Richter sein, weil er in die Herzen sieht. Aber was ist er ohne den Blick in die Herzen? Allwissend ist er nur im Hinblick auf irreale und hypothetische Situationen, in denen von irgendwoher irgendjemand käme und Fragen stellte. Wie es mit jenem physikalischen Weltgeist wäre, der bei Erfüllung einer einzigen Bedingung – Eingabe des Gesamtzustandes der Welt zu einem beliebigen Zeitpunkt – auf die Weltzustände zu jedem anderen beliebigen Zeitpunkt befragt werden könnte – den aber niemand danach fragt, weil die Fiktion des Laplace nicht geregelt hat, *wie* ihm Fragen gestellt werden könnten. Man hatte ihn gar nicht wirklich nötig, weil man eben dies vielmehr der menschlichen Erkenntnis bei Annäherung an ihre eigene Vollkommenheit einigermaßen zutraute. Dieser Dämon ist kein Gegentyp, er ist eine Extrapolation. Er nimmt etwas vorweg, ohne es sich vorzubehalten.

Es darf also gefragt werden: Woher kommen die Fragen? Eine der möglichen Antworten: Die Fragen kommen von den Antworten her, die nicht befriedigt haben. Das wäre bei einem allwissenden Subjekt unmöglich, das prompt jede Frage mit letzter Vollständigkeit und Präzision und damit Endgültigkeit beantworten würde. Von ihm ginge man weg mit der Absicht, nicht wiederzukommen. Auf die Antworten, die der Mensch sich selbst gibt, muß er wegen deren Unvollkommenheit immer wieder zurückkommen: die Theorie hält sich selbst in Bewegung, weil sie nicht erträgt, nur das erreicht zu haben, was sie jeweils erreicht hat, und es nur behelfsmäßig bewahren zu können, wie im Fall von Anschauung als Basis des Begriffs.

Einer der wichtigsten Texte zu dieser Fragestellung steht unter dem ganz unzutreffenden Titel in Nietzsches »Menschliches, Allzumenschliches«: *Schauspielerei und Ehrlichkeit der Ungläubigen.*[93] Es geht um die Wirkungsschwäche der Wissenschaft im Vergleich zur Religion. Er veranschaulicht die Differenz, was das ›Weltbuch‹ der Bibel an Eindruck schafft, wenn man daneben die Wirkung eines rein wissenschaftlichen Buches hält. Keine Religion könne mehr Entsagung verlangen, als die Wissenschaft von denen, die sich dem Verzicht auf Wirkung hingegeben haben.

In der Metaphorik der biblischen Selbsterniedrigung und Passion des Gottessohnes – aber ohne Analogie zu dessen Triumph über den Tod – heißt es von der weltlichen Armut des wissenschaftlichen Werks: *Ist es nicht verurtheilt, niedrig und unter Niedrigen zu leben, um endlich gekreuzigt zu werden und nie wieder aufzuerstehen?* Doch die Leichtfertigkeit der Metapher dient selbst dazu, die Vordergründigkeit dessen zu ironisieren, was da vorgegeben wird. Denn die Askese des theoretischen Subjekts, sein Verzicht auf Wirkung, ist noch nicht die letzte Linie seiner Rückzüge und Reinigungen. Was sich für den Phänomenologen von selbst versteht, der die Reduktion in einem radikaleren Sinne betreibt als dem des Verzichtes auf Wirkung, muß von Nietzsche als Kritik an dem Bild vorgetragen werden, das sich die Wissenschaft als Nachfolgerin der Theologie von sich selbst geschaffen hat: *Weg also mit der Kapuze der Entsagung! der Miene der Demuth!* Wenn die Theorie den Genuß an der

93 Nietzsche, Menschliches, Allzumenschliches, II 98.

Welt, den die Antike noch zugelassen hatte, ausschließt, läßt sie doch den Genuß an sich selbst zu; und dies am reinsten dort, wo die Reflexion das Muster für den Selbstgenuß vorgibt. Der Verzicht auf die Welt ist nur der Umweg zu einer neuen Form von Weltlust. Nur daß sie nicht mehr unter den Bedingungen der Welt zu stehen genötigt sein will: *Wenn die Wissenschaft nicht an die Lust der Erkenntnis, an den Nutzen des Erkannten geknüpft wäre, was läge uns an der Wissenschaft?*[94]

Das reine Subjekt ist zwar das idealisierte Bewußtsein theoretischer Gegenständlichkeit; zugleich aber ist es das gegenüber der Theorie derart gleichgültige Bewußtsein, daß es paradoxerweise zum theoretischen zu werden verweigern müßte – weshalb sollte es? Sobald das Subjekt die Bedingung erfüllt, die auch Husserls späte Spekulationen ihm zugedacht haben, Funktionär der absoluten Subjektivität zu sein, verfällt es mangels jeder Attraktivität dieser Rolle in eine selbstgenügsame Trägheit, die es seiner Funktion wieder entziehen müßte. Das Paradox der phänomenologischen Reduktion ist der Verlust ihres Antriebs zugleich mit dem Erfolg ihres Verfahrens. Man könnte sagen, daß deshalb die Reduktion nicht erfolgreich sein *durfte.* Wie man auch sagen kann, daß die immanente Konsequenz der Phänomenologie nur darin liegen konnte, den Weltverlust der Reduktion aufzuholen und wettzumachen durch ihre Theorie der Weltkonstitution aus der Intersubjektivität. Auch die Thematik der Lebenswelt gehört in diesen Zusammenhang; sie legitimiert den die ursprüngliche Askese der Wissenschaft umkehrenden Verzicht auf Ausschließlichkeit der Theorie, und dies nicht nur unter inhaltlicher Rücksicht.

Es muß eine vorwissenschaftliche und außerwissenschaftliche Welt geben, wenn es eine wissenschaftliche soll geben

94 Nietzsche, Gesammelte Werke (Musarion-Ausgabe) IX 53.

können. Nietzsche hat das auf die These von einer Spaltung des theoretischen Menschen gebracht: *Wenn wir nicht in irgend einem Maße unwissenschaftliche Menschen geblieben wären, was könnte uns auch nur an der Wissenschaft liegen!* Um es nochmals auf die Sprache theologischer Prädikate zu projizieren, ist es die Überraschung bei der Analyse der Eigenschaften eines Gottes, daß sie in ihrem Ensemble diesen von der ihm metaphysisch zugefallenen Rolle der höchsten Verwirklichung theoretischer Seligkeit abwendig machen müssen. Die Götter haben sie von Natur und in der Abgewandtheit ihres intermundanen Aufenthalts nicht; die Menschen bedürfen dazu paradoxerweise einer umfänglichen Theorie, deren einziges Resultat in dem von Epikur vorgeblich bewiesenen *Nihil ad nos* steckt, in einem philosophisch hergestellten und eingeübten Nichtvorhandensein der Welt. Auch das harmlos zuredende *Nihil ad nos* ist Vorläufer der Reduktion.

Nietzsche kennt das durch Epikur, der freilich nur daran gedacht hatte, daß die Götter in den Zwischenräumen der Welten von dem einen Weltübel der Sorge nicht frei sein könnten, wenn sie überhaupt Kenntnis von den Dingen der Welten bekämen. ›Welt‹ war in einer die Antike widerrufenden Weise zum Inbegriff der Störungen von ›Glück‹ geworden. Auch eine innerweltliche Philosophie konnte den Menschen nichts Besseres anbieten als den Vorschlag, sich alles nichts angehen zu lassen. So wurde der Weise zum Platzhalter der außerweltlichen Götter in der Welt; seine Weisheit der Prototyp des reinen Subjekts. Die vorbildlichen göttlichen wie die nachbildlichen menschlichen Subjekte haben keine Objekte.

Diese Lösung gilt Husserl als das solipsistische Verhängnis, das er noch in seiner späten Befassung mit dem Absoluten von diesem fernhalten muß, indem er es als absolute Intersubjektivität weltfähig macht. Diese Lösung leistet aber nur, was sie leisten soll, wenn sie die Weltindifferenz des reinen Subjekts der Reduktion wieder aus der Welt schaffen kann. Wiederum Nietzsche hat das Dilemma der reinen Subjektivität auf den einzigen Satz gebracht: *Alles in Allem genommen und rund glatt und voll ausgesprochen: für ein rein erkennendes Wesen wäre die Erkenntnis gleichgültig.*[95] Kein wichtigerer Satz ist von Nietzsche geschrieben worden. Wohlgemerkt, hier kommt es nicht darauf an, *welche* Erkenntnis und von welcher Qualität, sondern *ob überhaupt* eine.

Es wäre jedoch völlig falsch, das Äquivalent dieses Satzes in der Behauptung oder Forderung der *praktischen* Einbettung der Theorie zu sehen. Alles läuft auf einen Hedonismus der Theorie selbst zu, wobei man sich die Teilnehmer am geschichtslang diffamierten ›Hedonismus‹ nicht als einen Club von Lüstlingen vorzustellen hat. Was auch immer er an Erfüllung und Befriedigung empfinden mag, das Befinden des Theoretikers ist der Sinn der Theorie. Nicht die Beglückung der Welt, sondern die seiner selbst, ist der Anspruch, den er mit der Entsagung erwirbt und vertritt, die Preis der theoretischen Einstellung ist. Man kann die Welt nicht zugleich genießen und betrachten; aber man kann den Genuß ihrer Betrachtung gewinnen. Diese Differenz und dieser Zusammenhang lassen sich geschichtlich als der Kompromiß verstehen, den die Neuzeit aus Antike und Mittelalter gezogen hat.

Das ergibt einen neuen Aspekt auf die Anfänge der Phänomenologie. Die phänomenologische Reduktion enthält, vermittelt durch Brentanos Einfluß, einen Zuschuß an Mittelalter: den der reellen Unterscheidbarkeit von *existentia* und *essentia*. Sie findet diesen Verbund unter dem Titel der Kontingenz vor und sich durch diese motiviert, ihn aufzulösen.

95 Nietzsche, Gesammelte Werke (Musarion-Ausgabe) IX 54.

Reduktion heißt, das *Dasein* preiszugeben, um das *Wesen* zu behalten. Dabei entgeht der Phänomenologie anfänglich, daß das *Objekt* der reinen Anschauung kein ihm adäquates *Subjekt* hat. Dieses war, fast unbemerkt, ein Stück eben der faktischen Welt geblieben, obwohl deren Existenz durch die Reduktion aufgehoben worden war: das Residuum der Weltvernichtung – aber als deren ›Rest‹ eben ein unreines. Anders ausgedrückt: Subjekt und Objekt gehörten zu verschiedenen ›Welten‹, konnten zueinander nicht kommen.

Folgerung daraus mußte sein, das Subjekt sich nach derselben Methode behandeln zu lassen wie zuvor seine Objekte. Es muß sich in reiner Wesensschau gegeben werden. Dabei wird zunächst das konkrete individuelle Subjekt zum Betrachter seiner selbst als des nicht mehr konkreten, des wesenhaften und reinen Subjekts, als des Inbegriffs seiner Akte, zumal der reflexiven. Dabei muß sich, absehbar, sehr schnell das Dilemma des ›adäquaten‹ Subjekts wiederholen: Kann das konkret-mundane Subjekt das wesenhaft-reine erfassen oder bedarf dieses seinerseits einer selbst nicht mehr reflexiven, obwohl nur in Reflexion erschließbaren Instanz? Zunächst kommt es darauf an, daß das reine Subjekt Thema der Phänomenologie blieb, bis diese imstande sein würde, die Welt nicht als etwas selbst Gegenständliches zu bestimmen, sondern ihr die ›Existenz‹ zurückzugeben und als etwas ihr Wesentliches, in Folgerichtigkeit der Kontingenz Entzogenes, anschaulich zu begründen. Das zielte letztlich darauf hin, die absolute Subjektivität als weltkonstitutive Intersubjektivität zu thematisieren. Dies am Anfang nicht gewußt zu haben, als es um die primäre Reduktion ging, ist zwar der Mangel der frühen Phänomenologie, aber auch und im selben Zug das zentrale Stück der Wesensbelehrung, die ihr im Blick auf ihren Prozeß als Disziplin zuteil wurde.

Wenn das Subjekt nicht unberührt bleiben kann von der Veränderung, die es durch die Reduktion an seinen Objekten vornimmt, so daß es schließlich selbst der Reduktion bedarf, um die Ungleichheit der Welten, in denen Subjekt und Objekt sind, auszugleichen, tendiert es auf eine Selbstreinigung von der Welt, die das wichtigste Merkmal seiner Zugehörigkeit zu ihr aufhebt: sein Weltdasein als eines unter anderen, in Mannigfaltigkeit, als Individualität. Nicht einmal in seinen langwierigen Anstrengungen, zu einer Theorie von Fremdwahrnehmung und Intersubjektivität zu kommen, gelang es Husserl, diesen Verlust wieder einzubringen; vor allem deshalb nicht, weil seine Theorie der Fremdwahrnehmung durch Appräsentation ganz auf die spezifische Gleichheit des Fremdleibs mit dem Eigenleib gestützt ist.

Nicht zufällig verliert die Fremderfahrung in demselben Maße, wie sie an deskriptiver Evidenz ihrer *Möglichkeit* durch Appräsentation gewinnt, an Lebenswichtigkeit und Daseinsertrag ihrer *Verwirklichung.* Es ist nicht zu sehen, weshalb man sich dessen gewiß sein sollte, daß auch der Andere ein Ich ist. Die Funktion der Fremdwahrnehmung für die Intersubjektivität stellt sie zwar in den Dienst der Rückgewinnung jener existenten Welt, die am Anfang der Reduktion zum Opfer gefallen war, wertet aber damit die Individualität des Subjekts nur als *Differenz seiner Positionen in Raum und Zeit* auf: Zwar ist der Andere ein anderes Ich, aber doch nur als Wiederholung meiner theoretischen Möglichkeiten unter anderen Weltbedingungen, die ich nur faktisch für meine Erfahrung nicht selbst realisieren kann, weil ich eben schon die meinigen realisiert habe. Bei der Intersubjektivität kommt es darauf an, daß die Posten besetzt sind. Es ist nicht erheblich, durch wen. Fiktive Austauschbarkeit der Subjekte ist sogar das Kontrollprinzip der Intersubjektivität, auch wenn Husserl sich zu dieser ›freien Variation‹ nicht verstiegen hat. Bei dieser Nivellierung der Subjektivität werden die beiden Hauptklagen des Menschen über seine Weltlage um ihren Ernst gebracht, die auf die Formeln verkürzbar sind: Warum *gerade* ich? Und: Warum nicht *auch* ich? Sie drücken die Empfindlichkeit für das aus, was sonst nur Feststellung über den Sachverhalt ist, daß jeder nur *einer* sein kann.

Nun ist naheliegend, daß die Gleichgültigkeit der Subjekte für ihre Funktion nichts anderes als die Gleichgültigkeit der Funktion für ihre Subjekte impliziert. Das Paradox der Selbstreinigungen des Subjekts besteht darin, daß die *Purifikation* im umgekehrten Verhältnis zum Grad der *Motivation* steht. Oder anders: Je besser das Subjekt zur Theorie motiviert ist, um so weniger ist es zu ihr disponiert. Erkenntnis ist also nicht das Selbstverständliche der reinen Rationalität.

Die Schwäche der Phänomenologie ist, daß sie die von ihr hergestellte Gleichgültigkeit des reinen Subjekts zur theoretischen Einstellung wieder aufheben und die durch Reduktion eingetretenen Verluste restituieren muß. Wie groß diese Verlegenheit noch am Ende des Denkweges Edmund Husserls war, ersieht man leicht aus seinem Versuch in der »Krisis«-Abhandlung, für den Ursprung der theoretischen Einstellung am Anfang der europäischen Geschichte einen sonst der Phänomenologie fremden Faktor einzuführen: den Willen. Der Gründungsakt ist ein Willensakt, und man wird nicht fehlgehen in der Annahme, daß auch die Rückverwandlung der Gleichgültigkeit des reinen Subjekts in ein ›interessiertes‹ Subjekt nur auf dezisionistische Weise möglich gewesen wäre – hätte Husserl nicht den Umweg einer transzendentalen Deduktion des theoretischen Interesses als des einzigen und absoluten Seinsgrundes der Mannigfaltigkeit der Subjekte beschritten. Der Weltbedarf des Absoluten, das zu allerletzt dem Unheil des Solipsismus verfallen dürfte, erfordert zur Objektivität entschlossene Agenten.

Man wird sagen müssen, daß auch dies ein Umweg zur Vermeidung eines einzigen Schrittes gewesen ist, den zu tun Husserl über alles Maß fürchtete und verabscheute: den

Schritt auf anthropologisches Gelände. Diesen Schritt hat Heidegger getan, und man sollte sich durch sein Verdikt über diejenigen, die »Sein und Zeit« als Ertrag einer anthropologischen Fragestellung und nicht der letztlich fruchtlosen Gewalttat der Frage nach dem Sinn von Sein lesen, nicht beeindrucken lassen – es genügt zu wissen, daß er so nicht gelesen sein wollte. Das theoretische Subjekt ist in dieser Anthropologie des alltäglichen Daseins ein defizientes Subjekt; aber doch und gerade darin eines der Verständlichkeit nach der Herkunft der theoretischen Einstellung aus der Grundstruktur der Sorge. Sie ist das leicht theologisch verformte Äquivalent der Selbsterhaltung und ihrer Rationalität, und sie macht Theorie begreiflich als ein autonomisiertes Derivat von genuinen Situationen der Selbsterhaltung sowie ihrer Fortschreibung. Verliert die Theorie dadurch an absolutem Rang? Unvermeidlich, denn sie hört auf, die Auszeichnung eines Gottes sein zu können. Stattdessen wird sie einer der Auswege aus der Daseinsverlegenheit eines ›unreinen‹ Subjekts, das sich nur in Momenten der Selbstverdecktheit zum Träger der reinen Theorie erheben – oder vielleicht gar erniedrigen kann.

Husserls reines Subjekt ist das der unendlichen Aufgabe. Es ist die Hypostase des Phänomenologen, das Selbstbild seiner Reflexion im Finale der theoretischen Zweckstrebigkeit der europäischen Geschichte – ein Finale, das nur erreicht werden kann durch die Wiederherstellung dieser Teleologie, gegen ihre Unterbrechung durch verkürzende, ökonomische, nach Lebenszeitmaßen zugerichtete, gleichsam miniaturisierte Verfahren. Durch die Korrektur dessen, was zur Krisis der Lebensendzeit Husserls geführt hatte, wird nur wieder freigelegt, was ohnehin die Bestimmung der Geschichte gewesen war: die einmal gewollte Wendung zur Theorie zu vollenden. Wenn dieser Gründungsakt kein voluntaristisches Ereignis gewesen sein sollte, sondern schon die notwendige Setzung der absoluten Subjektivität, weil diese anders sich nicht hätte vollenden – obgleich doch wohl erhalten – können, so ist die Theorie in ihrer Begründung etwas dem Menschen Fremdes, das sich seiner nur als des intermediären Instruments seiner Selbstvollendung bedient.

Der Grundmythos des deutschen Idealismus scheint sich zu wiederholen, obwohl Abhängigkeiten dazu nicht erforderlich sind. Alles hängt davon ab, wie der autonome Vollzug der Theorie in letzter Sachentfaltung gesehen werden muß. Letztlich ist auch Husserl davon abhängig, daß ein Gott seiner Philosophie, wie weit im Hintergrund er auch stehen möge, nur ein sich in Philosophie beseligendes Wesen sein könnte.

Ökonomie ist kein Prinzip der reinen Rationalität. Ökonomisch muß ein Wesen verfahren, das sich unendliche Aufgaben nicht leisten kann. Zwischen der reinen Subjektivität und der unendlichen Aufgabe der Theorie gibt es aber keine zwingende Verbindung. Das reine Subjekt hat kein Motiv, unendlich theoretisch tätig zu werden. Die Zwangslage der Selbsterhaltung ist in diesem Bewußtsein nicht präsent, weil sie eine Bestimmung der Beziehung zum Leib und seiner Hinfälligkeit in der Zeit ist. Husserl hat in der unendlichen Aufgabe der von ihm begründeten Phänomenologie kein Problem für die Individuen gesehen, obwohl er ihnen damit etwas zumutete, was keinem Erfüllung in einem endlichen Dasein bringen konnte. Wenn gelegentlich doch eine solche Abwägung des Zeitrahmens auftritt, ist das um so erstaunlicher – wohl auch für den Autor selbst, der sie wie einen für ihn überraschenden momentanen Einfall beschreibt: *Aber nun fällt mir auch ein, daß alle Vermöglichkeit ihre Grenzen hat; ich habe nicht unendliche Zeit und Kraft, um so allseitig sinnliche Erfahrung zu üben, wie sie als Möglichkeit immerfort offen ist und als Vermöglichkeit vorgezeichnet ist... und vor allem, daß ich noch andere Weisen möglicher Erfahrung habe, meine Endlichkeit zu überschreiten.*[96]

Diese Erwägung steht im Zusammenhang der Intersubjektivitätstheorie unter einer Prämisse der Zweckmäßigkeit. Da ich räumlich-zeitlich beschränkt bin auf meine Endlichkeit, aber die Welt im offenen Horizont des räumlichen Und-so-Weiter wie des zeitlichen Immer-Wieder steht, erfüllt sie jenseits meiner Möglichkeiten ihren Zweck nur dann, wenn es andere gibt, die außer mir und an meiner Stelle diese Offenheit wahrnehmen und besetzen (temporale Intersubjektivität). Die Offenheit meines Horizonts wäre sinnlos, wäre sie nicht die Voraussetzung anderer, so daß zur Sinnstruktur meines Horizonts die Zuordnung fremder Horizonte schon gehört. Die Sinnstruktur der Welt enthält auch die Zeithorizonte anderer *a priori*, die mir nie durch Fremderfahrung gegeben sind. Auch für sie gilt, daß ich *schon vermöge der offenen sinnlichen Struktur der unbestimmt unbekannten Umwelt auch ein offen endloses Universum von Mitmenschen* habe. Husserls Sachverwandtschaft mit Descartes zeigt sich hier auch darin, daß für ihn die hemmende Erfahrung der Endlichkeit logisch die Negation einer positiv vorgegebenen, nämlich im Welthorizont implizierten Unendlichkeit ist, für die er kein *ens infinitum* mehr braucht.

Nun kann man auch oder gerade bei diesem Versuch einer apriorischen Gewinnung der Möglichkeit von Fremderfahrung als Notwendigkeit des im Eigenhorizont liegenden Sinnvollzugs erkennen, daß die ganze Überlegung an der Voraussetzung der zureichenden Motivation möglicher anderer Subjekte zur theoretischen Einstellung hängt. Denn diese Art integrativer Subjektivität in Raum und Zeit ist darauf angewiesen, daß mein Horizont im Welthorizont anderer als der eines berechtigten Mitinteressenten an der Gesamtheit

96 Husserl, Gesammelte Werke XV 495.

möglicher Erfahrung enthalten und akzeptiert ist. Nun soll ich aber, kraft phänomenologischer Restriktion, das theoretische Interesse der anderen nicht begründet und gesichert sehen in deren endlichem Bedarf an Selbsterhaltung – einer anthropologischen Verunreinigung der Subjektivität –, sondern in deren Partizipation an der transzendentalen Reflexion und damit an ihrer Qualität als der transzendentaler Subjekte, die genuin in theoretischer Mitfunktionalität im weltkonstitutiven Verbund stehen.

Dies mag sein wie es will, eine Phänomenologie kann kein deduktiv erreichtes Resultat als gegebene Größe des Bewußtseins hinnehmen, sondern muß die genetische Fragestellung deskriptiv behandeln: Wie konstituiert sich das in der theoretischen Einstellung lebendige Bedürfnis? Es darf, wie immer wieder zu sagen ist, nach Husserls Vorgaben keine organisch-biologische Komponente ins Spiel kommen. In der Verzweifeltheit dieser Lage tritt ein stützendes Moment auf, das in der Verbindung des untersuchten Phänomens zum Zeitbewußtsein bestehen könnte. In allen phänomenologischen Bestimmungen des Bewußtseins ist von besonderer konstitutiver Bedeutung, was im Zeitbewußtsein wurzelt und begründbar ist.

Zur Bestimmung der lebensweltlichen Zeit – vor allen Messungen und sogar in ständiger Unvereinbarkeit mit solchen, wenn sie erst Platz gegriffen haben – gehört das Phänomen, daß Zeit lang oder kurz ›werden‹ kann und als solche Auffälligkeit oder Unauffälligkeit für das Bewußtsein hat. Kurzweiligkeit wird immer erst hinterdrein empfunden und festgestellt; etwas war kurzweilig, die Zeit verging schnell, man merkte nicht, wie sie verging. Langeweile besteht hingegen in der quälenden Auffälligkeit der Zeit, die nicht vergehen will, sich dahinschleppt und zum drückenden Hindernis vor dem Nächsten zu werden scheint, das wieder das Verweilen lohnen könnte. Obwohl es für diese Phänomene eine anthropologische Erklärung gibt: die Instinktfreisetzung im Laufe der Anthropogenese, bedürfen sie doch nicht zwingend dieser Erklärung. Sie lassen sich als eigentümliche Folgen der bloßen Kontingenz der Impressionalität des Bewußtseins verstehen. Die Intentionalität des Bewußtseins reicht nicht aus, um der passiven Seite seiner Genesis gerecht zu werden. Wenn es Nacht wird, bleiben über den größten Teil der Geschichte der Menschheit die Impressionen aus, die erforderlich wären, der aktiven Spannung der Intentionalität des Bewußtseins zu genügen, Gegenständlichkeit auszuschöpfen.

Die Phänomenologie kann ein leeres Bewußtsein so wenig denken wie ein zeitloses. Damit aber auch kein Bewußtsein ohne Affektion, ohne passive Konstitution. Denn die Urimpression ist derjenige Anteil an der Konstitution des inneren Zeitbewußtseins, den sich das reinste Bewußtsein nicht selbst verschaffen kann. Es ist seine Angewiesenheit *für* etwas, was sein Wesen ausmacht, *auf* etwas, was es selbst nicht ist. Darauf, auch darauf, beruht die transzendentale Dimension der Theorie des Bewußtseins: Sie erschließt einen Hintergrund, in welchem deskriptiv eine passive Konstitution als aktive – und damit letztlich als zuverlässige *conservatio* des Wesensnotwendigen – aufgefaßt werden kann. Der Widerspruch des nicht notwendig nicht-leeren – weil eben nur passiv mit ›Fülle‹ versorgten – Bewußtseins wird aufgelöst durch die transzendentale Subjektivität als das Selbsterhaltungsprinzip von Bewußtsein überhaupt. Der Begriff der passiven Konstitution ist *deskriptiv*, seine Verbindung zur Zeitkonstitution als der Wesensnotwendigkeit des Bewußtseins evident; aber die Prämisse der schlechthin undenkbaren Zerstörung des Bewußtseins durch Aussetzen seiner Affektion ist *spekulativ*, obwohl das Bewußtsein sich selbst evident nicht als unterbrochenes oder unterbrechendes denken kann. Diese Differenzierung ist notwendig, um die Langeweile in die Phänomenologie einzuführen und sie aus den Bestimmungen des Bewußtseins selbst ohne Rücksicht auf dessen etwaige organische Bedingtheiten zu verstehen.

Die Grenzen werden sichtbar, wo die theologische Übersetzbarkeit von Resultaten der transzendentalen Phänomenologie ihr Ende findet: Einen zeitlosen Gott erlaubt die phänomenologische Wesenseinsicht nicht, es sei denn, er dürfte ein Wesen ohne Bewußtsein sein. Die Alternative von reinem Bewußtsein und Zeitbewußtsein gibt es nicht mehr. Auch das reine ist, was es wesentlich sein muß, zeitkonstitutiv. Husserl hat den Gedanken nicht riskiert, vielleicht nicht einmal erwogen, aber man braucht vor ihm nicht zurückzuschrecken: Die Weltbedürftigkeit der absoluten Subjektivität, des verborgenen Gottes der Phänomenologie, die sie zur transzendentalen Intersubjektivität deszendieren läßt und in die Verweltlichung und Verleiblichung treibt, ist das Wesenskorrelat ihrer Bewußtseinshaftigkeit, nicht nur in ihrer Vollendung als einer reinen Objektivität bedürftige reine Subjektivität. Auch diese kann nicht sein ohne Affektion, und sie verschafft sie sich durch ihre intersubjektiven Weltfunktionäre, die Leib und Affektion habenden mundanen Subjekte.

Ergibt diese Überlegung einen Sinn, so ist damit auch schon entschieden, daß die Welt keinen Anfang in der Zeit haben kann. Sie ist bedingt, aber ewig, weil es ohne sie die absolute Subjektivität nicht geben könnte. Das entspricht durchaus Resultaten, zu denen auf anderen Wegen der scholastische Aristotelismus für die durch keine Offenbarung erleuchtete Vernunft auch gekommen ist. Im Grunde hat erst der Entwicklungsgedanke der Rationalität der ewigen Welt ein Ende, zumindest ein vorläufiges, bereitet. Die Konvergenz aller Entwicklungstheorien auf einen Anfangszustand ergab die weltzeitliche Begrenzung der Natur nach rückwärts, zu welcher stupenden Größe die Zeiträume auch immer anwachsen mochten, die für Kosmogonie und organische Evolution in ihren Allmählichkeiten noch ausreichten. Dennoch war dies nicht das letzte Wort. Es läßt sich leicht zeigen, daß eine Kosmologie vom oszillatorischen Typus den rationalen Erfordernissen besser genügt. Eine Weltgeschichte letztlich der ewigen Wiederkehr: Aussprengung einer Urmasse aus einem nahezu punktuellen Ausgangszustand mit ständiger Expansion, aber schließlicher Umwandlung zur Kompulsion und Implosion zum nahezu punktuellen Massenpunktzustand so großer Instabilität, daß eine neue Kosmogonie verbürgt erscheint.

Ich erwähne dies, weil es einer der unwiderlegbaren Gedanken ist, die dem Anspruch höchster Rationalität bei Unbeweisbarkeit besser genügen als alles, was größere Wahrscheinlichkeit für sich haben oder erwerben mag. Die Frage, warum der biblische Gott, nachdem er eine Ewigkeit lang ohne eine Welt ausgekommen war, sich diese zu erschaffen entschloß, muß zulässig sein, weil auch für ihn gelten muß, daß etwas, was einen Anfang sollte nehmen können, zuvor nicht gewesen sein konnte. Theologisch ganz legitim gab Augustin darauf eine Antwort, die keine andere Funktion hatte als die, die Frage abzuwehren und aus jeder denkbaren Antwort ausstreuende weitere Fragen auszuschließen: *Quia voluit.* Das scheint auch unter Prämissen der Phänomenologie akzeptabel zu sein; allerdings nur, wenn das absolute und uneinsichtige Dekret dieses Willensaktes durch ein Vorher und Nachher in einem Zeitraum bestimmbar ist, welches durchaus die Form einer unendlichen Retention und einer unendlichen Protention haben darf.

Dennoch, unter höheren spekulativen Rücksichten der Phänomenologie hat diese ganze Redeweise etwas Bedenkliches. Ein der Welt bedürftiges absolutes Subjekt kann nur dadurch seit jeher absolut gewesen sein, daß es sich seine Bedürfnisse immer schon erfüllt hatte: durch eine ewige Welt in der ein-

zigen Form, in der uns das Evolutionsprinzip eine solche zu denken übrig gelassen hat, als Oszillation. Die oszillative Universalgeschichte der Natur ist die notwendige Unreinheit des ›reinen‹ Bewußtseins in letzter Instanz. Nur in dieser Prozeßform kann die Welt ewig sein, und die Welt muß ewig sein, wenn es überhaupt Bewußtsein soll geben können.
Das gilt auch für jede theologische Eschatologie, die immer nur symmetrisch zur theologischen Protologie gedacht werden kann: Das absolute Subjekt könnte die Welt, die der Inbegriff seines Objekts ist, nur um den Preis seiner Selbstzerstörung enden lassen, vorausgesetzt, daß es dazu jene Allmacht hat, die zu den sichersten Attributen der metaphysischen Theologie gehört. Weshalb aber hat es diese Welt als Inbegriff seines Objekts? Husserls Antwort sollte in den Altersspekulationen sein: Weil eine absolute *Subjektivität* eine Welt als Inbegriff seiner *Objektivität* schlechthin voraussetzt. Dieses absolute Subjekt ist ein verkappter Wissenschaftler, und die von ihm inaugurierte Weltgeschichte findet ihre Vollendung in der höchsten Form von theoretischer Handlung, als Abschluß der Wissenschaftsgeschichte mit deren endgültiger Formierung zur unendlichen Arbeit: in der Phänomenologie.
Dies alles macht keinen guten Eindruck. Es ist zu weit entfernt vom Standard der schlichten Beschreibung, vom Normalniveau der Subjektivität, von der Lebensweltlichkeit als Kriterium für das autarke Bewußtsein, das keine dezisionistischen Akte und keine extremen Bedürfnislagen zu seiner geschichtlichen Durchsetzung benötigen darf, um allererst ein theoretisches und wissenschaftliches, schließlich ein phänomenologisches zu werden. Die Phänomenologie darf das Bewußtsein nicht so beschreiben, als müsse es in der Schlußstellung seiner Intentionalität auf den Phänomenologen zulaufen. Es hat einen unglaubwürdigen, einen abgebrauchten Anstrich von ironischer Professionalität, wenn eine Philoso-

phie genau sich selbst als den Zielpunkt aller Zwecke der Welt und der Weltgeschichte proklamiert. Sie kann dann nicht vermeiden, daß die Mägde lachen. Und es ist keine höhere Beglaubigung, wenn das Lachen aus den Niederungen erschallt.

Nun gehört es aber zum Wesen des Bewußtseins, daß es seine Zerstörbarkeit – also seine Abhängigkeit von dem Faktum der Affektion – nicht kennt. Der Phänomenologe *erschließt* dies nur, während er als *deskriptiven* Befund erhebt, daß das Bewußtsein weder seinen Anfang noch sein Ende, sein Auch-nicht-sein-Können, zu denken vermag. Es ist sich selbstverständlich und setzt darin den Standard derjenigen Selbstverständlichkeit, die als Prämodalität der Lebenswelt die genuine und finale Daseinsform des Bewußtseins ausmacht. Diese Prämodalität läßt sich dadurch bestimmen, daß sie frei ist von jedem Hauch der Kontingenz, dem Bewußtsein des Auch anders-sein-Könnens, welches das Auch-nicht-sein-Können als seinen Extremfall einschließt. Dennoch läßt sich durch keine Einsicht ausschließen, daß zur Zeitform der Lebenswelt die Differenz von Langeweile und Kurzweile, die Bestimmung einer Toleranz von Zeiterlebnis also, gehört. Es muß also zumindest zulässig sein, Langeweile zur Motivation derjenigen lebensweltlichen Ungenügsamkeiten zu machen, die zu Ausbrüchen aus der Lebenswelt und ihrer Prämodalität führen. Auch für die Anwendung dieser Einsicht auf eine absolute Subjektivität läßt sich kein Hindernis erkennen. Sie ist gefesselt an die ihr entsprechende Objektivität, weil diese ihr die intentionale Spannung einer moderaten Zeiterfüllung gewährt. Die Ewigkeit der Welt – dieser Unreinheit des reinen Bewußtseins – ist die Bedingung für die Vermeidung der Langeweile der absoluten Subjektivität.

Auch für einen Gott, der als Schöpfer der Welt soll gedacht werden können, muß diese Welt bestehen, ›solange er denken kann‹. Der also kann, so wenig wie den Anfang seines eigenen Bewußtseins, den der Welt denken, so wenig wir dies können. Dies gehört nicht zu den Begrenztheiten eines mundanen Bewußtseins, sondern zu den konstitutiven Merkmalen eines Bewußtseins überhaupt. Es ist deshalb kein theologisches Ärgernis und kein Verstoß gegen die Normen einer metaphysischen Theologie, weil wir einen Gott gerade dort nicht über die Dimensionen des menschlichen Bewußtseins hinaus gesteigert zu denken brauchen, wo dieses Bewußtsein selbst den Grenzwert der Möglichkeiten von Bewußtsein überhaupt darstellt, indem es dessen Wesensbestimmung realisiert, die nicht von Fakten abhängig und nicht selbst ein Faktum sein kann.

Es liegt in der Sache, daß die Konstitution des inneren Zeitbewußtseins zwar notwendig für die Möglichkeit des Bewußtseins überhaupt ist, aber noch keine *Bestimmtheit* vorgibt für das Verhältnis des Subjekts zu seinen Objekten. Daß es *Objekte überhaupt* hat, ist Bedingung für die protentional-retentional strukturierte Zeitlichkeit, denn ohne Intention gäbe es diesen konstitutiven Zusammenhalt der Urimpressionen über ihre engste Aktualität hinaus nicht. Die Zeitstruktur ist vom Wesen des Bewußtseins als Intentionalität durchaus abhängig.

Entgegen allen Versuchen, schon darin eine intellektuelle Vorprägung zu finden, gilt das auch für die emotionale Seite des Bewußtseins: Emotionen sind Klammern der Einstellung des Bewußtseins zu der Welt, in der es existiert, Verstärkungen der Intentionalität, könnte man sagen, die es an bestimmte Vollstreckungen und Handlungen binden, darunter *auch* an theoretische Einstellungen. Intentionalität ist die Fähigkeit des Bewußtseins als Vorrichtung, bei der Sache zu bleiben, nicht nur und erst, zu ihr zu kommen. Was bei der Sache zu bleiben heißt, zeigt sich besser als anderes in der Fähigkeit zur Bildung von Reihen: Zahlen, Kardinalzahlen,

Ordinalzahlen, Reihen der ungeraden Zahlen, der Primzahlen, der Potenzen usw. Will man hierzu einen Paradefall für die Legierung von Intention und Emotion, braucht man nur an den Geizigen zu denken, der sein Geld zählt. Hätte er nichts zu zählen, wäre Zählen reiner Unsinn.

Der Gedanke einer mit dem Schöpfer gleichewigen Schöpfung ist so unsinnig nicht, wie es sich ausnimmt, wenn man ihn als bloße Metapher für die Bedingtheit der Welt durch ihren unbedingten Grund ansieht. Da ohnehin niemand eine Schöpfung aus dem Nichts, der durch den Begriff gegebenen Regel folgend, denken kann und dies immer nur der Grenzwert für bekannte Vorstellungen der Erzeugung von etwas aus etwas zu sein vermag, ist es ganz naheliegend, auf der metaphorischen Ebene diejenigen Erweiterungen vorzunehmen, die ihrerseits nichts weiter beanspruchen können, als absolute Metaphern zu sein. Auch ein ohne Motivation die Theorie seiner selbst betreibender Gott ist eine absolute Metapher; niemand kann das als Anweisung auf einen in sich konsistenten Gedankengang auffassen und nachvollziehen. Zumal das Ausgangsmoment der Reflexion eines endlichen Bewußtseins uns ebensowenig durchsichtig ist, obwohl das behauptet zu werden pflegt, da es eine Reflexion auf Reflexion erforderte und dafür eine angemessene Subjektivität. Selbsterkenntnis als einzige und vermeintlich absolute Form der Erkenntnis, wie immer sie zustande kommen mag, muß als eine der durch Aristoteles veranlaßten Fehlentscheidungen der metaphysischen Theologie und ihrer Hilfestellung für das Dogma der trinitarischen Zeugung angesehen werden. Jeder Satz, den man hier bildet, wird zum Paradox. Er behandelt unaustilgbar als Voraussetzung, was er doch erst als Folge darstellen soll: Einheit eines Bewußtseins. So dieser: Ein Subjekt, welches sich Objekte geben könnte, aber es nicht tut, handelt selbstwidrig. Wenn ein solches Subjekt als sich selbst wollende *causa sui* aufgefaßt werden darf oder muß, tritt es in Widerspruch mit diesem erklärten Willen zu seiner eigenen Existenz, indem es sich als Bewußtsein unmöglich macht.

Dieser Gedanke erscheint absurd schon in seiner Anlage; aber das Paradox der *Selbstverhinderung*, das er enthält, ist nicht schärfer als das der *Selbstverursachung*. In beiden steckt eine Geschichte, die nicht erzählt werden kann. Aber nehmen wir an, dieses absolute Subjekt könne sich nicht selbst verhindern, indem es sich das Objekt versagt, das sich zu geben in seiner Macht steht, so verurteilt es sich zu einem Zustand, den wir nicht anders beschreiben und verstehen können als den der Langeweile: den eines bloß hingefristeten Daseins mit einem Grenzwert an Leere. Langeweile ist ein Zustand, ein Aggregatzustand der Zeitlichkeit, von dem uns unmittelbar einsichtig ist, daß man ihn nicht wollen und nur alles zu seiner Vermeidung wollen kann. Auch für einen Gott, sofern diesem unendliche Zeitlichkeit als einzige Wesensform des Bewußtseins einmal zugestanden ist, gilt, daß wiederum nur der Modus der Vermeidung den Kriterien unterliegt, die aus den theologischen Attributen entnommen werden müssen. Ein Gott, der sich alles verschaffen kann, weil er allmächtig ist – und der sich zu allem einstellen kann, wie er will, weil er allwissend ist –, muß die optimale Art und Weise der Vermeidung von Langeweile realisieren können. Wir können sein Dasein nur verstehen als erfüllte Zeit, und das wiederum kann nur heißen: als durch Welt erfüllte Zeit – durch dieselbe Welt, deren Affektion das Zeitbewußtsein allererst möglich macht.

Die optimale Weise der Vermeidung von Langeweile ist die Theorie. Diese *Minor* ist der eigentliche Beweispunkt, auf den es in diesem Zusammenhang ankommt. Dabei ist die Begründung einfach: Nur die Theorie schöpft die Zeitdimension aus, da jeder intentionale Gegenstand nur für eine theoretische Einstellung ›unendlich reichhaltig‹ ist. Es gibt theoretisch keinen Gegenstandsverbrauch. Um es prononciert auszudrücken: Selbst für einen Gott wäre ein beliebiger einzelner und einziger Gegenstand ausreichend, ihn seine Ewigkeit hindurch zu beschäftigen – oder noch etwas schärfer: in Spannung zu halten und damit fern von jedem Anflug von Langeweile.

Hier ist ein Punkt erreicht, an dem sich sehen läßt, wie nahe sich ästhetische und theoretische Einstellung stehen, denn in gewisser Weise muß jenes theoretische Interesse eines Gottes an einem einzigen Gegenstand als interesseloses Wohlgefallen definiert werden, da die unendliche Erhaltung des Gegenstandes unendlicher Involution der göttlichen Aufmerksamkeit das Paradox eines interesselosen Interesses produziert, diesen Gegenstand zugleich auf sich beruhen zu lassen und doch sich durch ihn und an ihm nicht zur Ruhe kommen zu lassen, sich durch ihn nicht entlassen zu lassen. Doch ist der ›einzelne Gegenstand‹ phänomenologisch ein Unding; er hat seine Außenhorizonte wie seine inneren nicht nur als Zutat, sondern kraft Wesens. Man kann das Ding nicht ohne die Welt haben.

Hier ist der Moment gekommen, Husserls äußersten Abscheu vor einer möglichen Konsequenz philosophischer Erkenntnistheorie nicht einfach nur zu zitieren, sondern zu verstehen: den vor dem Solipsismus. Husserl selbst hat nie erläutert, was ihn an der Konsequenz des Solipsismus so erschreckte. Er hat es wohl deshalb nicht erläutert, weil dieses Erschrecken in der ganzen Neuzeit seit Descartes für jeden Theoretiker der Erkenntnis obligatorisch gewesen war. Es verstand sich von selbst, daß man es dahin nicht durfte kommen lassen. Man brauchte nach Gründen so wenig zu fragen wie in der mittelalterlichen Scholastik nach solchen für die Vermeidung des unendlichen Regresses. Aber wenn man nun doch einmal fragen wollte?

Da stößt man genau auf die Zusammenhänge dieser Erörterung: Solipsismus wäre der Zustand schlechthinniger Langeweile. Nicht deshalb, weil das Subjekt nicht von seinen Vorstellungen beschäftigt werden könnte, sondern weil es durch etwas, was nicht den Rang der Wirklichkeit hätte, nicht in dauerhafter Spannung für ein und dasselbe gehalten werden könnte. Ein solipsistisches Bewußtsein würde sich durch die Unverbindlichkeit seiner Vorstellungen, sofern es sich selbst über diese aufgeklärt fände – was man wiederum für einen Gott verlangen darf –, in bunte Beliebigkeit der vermeintlichen Abwechslungen, des *divertissement* Pascalscher Prägung, verlieren. Zerstreuung aber ist nur eine Spezialform der Langeweile, der Betrug des Bewußtseins durch Minimalisierung seiner Intentionalität, bis an die nur fiktiv erreichbare Grenze seiner Atomisierung.

Ich will an einigen Formen und Fällen des Zeitumgangs zeigen, daß es wesentlich zur Selbsterhaltung des Bewußtseins gehört, sich nicht an bloßer Vielfalt von Gegebenem zu zerstreuen, sondern die Phrasierung der Zeit als intentionales Spannungsmoment ›übergegenständlich‹-welthaft anzuheben. Daraus wird geradezu ein Kriterium kultivierter Zustände und Verfahren: die Gerade als kürzeste Verbindung zu vermeiden, den Kurzschluß der Zielerreichung auszuschalten und Verzögerung wie Umweg zur prozessualen Grundfigur zu nehmen. Das Wesen des Umwegs ist, sich an das einmal gewählte Ziel zu halten, sich aber zu leisten, auf dessen Verfolgung mehr Zeit zu verwenden oder gar zu verschwenden, als von bloßer Zweckmäßigkeit bestimmt würde. Darin besteht die Lust an Exkursen und Digressionen, die nichts anderes als intellektuelle Umwege sind.

Der Humor in Sternes »Tristram Shandy« beruht ganz und gar auf diesem Sachverhalt, von einem einzigen Leben die kürzest mögliche Erstreckung zur längst möglichen Beschäftigung, der eines ganzen Buches, zu machen. Die Digression ist ihrer Natur nach humoristisch, weil sie das Unzweckmäßige tut und dennoch bei der Sache bleibt, immer wieder ein Moment der Verzögerung, des Aufschubs, der Erwartungssteigerung einfügt. Deshalb ist Sternes Werk das größte humoristische der Weltliteratur: es beruht ganz auf dem Formschema der Digression. Man kann sagen, der Verfasser weigert sich, seinen Helden zum Mittel der Befriedigung des Lesers zu machen, und erreicht dies, indem er dem Leser gegen den Strich der Erwartung geht. Wäre aber die Protention als zeitstiftend nicht da, könnte ihr nichts verweigert, die Abweichungsspannung nicht erzeugt werden. In solcher Verweigerung liegt die Herstellung des interesselosen Wohlgefallens der ästhetischen Einstellung, die zugleich ahnen läßt, daß auch die theoretische Einstellung diese Struktur hätte, wenn sie nicht von heterogenen Faktoren aus ihr vertrieben, zu Zweckmäßigkeiten gezwungen, zum partiellen Finalismus gedrängt würde. Die Digression ist eben nicht die Abschweifung, zu der einer sich gehen läßt, um nicht bei der Sache zu bleiben, sondern derjenige Umweg – der unendliche Umweg paradoxerweise –, den der Leser sich von dem Kalkul des Autors führen lassen muß, der ihm ständig den Erfolg entzieht, den er sich um die nächste Ecke erwartet.

Rituale sind Digressionen des Verhaltens. Es genügt nicht zu sagen, unser Bewußtsein und unsere Gefühle wollten nicht unbeschäftigt sein; das ist vielmehr eine Tautologie. Daher gibt es keine öffentlichen Vorkehrungen gegen Langeweile – so wenig wie öffentliche Veranstaltungen zur Beförderung des Glücks –, obwohl Schopenhauer sagt, solche öffentlichen Vorkehrungen müßten schon aus Staatsklugheit unternommen werden.[97] Dagegen spricht, daß in Zeiten extensiver Belieferung mit öffentlichen Beschäftigungen aus Staatsklugheit stets die Langeweile grassiert hat. Sie disponiert eben zu

97 Schopenhauer, Die Welt als Wille und Vorstellung IV § 57 (Sämtliche Werke, ed. v. Löhneysen, I 430).

jedem beliebigen Reizwert, und Reizwerte sind punktuell, geben dem Bewußtsein keine Spannung. Nicht daß die Staatskultur Erwartungen erweckte, ohne ihnen Erfüllungen zu gewähren. Was sie verspricht, sind kurzfristige Erfüllungen, episodische Zerlegungen des Bewußtseins und damit Spannungsverluste, die durch Reizwerte niemals hergestellt werden können. Obwohl das Bewußtsein seinem Wesen nach aus dem Verhältnis von Erwartung und Erfüllung besteht, ist es auf ein solches Verhältnis angelegt, das die Spannung zwischen diesen beiden Polen erhält und steigert, ohne daß Resignation hinsichtlich der Beziehung von Erwartung und Erfüllung eintritt. Die Staatskultur lebt von der Illusion, man brauche sich mit dem Immergleichen nicht zufrieden zu geben. Das Ritual besteht aber gerade in der Wiederkehr des Immergleichen, und es suggeriert die Einheit der Zeit, indem dieses Immergleiche jederzeit Erfüllung einer Erwartung ist, die doch nur durch es selbst entstanden sein kann. Das Bewußtsein ist das Resultat der Überwindung der Reizüberflutung, der Abkehr von ihr. 1839 wurde es in Paris schick, mit Schildkröten an der Leine durch die Stadt zu flanieren, in der gleichzeitig andere nicht schnell genug den Gelegenheiten zur nächsten Erfüllung von Erwartungen auf dem kürzesten Wege nacheilten.[98] Muß man dies aber als Protestbewegung mit Schildkröten verstehen?

Noch besser ließe sich dies alles an der Erotik demonstrieren. Wenn die Beschäftigung, die das Leben der Menschen am meisten in Spannung versetzt hat, die Aufnahme und Intensivierung der Beziehung zum Geschlechtspartner, vom langen Weg bis zur endlichen Befriedigung der Wünsche umgeschaltet wird auf eine Verrichtung der kürzesten Wege, kann nicht verlangt werden, daß man sich nicht langweilt. Wenn dies den Menschen nicht mehr in Bewegung hält, was

98 Walter Benjamin, Gesammelte Schriften I/2, 679.

sollte er sonst schon tun außer dem, was er tun *muß*? Die Theorie der Sublimierung hatte gelehrt, daß die Kultur aus verhinderter sexueller Entspannung hervorgeht; inzwischen ist sie umgekehrt zum Ersatz für die gar nicht erst entstandene sexuelle Spannung geworden: Surrogate statt Sublimate. Man wird nicht behaupten können, daß Erotik ihrem Wesen nach eine Sache der Umwege und Rituale ist; sofern sie aber in ein Verhältnis zur Humanisierung der Zeit und zur Vermeidung der Langeweile tritt, muß sie die Ästhetik der Unendlichkeit akzeptieren, die zwischen Erwartung und Erfüllung nicht nur theoretisch liegt.

Nun ist Unendlichkeit immer ein zu großes Wort, ein verräterisches Wort für eine Verlegenheit um Bestimmtheit. Es ist nicht einmal ein genuin theologisches Wort, sondern eine der zunächst negativen Übertreibungen aus der spätantiken Metaphysik. Aber ein göttliches Wesen, das der Definition nach *alles sofort und zugleich* haben könnte, wird eben – weil es sich dadurch selbst zur Erstarrung brächte – ein Wesen des unendlichen Umwegs sein. Den nur *auf die Weise der Welt* haben zu können, macht die wesentliche Unreinheit der reinen Subjektivität aus.

›Wesentliche Unreinheit‹ heißt auch und vor allem, daß sie nicht in einen Endzustand der schließlich wiedererlangten ›reinen Reinheit‹ übergeht. Es wird nicht noch einmal der Grundmythos der Geschichtsphilosophie des Deutschen Idealismus erzählt. Die Geschichte der absoluten Subjektivität mit der Welt als dem Inbegriff ihrer Affektionen wie der intentionalen Spannung ihrer Zeitlichkeit endet nie. Sie könnte auch nur enden um den Preis der Selbstaufhebung der absoluten Subjektivität im ›Enden‹ ihrer immanenten Zeitkonstitution. Hat es Sinn, von einem Willen zu sprechen, der eben dies wollen könnte?

Ich will und kann das nicht ausschließen. Die absolute Subjektivität gibt sich, mit sich gleichursprünglich und ewig, eine

Welt, die dem Bedarf ihrer Affektivität und Zeitimmanenz entspricht. Aber eben diese Welt hat noch andere Aspekte, wird auch Objekt, wird Welt von mundanen Subjekten als Trägern der verleiblichten Intersubjektivität – und eben für diese erweist sich ganz beiläufig diese Welt als Tal der Tränen, als ein Inbegriff von Unseligkeiten, die durch keine Theodizee zu rechtfertigen sind. Was geschieht? Wie wird die Nebenfolge der Welt – ein wahrlich untertreibendes Wort – wieder aus der Welt geschafft?

Man könnte sagen: Auch diesem Verlangen, diesem höheren Kriterium, entspricht die oszillative Kosmologie. Sie läßt ja wieder zum Fast-Nichts schrumpfen, implodieren, was diese unselige Verfassung gehabt hatte – und es gibt keine Notwendigkeit dafür, daß im nächsten Weltdurchgang die Bedingungen wieder dieselben sind. Muß ein mundanes Subjekt an seiner Welt leiden? Vielleicht nicht. Vielleicht aber doch. Und dann wäre es nicht von der Hand zu weisen, daß die absolute Subjektivität sich selbst zur Vermeidung der Nebenfolgen ihrer Affektionssicherung ein Ende macht, indem sie sich der Bedingungen der Möglichkeit ihrer inneren Zeitlichkeit begibt. Ein anderes Ende der Geschichte, ein mögliches, ein barmherziges, wer weiß? Etwas, was die Vernunft als Prinzip der Erhaltung ihrer selbst nicht zuließe? Dann wäre alles Leiden der Welt, das der Theodizee Trotz bietet, der Schmerz, den uns die Vernunft selbst als den letzten Inbegriff ihrer Unerbittlichkeit zumutet und abverlangt? Das machte es nicht leichter, obgleich einsichtiger.

XIX

Die Rückseite

Was es mit der Intersubjektivität auf sich hat, bevor sie in die Idyllen des Dialogs übergeht und von dessen Strategen formiert wird, kann man dem trivialen Satz entnehmen, daß Dinge Vorderseiten und Rückseiten haben und die andere der einen endgültig abgewandt und fremd bliebe, gäbe es nicht dieses ganz unselbstverständliche Faktum, daß *ein anderer* die Rückseite betrachtet, während *der eine* sich die Vorderseite – und immer nur diese – vorgenommen hat. Dafür ist es nur ein schwächlicher und nur bei starren Gegenständen tröstlicher Ersatz, daß *der eine selbst* noch der Rückseite wird ansichtig werden können, weil er das Glück hat, ein bewegbares Subjekt zu sein (sofern nicht der Gegenstand selbst von der Art der bewegbaren ist und ihm in eigenwilligem Abstand seine Rückseite zeigen wird). Man kann gar nicht genug tun, um diese Mobilität als Faktum einer Welt und ihrer Subjekte zu beschreiben, die beide nicht so sein müssen, wie sie sind.

Die Phänomenologie hat aus diesem Sachverhalt Bedeutendes gefolgert, bis hin zur Konstitution des Horizonts einer Welt, in der das Vorkommen von Vorder- und Rückseiten sowie der ihnen notwendig zugehörigen Subjekte die Grundausstattung ist. Deshalb gibt es nicht so etwas wie einen ›Rand der Welt‹. Er würde mit der Wesensnotwendigkeit kollidieren, daß jedes in der Welt bestehende Körperding eine wahrnehmbare Rückseite hat, also haben können muß. Nirgendwo wird es knapp mit der Möglichkeit, ein Ding von beiden Seiten zu betrachten (was auch eine der wichtigsten

Metaphern humanen Verhaltens geworden ist). Welche Anforderungen auch immer man an einen ›Wirklichkeitsbegriff‹ stellt, in einer derart beschaffenen Welt ist genau dieses die Voraussetzung dafür, daß man wissen kann, was mit dem Ausdruck ›Wirklichkeit‹ gemeint ist. Ob diese Wirklichkeit nun auch eine ›wirkliche‹ ist, bleibt dann eine Frage müßiger Spekulationen vom Typus der noch bei Descartes aufgenommenen ›Gottesgarantie‹ der mittelalterlichen Ontologie. Garantien sind ohnehin etwas, wovon man immer noch etwas mehr zu haben wünscht.

Die Entwicklung des Begriffs, der Theorie und Technik von Perspektivität gehört zu den Grundvorgängen der Neuzeit. Wie die Unterscheidung von primären und sekundären Sinnesqualitäten, ist die perspektivische Optik ein Stück Differenzierung von Subjektivität und Objektivität. Aber, erstaunlicherweise, führt sie, während sie den subjektiven Anteil an der räumlichen Wahrnehmung präziser herausarbeitet als man ihn jemals gekannt hatte, zu einer neuen Erfassung dessen, was Objektivität ausmacht. Sie ist immer schon Aufhebung der subjektiven Perspektive durch die gedachte Überschneidung allseitiger Perspektivität in identischer Konvergenz. Man mußte sich gründlich darüber ins Bild gesetzt haben, wie man sich täuschen könne, um gründlicher darüber Klarheit zu gewinnen, wie denn man sich immer schon vergewissert hatte. Die Entdeckung der Perspektive ist Herausarbeitung der Zuschauerposition, sobald diese weder selbstverständlich die Mitte der Welt noch bevorzugt und ungeneidet der Blick Gottes auf die Welt ist – wie sehr dieser Blick der Theorie des auf sich selbst bezogenen unbewegten Absoluten überhaupt widersprechen mochte. Des Nikolaus von Cues Schrift »De visione dei« hatte den Umkehrpunkt bestimmt, an welchem nicht mehr eindeutig war, ob Gottes Blick auf den Menschen ganz unabhängig wäre von des Menschen Blick auf Gott.

Sich auf den Standpunkt eines anderen stellen, sich in den anderen hineinversetzen – das sind Redeweisen, die der Antike wie dem Mittelalter unbekannt waren. Sie setzen voraus, daß etwas davon abhängt, von wo aus man die Dinge sieht; mehr noch, daß man es auch weiß.

Die großen Aufstöberer der Vorurteile am Anfang der Neuzeit, Francis Bacon und Descartes, haben die Disposition zum vorschnell ansetzenden Urteil in den Vorgaben der Gattung oder in den Arroganzen des Individuums gesehen. Erst Leibniz hat aus der Perspektivität eine Philosophie, die Metaphysik seiner Monaden, gemacht. Die Monade ist die Hypostase eines Standorts in einem intelligiblen Universum. Sie ist fensterlos, weil sie dieser Standort selbst ist und sich ihn nicht erst zu erwerben braucht. Aber gerade ihre Fensterlosigkeit macht ihr möglich, was ihr der metaphysische Realismus verwehrt: sich auf den Standort eines anderen zu versetzen. Alle Friedlichkeit der Welt – die konfessionelle wie die politische, aber auch die individuelle – sollte aus dieser, die Welt zugleich setzenden wie jeden ihrer Punkte relativierenden, Fähigkeit zur Selbstversetzung kommen.

Leibniz brauchte, um sie zu begründen, freilich noch das Enthaltensein der Unendlichkeit der Monaden in jeder einzelnen von ihnen in unendlich differenzierten Graden der Perzeption und Apperzeption. Dieses Stück Metaphysik konnte erst eingespart werden, wenn sich herausgestellt hatte, daß kein Subjekt irgendein physisches Objekt haben kann, ohne seine Beschränktheit auf dessen ihm jeweils gegebene Ansicht noch mit dieser selbst zu überschreiten. Retention und Protention, als Begriffe Husserls Theorie des inneren Zeitbewußtseins zugehörig, setzen intentionale Mitgegebenheit von mehr als der strikten Gegenwärtigkeit eines Gegenstandes voraus. Sonst gäbe es den Gegenstand nicht, und mit ihm das Bewußtsein – als seiner Einheit wesentlich bedürftig – ebensowenig.

Die Leistungsfähigkeit des Subjekts kann also nicht darauf beschränkt sein, durch Bewegung im Raum zu einem gegebenen physischen Gegenstand nacheinander beliebig verschiedene Standpunkte einnehmen oder wenigstens anstreben zu können, es als Regel der theoretischen Einstellung zu erfassen, wenn auch nicht allemal auszuführen. Dies nicht gleichzeitig tun zu können, würde die Ohnmacht des Subjekts im Verhältnis zu physischen Gegenständen entscheiden, wäre es nicht auch, gefesselt an seine Gegenwart, zur Gleichzeitigkeit fähig. Vor dem Sprung in die Intersubjektivität, als den Grenzwert alles Weiteren, gibt es die *fiktive* Gleichzeitigkeit einer Mannigfaltigkeit von Standpunkten, besetzten und unbesetzten, auf die sich das Subjekt versetzen kann. Wobei nur für den Fall des besetzten Standpunktes die Redeweise gilt, man versetze sich in einen anderen *hinein*; während für jene Gesamtheit möglicher Standpunkte genügt zu sagen, man versetze sich *auf sie*.

Zur Intentionalität des Bewußtseins gehört, das Durchlaufen *möglicher* Einstellungen zum Gegenstand überhaupt zu entwickeln und im Schema vorwegzunehmen. Bevor dies in die deskriptiven Befunde der Phänomenologie über Raum und Ding einging, trat es in der Logik als Kapitel über die Vermeidung des Irrtums auf. Kant hat in seiner Logik-Vorlesung im einleitenden Abschnitt drei Regeln empfohlen, sich vor dem Irrtum zu schützen: Aufklärung, Erweiterung, Bündigkeit im Denken. Aufklärung hieß schlechtweg, selbst zu denken. Bündigkeit hieß, was der Phänomenologe Einstimmigkeit nennen sollte, nämlich jederzeit mit sich selbst übereinzustimmen. Erweiterung hieß als Vorschrift der Denkart, sich in der Stelle eines anderen zu denken.

Ich habe zunächst die Reihenfolge der Regeln bei Kant benannt, dann aber eine Umstellung an der zweiten und dritten Position vorgenommen. Eine fast unvermeidliche

Wirkung der Phänomenologie auf den historischen Betrachter Kants, denn in der Beschreibung einer sich für das Bewußtsein herstellenden Welt ist die Einstimmigkeit der Vorstellungen in *einem* Bewußtsein schon die Voraussetzung dafür, daß Übereinstimmung anderen Bewußtseins mit meinem eben als ›Erweiterung‹ der primären Vorschrift unter erschwerten Bedingungen und mit tragfähigerem Ergebnis stattfindet. Anders gesagt: Die Theorie der Intersubjektivität kann immer nur das letzte Stück einer phänomenologischen Theorie des Bewußtseins sein: das der Erklärung seines Besitzes der Begriffe ›Wirklichkeit‹, ›Welt‹ und ›Objektivität‹.

Bei Kant gehörte das noch in die Lehre vom Irrtum: Jeder Irrtum ist zunächst das Erliegen vor einem Schein von Wahrheit. Wäre das nicht so, mußten wir Irrtümer als Naturereignisse hinnehmen. Für den Phänomenologen ist der Irrtum so gut etwas, was verstanden zu werden beansprucht, wie die Möglichkeit der Wahrheit. Ließe es die Philosophie nur darauf ankommen, Irrtümer durch Auffindungen von Wahrheiten zu widerlegen und zu ersetzen, liefe sie Gefahr, die Quelle jenes Scheins von Wahrheit für allemal offen zu lassen. Das war Kants wichtigste Einsicht und sein Tadel: die wenigsten Philosophen hätten etwas dazu getan, jenen Schein nicht nur zu entdecken, sondern auch seiner Herkunft nach zu erklären.

Da gibt es noch ein Moment der Intersubjektivität: in der Bewahrung des anderen vor dem Verdacht, Irrtümer schlügen in ihn nur so ein. Kant hat es zwar nicht zur Gerechtigkeit erklärt, dem Irrenden Verständnis zu erweisen, und auch nicht erkannt, daß Zubilligung der ›Vernünftigkeit‹ von Irrtum auch eine Sache der Selbsterhaltung ist, in der Rücksicht auf die Ausschaltung der Unfallhaftigkeit des Irrens. Er hat nur knapp eine moralische Bemerkung gemacht: *Durch Erklärung des Scheins läßt man über dies auch dem Irrenden eine Art von Billigkeit widerfahren.*[99] Man gibt nämlich dem anderen zu verstehen, daß man an seiner Stelle demselben Schein der Wahrheit ausgesetzt gewesen wäre und für den Ausgang des Verfahrens nicht mit Sicherheit das Gegenteil beanspruchen könne. Man nimmt auch hier eine Selbstversetzung vor, und zwar gegenüber einem realen, nämlich schon als irrend angenommenen Subjekt, dem man auch Widerlegung nicht ersparen kann oder will. Durch Offenbarmachung des Scheins wird der Vorwurf der Absurdität vermieden, weil dieser gegenüber dem Irrtum immer auch ein persönlicher Tadel und ein Präjudiz für das einem Subjekt überhaupt Zustoßende ist. Die Herstellung der Wahrheit wie ihre Durchsetzung können nicht das absolut höchste Gut, sondern dies nur unter Schonung des Aufzuklärenden, sein.

Woher aber diese Schonung, die weniger ein Anspruch als ein Bedürfnis zu sein scheint? An ihr zeigt sich der tiefliegende Nexus von Selbstversetzung und Kontingenzbewußtsein: Nicht nur bin ich zufällig nicht der Irrende, sondern auch nur zufällig nicht der Andere. Darauf, daß ich nur faktisch ich bin und nicht er, beruht, daß ich ihn verstehe, beruht, daß ich ihn – zumindest – schone. Wenigstens als Irrenden.

Selbstversetzung ist der Vorteil, den ein Lebewesen aus der Belastung seiner Individuation zieht: als je dieser nicht durch die Gattung gerechtfertigt zu sein, sondern in differenten Exzentrizitäten zu ihr nicht einsehen zu können, daß es faktisch gerade dieses zu sein hat. Die großartigste und zweifelhafteste Tröstung zugleich hat die Philosophie letzthin dadurch zubereitet, diesem Individuum zu suggerieren, es besäße überhaupt kein ›Wesen‹, es sei denn dieses als Resultat seiner Selbsterschaffung.

Selbstversetzung mag anthropogenetisch jeder artikulierten

99 Kant, Logik, Akademie-Ausgabe IX 56f.

Form des Bewußtseins von Zufälligkeit vorausgegangen sein; dazu ist sie zu unbezweifelbar der selbsterhaltenden Prävention dienlich. Dann mag sich der Begründungsaufbau umgekehrt haben und aus dem Erstaunen, so vielfältig nicht an das Hier und Jetzt des Ich gebunden zu sein, das Bewußtwerden gekommen sein, es ohne Grund sein zu müssen. Wer meint, die sprachgeschichtliche Vorgabe des Konjunktivs habe dem Bewußtsein diesen ebenso quälenden wie schönen Irrtum über sich selbst zugeflüstert, verkennt die Intensität der gedanklichen Arbeit, die an dem kargen Substrat dieser Sprachbereitschaft geleistet werden mußte, um ihr abzuzwingen, was sie zu sagen hatte. Beschreibbar freilich hat der Konjunktiv den potentiellen und irrealen Stellenwechsel im Raum wie in der Zeit hinsichtlich der durch ihn ermöglichten Veränderungen der Wahrnehmung und des Verhaltens gemacht.

Sich anstelle des anderen zu denken, heißt zwar, seinen Aspekt von allem mit ihm wahrzunehmen, aber auch, die Bedingtheiten seiner Wahrnehmung an ihr und mit ihr wahrzunehmen. Hätte man überhaupt ›Sinn‹ für gerade diesen Gegenstand, wenn man der andere wäre? Durch ihn ›vertretene‹ Rückseiten gibt es doch nur unter der Voraussetzung, daß jener und dieser Sinn für dasselbe haben – und zwar nicht an beliebigen Punkten ihrer Lebens- und Sinnesbewegung. Da kann sich leicht und vielmals zeigen, daß die faktische Hinwendung des einen auf diesen Gegenstand unter Umständen erfolgt, die für einen anderen gerade immer nicht bestehen, vor allem nicht in der Sonderform des als Aufmerksamkeit akuten Bewußtseins.

Stellenwechsel als Kinästhese in einem gedachten Koordinatensystem genügt gerade nicht, um Anschaulichkeit für den Begriff der ›Rückseite‹ zu gewinnen, daran schließlich noch die Metapher anzusetzen, jede Sache habe zwei Seiten. Es geht um mehr noch als die Seiten von Dingen: Indem *der* andere immer auch *ein* anderer ist, ist seine Welt – obwohl dieselbe und eine, wie die meinige – eine Welt anderer Akzentuierungen und Heraushebungen im diffusen Feld von Möglichkeiten der Wahrnehmung.

Hat die Phänomenologie der Fremdwahrnehmung die im Begriff der Selbstversetzung angelegte Gedankenbewegung vorangetrieben, den Sachbefund verschärft sehen lassen? Die Antwort muß wohl lauten: Nur den Anforderungen nach. Es stand mehr auf dem Spiel als Kants Theorie des Irrtums und die Moral der Billigkeit gegenüber dem Irrenden aus seinen objektiven Verzeihlichkeiten. Der Zusammenhang des Phänomens der Selbstversetzung mit Begriff und Habitualität der Perspektive setzt den Raum als Sinnesform voraus, ohne sie der konstitutiven Analyse für bedürftig zu halten; Form war seit ältester Metaphysik – und bleibt es bis hin zur Gestaltpsychologie – Begriff für das nicht weiter Auflösbare. Die Phänomenologie wollte aus der Formkonstanten das Resultat einer Selbsterfahrung des Subjekts als eines leibhaften und darin bewegbaren machen; der Raum war so zum Inbegriff der Erfahrung eben dieses Subjekts mit sich selbst geworden. Nimmt man die Geschichte des Begriffs zum Kriterium dessen, was die Anschauung zu leisten hat, um ihn zu begründen, so genügt eben die kinästhetische Selbsterfahrung nicht.

Schon Leibniz hatte das Moment der Gleichzeitigkeit für die Definition des Raumes als unerläßlich erklärt – und eben dieses kann aus der Erlebnisform der Kinästhese nicht erhoben werden. Leibniz hatte dabei die Gegenseitigkeit der definitorischen Abhängigkeit von Raum und Zeit wegen ihrer Idealität für unerheblich gehalten. Das gerade kann und darf die Phänomenologie nicht. Ihr Begründungssystem von Raum und Zeit ist komplizierter. Jedenfalls kann Gleichzeitigkeit ihre anschauliche Basis nicht in der Raumanschauung haben, wenn Raum als Ordnungsform des Gleichzeitigen soll begriffen werden können, so daß dessen Konstitution der Entfaltung des Raumbegriffs schon zugrunde liegen muß. Gleichzeitig im strikt anschaulichen Sinne können nur Subjekte in der Erfahrung voneinander sein. Diese, minimalisiert gedacht auf die Spanne einer ›Präsenzzeit‹, ist so wenig auf einen Beobachter wie auf ein Meßgerät zu ihrer Feststellung angewiesen. Sie *ist* nicht nur gegenseitig, sie ist auch immer mögliche Erfahrung von Gegenseitigkeit.

Als Husserl zu Beginn des Wintersemesters 1910/11 in einer Vorlesung über »Grundprobleme der Phänomenologie«, die erstmals vom ›natürlichen Weltbegriff‹ ausging, auf das Phänomen der Gleichzeitigkeit zu sprechen kam, hatte er schon die Verbindung zwischen Bewußtseinsstrom und Zeitbewußtsein hergestellt und dadurch unverkennbare Erschwerungen für die Aufnahme des von Theodor Lipps so benannten Themas der ›Einfühlung‹ in die Phänomenologie geschaffen. Die ›Einfühlung‹ ist also von einem Psychologen kreiert worden, was für ihren Einzug in die Phänomenologie eine schwere Erblast war und bleiben mußte, solange sie so hieß.

Denn sie thematisiert das erkenntnistheoretische Grundproblem der Psychologie: wie diese überhaupt von fremdem, also nicht nur introspektiv zugänglichem Seelischen wissen könne. Stillschweigende Voraussetzung dabei war, daß Einfühlung und Eingefühltes nicht gleichartig eingestellt wären – anders ausgedrückt: der Psychologe hat nicht den Psychologen zum Gegenstand der Einfühlung, also nicht einen, der wiederum an ihm interessiert sein könnte. In welchem Grade dies nicht selbstverständlich war, ergab sich in der Institutionalisierung der psychoanalytischen Lehranalyse: der Analysand sollte sowohl dieser als auch der Beobachter des Analytikers sein, und er kam um das zentrale Risiko der Analyse, das in der Übertragung lag, nicht herum. Übertragung und Gegenübertragung sind, von der Phänomenologie her gesehen, Überschreitungen der Distanz von Subjekt und Objekt zur absurden Selbstgegebenheit hin, die in der Fremderfahrung das Konstitutivum des ›Fremden‹ geradezu zerstört. Einfühlung ist, sofern einmal als möglich zugelassen, immer schon mit dem Eingefühlten beschäftigt; das von ihr aufgegebene Problem ist, welchen Grad von Gegebenheit, gemessen an der Selbstgegebenheit der einfühlenden Akte, deren Gegenständliches überhaupt haben kann.

Diese theoretische Ausgangssituation für die Erfahrungsart der Einfühlung hat Husserl übernommen. Er kann daher leicht sagen, daß sich das theoretische Subjekt sein in diesem Fall ›subjektives‹ Objekt unvermeidlich vom Leibe halten muß, will es nicht in die absurde Situation einer Art von Verschmelzung mit diesem geraten. Selbst*versetzung*, um es etwas anders auszudrücken, enthält immer ein Moment der Selbst*bewahrung* und ist von deren Erfolg um so mehr abhängig, wie sie aus theoretischer Einstellung hervorgeht. Aber dies soll eben nicht nur methodisches Erfordernis, technische Absicherung sein; es beruht vielmehr auf einem von Husserl ausdrücklich so eingeführten und benannten ›Gesetz‹, nach dem *ein eingefühltes Datum und das zugehörige einfühlende Erfahren selbst nicht demselben Bewußtseinsstrom, also demselben phänomenologischen Ich, angehören können.*[100] Es gibt keine absolute Evidenz von Gleichzeitigkeit. Diese hätte unweigerlich zur Voraussetzung, daß dem eigenen Bewußtseinsstrom der andere in gleicher Evidenz und damit in strikter Beziehbarkeit gegeben, nicht mehr der andere wäre. Husserl muß zur Veranschaulichung seine Metaphorik des Stromes ein wenig erweitern: *Von dem eingefühlten Strom führt kein Kanal in denjenigen Strom, dem das Einfühlen selbst zugehört.*

Achtet man genau auf die Prämissen, denen hier Geltung

100 Husserl, Gesammelte Werke XIII 190.

eingeräumt ist, so sind die des Phänomenologen, trotz seiner Beschwörung der ›natürlichen Einstellung‹, immer noch die des psychologischen Begriffsvaters. Das eingefühlte Subjekt ist nicht das, welches seinerseits Wahrnehmung von dem Subjekt der Einfühlung hätte, so trivial es wäre, das für eine Situation theoretischer Aufschließung in nur einer Richtung zunächst vorauszusetzen. Im Rahmen einer ›natürlichen Weltansicht‹ liegt es näher, das bloße Voneinander-Notiznehmen der Subjekte – noch ohne alle Absichten der Vertiefung und Einfühlung, diese jedenfalls offen lassend – zur ›Urimpression‹ zu erklären. Das eingefühlte Subjekt ist dann hinsichtlich seines Jetzt kein bloß vergegenwärtigtes. Wie es zweifellos dies wäre, wollte sich der Phänomenologe für das Subjekt seines thematischen Interesses auch dessen versichern, daß er seinerseits Subjekt des thematischen Interesses des anderen geworden sei – wenn etwa die Vorstufe einer analytischen Übertragungssituation zu beschreiben wäre. Für solche theoretische Gegenseitigkeit, als durch Einfühlung erst erschließbare, würde allerdings gelten, daß *die Gleichzeitigkeit der Einfühlung des Eingefühlten keine selbsterschaute* sei. Dann wäre dies eben nicht die Ursprungslage anschaulicher, also erlebter Gleichzeitigkeit; damit auch ausgeschlossen als Fundierung des Begriffs von Gleichzeitigkeit in ›natürlicher Weltansicht‹. Die eingefühlte Zeit des fremden Ich bliebe derart dessen eigene, daß es für keine ihrer Urimpressionen eine evidente Beziehbarkeit auf eine meiner Urimpressionen gäbe. Vielmehr könnten beide nur durch Beziehung auf eine schon objektive Zeit, also auf die Zugänglichkeit eines gemeinsamen dritten Parameters, indirekt und nachträglich die Gleichzeitigkeit eines beiderseits aufgetretenen Datums feststellen: *Die im Einfühlen gesetzte Zeit ist, wenn das empirische Einfühlen in Frage ist, ein Jetzt, das empirisch als derselbe objektive Zeitpunkt gesetzt wird wie das Jetzt des eigenen Bewußtseins. Vermittelt ist diese Iden-*

tifikation durch die Beziehung auf die objektive Zeit des Leibes und der Dingwelt.[101]
Es gäbe nur eine erschlossene Gleichzeitigkeit; diese verfiele als nur welthaft konstatierbare der phänomenologischen Reduktion. Auch ein Phänomenologe kann erfahren, daß er im theoretischen Betrieb gesehen worden war, als er ganz dem hingegeben war, unter Ausschluß mundaner Uhren seinerseits zu sehen.
Die Beziehung auf den Leib kann es nicht sein, die die Selbsterschauung von Gleichzeitigkeit unmöglich macht und der Reduktion verfallen ließe. Denn dann müßte die Fremdwahrnehmung insgesamt aus der Phänomenologie gestrichen werden. Ohne den Leib gäbe es keine Appräsentation, ohne diese keine Fremderfahrung. Insofern gehört der Leib nicht zu dem, was der Reduktion unterzogen werden kann. Wenn aber die Leiblichkeit des anderen die einzige Bedingung der Möglichkeit ist, von ihm als dem anderen eine unüberbietbare Evidenz zu haben, dann ist auch die davon unablösbare Evidenz unüberbietbar, daß *in jeder Appräsentation* wesensmäßig die Möglichkeit liegt, *appräsentiert zu werden*, und zwar in eins mit der die Appräsentation leistenden Wahrnehmung selbst.
Es kommt nicht darauf an, sich jeweils dessen versichert zu haben oder versichern zu können. Die Umkehrbarkeit der Appräsentation gehört zu deren Wesen. Das Subjekt, das ihrer fähig sein soll, wird dies nur durch den Besitz derselben physischen Eigenschaften, kraft deren es sie am anderen vollziehen kann. Reine Geister hätten keine Appräsentation, keine Fremderfahrung; sie wären dem ewigen Solipsismus preisgegeben – eine für Husserl so unerträgliche Situation, daß sie vor allem seine ein Vierteljahrhundert späteren Spekulationen über die transzendentale Subjektivität und

101 Gesammelte Werke XIII 190.

ihre Angewiesenheit auf Intersubjektivität bestimmen wird.

Der Leib wird, im Maße des Fortschritts der Fremdwahrnehmungstheorie und zumal der Analyse ihrer welttragenden und transzendentalen Funktion, schließlich reduktionsresistent. Darin legitimiert sich aber auch, ohne daß es der Explikation bedarf, die Gleichzeitigkeitsimplikation der Fremderfahrung. Ich kann nicht den anderen wahrnehmen, ohne wahrgenommen werden zu können, auch wenn ich umständliche Vorkehrungen treffe, die ihrerseits prinzipiell in der Zweckbestimmung des Sichtentzuges ›durchschaubar‹ sind. Auch wer das raffinierteste Streulichtverstärkernachtsichtgerät verwendet, kann nicht vermeiden, daß gegen ihn oder auf ihn im Prinzip dasselbe Verfahren angewendet werden kann. Es ist ein uninteressantes historisches Faktum, wenn gerade einmal nur einer schon ein solches Verstärkerorgan besitzt und der andere noch nicht. Dabei ist eben auch nur zufällig und gleichgültig das der Reduktion bedürftige Faktum, daß jeweils der andere an Gegenseitigkeit nicht interessiert sein mag.

Auch und gerade für den von Husserl vorgestellten Phänomenologen ist eben dies der Fall: Der Philosoph ist ein Beobachter einer Welt von Nicht-Beobachtern. Obwohl diese mit ihm eine gemeinsame Welt haben, kommt er in ihr nicht vor. Er wiederum ist an ihnen nur insofern interessiert, als er bei ihnen nicht vorkommt: *Vermöge der natürlichen Einfühlung werden aber die eingefühlten Ich gesetzt als zugehörig zu ihren Leibern, als Mittelpunkte dinglicher Umgebungen, dinglicher Umgebungen, die sich ausweiten zur Allnatur, derselben, die für mich auch ist, die auch ich wahrnehme und sonst erfahrungsmäßig setze. In der phänomenologischen Reduktion ist jedes Ding auch für das eingefühlte Ich Index ihm zugehöriger und von mir ihm eingefühlter Erfahrungszusammenhänge und Erfahrungsmöglichkeiten, und so für jedes Ich.*[102] Für solche ›dinglichen Umgebungen‹ anderer, aus denen sich eine Welt integriert, scheint nur eben diese Integrierbarkeit philosophisch erheblich zu sein; nicht aber der schlichte Sachverhalt, daß jene ›Umgebungen‹ anderer eben gar nicht nur dingliche sind. Sie sind es zumindest insofern nicht, als derjenige, für den sie *die* anderen sind, seinerseits als *ein* anderer in ihnen vorkommt, und zwar gerade als der andere, der mit jeder aktuellen Erfahrung eines anderen selbst der andere wird. Dann kommt es nicht mehr nur darauf an, daß alle diese in Intersubjektivität gleichsam nivelliert werden, sondern daß es das prototypische Modell der Beziehung *des einen und des anderen auf dasselbe* gibt. Und zwar kraft dessen, daß immer des einen Vorderseite des anderen Rückseite sein kann, sofern sie sich als gleichzeitige angesichts desselben Dinges zu appräsentieren vermögen.

Aufschlußreich, zumindest für das Gewicht, das Husserl dieser Fragestellung weiterhin beimaß, ist sein Umgang mit gerade diesem Abschnitt seiner Vorlesung von 1910/11: Genau ein Jahrzehnt später, im Sommer 1921, legte er erneut Hand an, durchstrich den Text mit Rotstift und ersetzte ihn durch ein neues Blatt. Als Ludwig Landgrebe 1924 oder 1925 Husserl eine Ausarbeitung jener Vorlesung vorlegte, schrieb Husserl auf den Umschlag des Typoskripts – als Zusatz zur Datierung und Inhaltsangabe »Phänomenologische Reduktion und transzendentale Theorie der Einfühlung« –, dies sei *der erste Anhieb zur Lehre der transzendentalen Intersubjektivität* gewesen.[103]

Bedenkt man, daß Landgrebes Ausarbeitung genau zu dem Zeitpunkt erfolgte, in dem Husserl zum ersten Mal sich selbst und der Nachwelt das Stichwort ›Lebenswelt‹ lieferte, muß es verwundern, daß Landgrebe den ganzen Abschnitt

102 Vorlesung 1910/11; Gesammelte Werke XIII 190f.
103 Gesammelte Werke XIII 510.

überging, in welchem Husserl sich mit dem Begriff der ›natürlichen Weltansicht‹ von Richard Avenarius und dessen »Kritik der reinen Erfahrung« auseinandergesetzt hatte. In dieser Auseinandersetzung mit Avenarius findet sich eine embryonale Hindeutung auf die um ein Vierteljahrhundert spätere »Krisis«-Abhandlung: gleichsam deren Programm aus der kritischen Wendung zu einer an der Theorie der ›natürlichen Weltansicht‹ erschlossenen Unterschicht der Naturwissenschaft, gerichtet gegen deren Ausbrechen aus ihren genuinen Fundierungen: *Die Aufgabe geht also dahin, an dem Begriff der Naturwissenschaft die so nötige Kritik zu üben, zunächst den allgemeinen Sinn der natürlichen Thesis, die aller Naturwissenschaft zugrundeliegt, reinlich auseinanderzulegen, um das Maß der Kritik damit festzustellen.*[104]

Das lief damals, in Rezeption des Begriffs von Avenarius, darauf hinaus, daß *die faktische Naturwissenschaft zu einer ›reinen‹ Erfahrungswissenschaft umgestaltet* werden müßte. Noch freilich erscheint das Verfahren als bloße Subtraktion dessen, was *alle Gedanken* heißt, von allem *Weltdenken*, um so sich *an die erfahrene Welt rein als erfahrene* zu halten.[105] Eben da setzte Husserl 1924 mit der eigenen Prägung von der ›Lebenswelt‹ wieder an; aber der Bearbeiter jener alten Vorlesung konnte die Disputation mit Avenarius zugleich als obsolet ausschalten.

Auch Husserls eigene Korrektur an der Vorlesung »Grundprobleme der Phänomenologie« von 1910 verrät, daß er 1921 vom Ansatz bei der Lebenswelt noch um Jahre entfernt ist. Man überschätzt die immanente Rolle des Stichworts unter dem Eindruck des mächtigen Anklangs, den es so viel später finden sollte. Die korrigierende Aufzeichnung über die

104 Gesammelte Werke XIII 135.
105 Gesammelte Werke XIII 135 Anm. 1.

Identifikation der Zeit des eigenen und fremden Bewußtseins hat weder Aufgabe noch deskriptive Vorarbeit vertieft. Es ist nicht viel mehr herausgekommen als der alte Befund mit der verstärkten Erinnerung an die nötige Reduktion dessen, was nur psychologisch zu sein schien. Da ist ganz kristallklar ausgemacht, worauf es ankommt: *Die Einfühlung setzt das Eingefühlte als jetzt, und setzt es als dasselbe Jetzt wie sich selbst.*[106]

Dennoch fehlt das dezisive Moment: Jenes Eingefühlte ist seinerseits ein Einfühlendes gegenüber der primären Einfühlung, und darauf beruht die Unmittelbarkeit ihres Gleichzeitigseins ohne Bezug auf ein objektives Metrum. Dieses Jetzt wird nicht vergegenwärtigt; es wird unmittelbar und evident erfahren als die Ausgesetztheit des einfühlenden Subjekts an das eingefühlte als ein seinerseits einfühlendes. Es ist nicht zutreffend, daß die beiderseitige Appräsentation bloße Mittelbarkeit schafft, wie Husserl immer noch festhält, indem er die gemeinsame Zeitidentifikation an der *objektiven* Zeit im Befund vorfinden zu können meint: *Vermittelt ist diese Identifikation durch Beziehung beider Ich auf die objektive Zeit des jeweiligen Leibes und der Dingwelt: mein Bewußtsein gleichzeitig mit meinem Leib und meiner Dingwelt, in der der andere Leib (in der Einfühlung als Leib verstanden) liegt...* Wäre dies richtig, müßte freilich hieran der Vollzug der phänomenologischen Reduktion ansetzen.

Einfühlung heißt auch in diesem grundüberholten Text nichts anderes als *das andere Ichsubjekt bezogen auf dieselbe Umwelt wie die meine* zu vergegenwärtigen, wobei sich alle Aspektverschiebungen von selbst verstehen. Auch eine solche unbestimmte in bezug auf die objektive Zeit – weil der schlichte und momentane Rückbezug des Wahrgenommenseins auf den Fremdwahrnehmer eben nichts Besonderes zu

106 Gesammelte Werke XIII 227.

sein scheint. Dieses neuere und tiefere Eindringen der, auch hier ›Einfühlung‹ genannten, *Menschapperzeption* ergibt nur ein zweites Ich, von dem mit abschließend wirkender Vollständigkeit gesagt wird, daß es *jenen anderen Leibkörper dort in innerlicher Weise als seinen Leib anschaut, um diesen ihm impressional gegebenen Leib herum eine Natur anschaut, die dieselbe ist, obschon ihm in anderen Erscheinungsweisen und sonstigen Bewußtseinsweisen gegeben als mir.*[107]

Es sind zwei Weltbetrachter, von denen der eine Notiz vom anderen nimmt, aber nur, um sich zu versichern, daß für dessen Welt die Reduktion der objektiven Existenz genauso vollziehbar ist wie für seine eigene, so daß eine transzendentale Identität entsteht – obwohl immer nur durch den einen hergestellt –, auf die alles ankommt. Sie macht es nachträglich ganz gleichgültig, wer von wem Einfühlen gewonnen hatte und welchen objektiven Zeitbezug das Jetzt derselben anzeigen ließ. Aus der einen Erfahrung des Einen sind Systeme von Erfahrungen geworden. Sie sind es, die etwas ›versprechen‹, was es auf dieser Stufe der Konstitution nicht zu geben braucht, was sich aus ihr jedoch wie von selbst ergibt und versteht: Wissenschaft.

Diese aus der Reduktion in der Einfühlung erschließbare Identität des transzendentalen Subjekts ist nicht auch die der *Systeme möglicher Erfahrung* der appräsentativ erfahrenen Subjekte. Zwar ist auch dies die eine Welt, die meine ist, aber die subjektiven Varianten sind als wesentliche erschlossen und insofern von einer quasi-objektiven Dignität. Denn ohne sie wäre das transzendentale Erfahrungssystem sinnlos, welchen Sinn auch immer als noch erschließungsbedürftigen es haben mag. Das fremde Ich wird erschlossen als das, was seinerseits phänomenologische Reduktion üben kann und für das sie

107 Gesammelte Werke XIII 228.

prinzipiell dasselbe ergeben würde, *was sie für mich ergeben hat.* Seine Welt aber ist nicht nur zufällig nicht die gleiche wie meine, obwohl sie dieselbe ist. Die Auslegung dieser Differenz ist Husserls Rezeption der Monadologie als eines pluralistischen Systems transzendentaler Subjektivität.

So wichtig es ist, Husserls Affinität zu der ihm nur durch Dietrich Mahnkes »Neue Monadologie« bekannten Metaphysik von Leibniz aufzuklären, so zwingend ist es zugleich, sein Zögern vor der abschließenden Identifikation mit einem monadischen Pluralismus begreiflich bleiben zu lassen. Die Schwierigkeit einer phänomenologischen Monadologie läßt sich wiederum am ehesten erfassen am Problem der Gleichzeitigkeit. Setzt man eine koordinierende Instanz voraus, wie es Leibniz noch tun konnte, ergibt sich alles aus dem Prinzip vom zureichenden Grunde und seiner Explikation als prästabilierte Harmonie. Aber solche Metaphysik ist das gerade Gegenteil einer Phänomenologie, die beschreiben muß, wie wir zur anschaulichen Begründung irgendeines Begriffs von Gleichzeitigkeit kommen, noch bevor sie überhaupt der Frage weiter nachgehen kann, wie der Standard des Begriffs durch so etwas wie objektive Gleichzeitigkeit erfüllbar ist. Sonst bleibt es bloße Behauptung, der ›objektive Naturraum‹ sei der Index *für eine gewisse Koordination der subjektiven Naturerscheinungen und ihrer Orientierungen, bezogen für jedes Ich auf seinen Nullpunkt im Leib*; und nicht weniger bleibt es bloße Behauptung, der ›objektive Zeitpunkt‹ und jedes objektive ›Gleichzeitig‹ sei nichts anderes als der *Index für eine bestimmte gesetzmäßige Koordination, die sozusagen jede Ichmonade mit jeder anderen in Beziehung bringt.*[108] Woher haben wir, daß die vom Bewußtsein immanent gestiftete Zeitlichkeit ›nur‹ subjektiv ist? Und woher nehmen wir die Bedingungen dafür, solche subjektiven Zei-

108 Gesammelte Werke XIII 228f.

ten als eingefühlte auch anderer Subjekte ›objektiv‹ nicht so sehr aufeinander, als vielmehr auf eine dritte und unbekannte Art von Zeitlichkeit zu beziehen?

Für dieses Problem ist die Monadologie eine Sackgasse. Die Rede von der Repräsentation jeder Monade in allen anderen beseitigt geradezu die grundlegende Funktion der Fremderfahrung für die Phänomenologie, indem sie schon voraussetzt, was doch allererst durch die einzige notwendige Erfahrung konstituiert werden soll. So ist denn der letzte Satz von Husserls Neufassung seines Vorlesungsstücks von 1910/11 nur eine Art Abkühlung des Problems durch eine historische Reminiszenz: *Mögliche Einfühlung ist die ›Spiegelung‹ jeder Monade in jeder anderen, und die Möglichkeit solcher Spiegelung hängt an der Möglichkeit einer übereinstimmenden Konstitution einer raumzeitlichen Natur, eines in alle Ich hineinreichenden Index für entsprechende Erlebniskonstitutionen.*[109]

Was das Wort ›Spiegelung‹ benennt, wird seiner Möglichkeit nach durch einen Vorgang beschrieben, der nichts anderes als das Beim-Wort-Nehmen von ›Spiegelung‹ ist: die Umgehung der Fensterlosigkeit der Monade durch ein geheimnisvolles und nicht mehr ›prästabiliert‹ genanntes Hineinreichen von allem in alles. Es bedarf der Fremderfahrung nicht mehr, sie ist schon immer da. Dann aber bedürfte es auch der Welt und der Leiber nicht mehr; dieses Risiko wird erst die transzendentale Spekulation in Husserls letztem Jahrzehnt zu überwinden suchen.

Husserl hat das Problem, wenn auch nicht seine Gewichtigkeit, gesehen. Dafür als Beleg eine Anmerkung wiederum zu der »Grundprobleme«-Vorlesung von 1910/11, Anmerkung zu einem wohl 1921 veränderten Satz, die daher nicht früher als die Änderung selbst sein kann. Im Text ist Zuflucht ge-

109 Gesammelte Werke XIII 229.

nommen zu der beliebten, aber phänomenologisch ganz unzulässigen Feststellung, das ›Gleichzeitig‹ in *einem* Bewußtsein besage *eine bestimmte Form der Einheit.*[110] Dann sei das andere ›Gleichzeitig‹, das *zwei Bewußtseinsströme übergreift*, eben gerade nicht durch diese Form bestimmt, weil das Fremde niemals die Selbstgegebenheit des Gehalts wie das Eigene annehmen, daher auch nicht zur Einheit jener Form gebracht werden könne, die es nur innerhalb *eines* Bewußtseins gebe. Die Anmerkung hierzu läßt erkennen, daß Berufung auf eine ›Form‹ dem Phänomenologen nicht genügt haben kann.

Es muß, so wird nun bestätigt, eine Initialerfahrung geben: *Zu Grunde liegt doch die urbildliche Gleichzeitigkeit meines Leibkörpers und meiner Innerlichkeit, dann des fremden Leibkörpers mit seinen Innerlichkeiten und des fremden Leibkörpers mit meinem Leibkörper und meiner äußeren Welt etc.*[111] Das führt in die Nähe von Schopenhauers Grunderfahrung des Willens als der schlechthinnigen Gleichzeitigkeit eines Handlungsbewußtseins mit einem physischen Bewegungsakt; aber gerade wegen der nicht auflösbaren Identität ist dies wiederum nur ein von begrifflichen Aufspaltungen her *erschlossenes* ›Urbild‹ von Gleichzeitigkeit. Auch wenn ich sagen kann: »Gerade als ich es wollte, tat ich es« (so unsinnig das sein mag), bestimmt es kein Zeitquantum seither, wie es für die Gegenseitigkeit von Fremderfahrung gilt, die ohne allen Rückbezug auf objektive Zeit zu sagen gestattet, für jedes der beiden Subjekte sei seit dem Moment ihrer Gleichzeitigkeit gleich viel immanente Zeit verflossen, so subjektiv sie sein mag.

Selbstversetzung erscheint so lange als eine bloße Fiktion von der Art freier Variationen, als sie nicht bezogen wird auf

110 Gesammelte Werke XIII 222.

111 Gesammelte Werke XIII 222 Anm. 4.

die Konstitution von Wahrnehmungen im Raum. Also räumlicher Körper, die in der Präsumption je zugehöriger Rückseiten die notwendige Implikation der Selbstversetzung enthalten, gleichgültig ob diese durch Kinästhese realisiert werden kann oder nicht. In einem der Bernauer Ferienpapiere aus dem September 1918 hat Husserl die Fremderfahrung auf den Stellentausch bezogen: *Handelt es sich um die Erscheinungsweisen eines Andern, so identifiziere ich sie mit denjenigen, die ich haben würde, wenn ich meine Stellung mit der seinen vertauschen würde.*[112] In einer ergänzenden Anmerkung zu diesem Satz geht er noch den fast entscheidenden Schritt weiter, das Orientierungssystem, das zunächst als *mein* Raum sich darstellt, würde *in der Einfühlung vom Andern übernommen, und seines von mir;* so werde es ein einziges Orientierungssystem und entsprechend *›der‹ Raum nur einer für uns beide.*

Die Rede vom Orientierungssystem übergeht dessen zugespitzte Funktion in der Wahrnehmung eines und desselben Körpers durch den Anderen und mich unter Herstellung der Gleichzeitigkeit, sofern mit der Körperwahrnehmung Fremdwahrnehmung einhergeht und die Umkehrbarkeit des Verhältnisses von Vorder- und Rückseite konstituiert. Um diese Verbindung der Raumkonstitution mit der Fremderfahrung phänomenologisch zu erschließen, muß man auf das bloße Faktum der organisch ermöglichten Bewegung des Subjekts im Raum reduktiv verzichten. Auch zwei gleichsam pflanzlich verleiblichte und verwurzelte Subjekte könnten einen physischen Körper zwischen sich haben, und jedes der beiden könnte sich in einem einzigen Akt vergewissern, daß seine Vorderseite – die seiner aktuellen und in diesem Fall auch dauernden Wahrnehmung – die Rückseite des anderen, nämlich die seiner ständig nur potentiellen Wahrnehmung

112 Gesammelte Werke XIII 412.

ist. Sie könnten es, sofern sie über ihren gemeinsamen Gegenstand hinweg voneinander Wahrnehmung als von diesen den Körper Wahrnehmenden hätten. Dingwahrnehmung und Fremdwahrnehmung ständen dabei in genauer funktionaler Zuordnung.

Der Raum als die Zugangsweise zum physischen Körper in der Mannigfaltigkeit seiner Abschattungen wird generiert, indem die Subjekte einander generieren. Die besetzte Raumstelle wäre der Prototyp der unbesetzten, nicht umgekehrt. Husserl notierte sich zu seiner Vorlesung im Wintersemester 1926/27: *Die original erfahrene Welt ist, wenn wir die Einfühlung abblenden, keine normale Raumwelt, wie sie es durch Einfühlung wird. Zur objektiven Apperzeption gehört also ein intentionaler Horizont, der sich auf Andere bezieht und den im erfahrenden Glauben sich vollziehenden Konnex mit anderen voraussetzt.*[113]

Ein Raumding vor sich haben zu können, ist eine so erstaunliche Leistung, daß es nicht genügt, die Mitgegebenheit einer Rückseite unter jedem seiner Aspekte aus der Umschaltung der Retention – also dessen, was gerade an Wahrnehmung von ›Seiten‹, die jeweils Vorderseiten waren, durchlaufen worden ist – auf die Protention als Bestimmung des Bevorstehenden zu erklären. Die Rückseite ist eben nicht die ›nächste‹ Seite im Fortgang der Wahrnehmung ein und desselben Körpers, sondern dessen jeweils entferntester überhaupt erreichbarer Aspekt zum je gegenwärtigen. ›Rückseite‹ ist eine kühne Extrapolation, nicht das Nächstliegende, und dennoch die alltägliche Selbstverständlichkeit.

Husserl arbeitet, um den Umgang mit solchen Selbstverständlichkeiten verständlich zu machen, mit analogen Leistungen des Bewußtseins, in denen sich so etwas wie vorbereitende Begriffsbildung vollziehen kann. So hat er in

113 Gesammelte Werke XIV 470.

der »Ding«-Vorlesung dem intrikaten Phänomen der ›Rückseite‹ das Vorphänomen der mehrschichtigen Vorderseite, in mehr als vergleichender Absicht, an die Seite gestellt.
Die Oberfläche des physischen Körpers hat parallele Sinnesschichten, deren ›Lagerung‹ wesensmäßig festliegt: Der Zugang zur visuellen Schicht wird durch das Organ für die taktile Schicht versperrt. Die tastende Hand verwehrt dem Blick, gleichzeitig wahrzunehmen, was sie ertastet. Die für den phänomenologischen Bewußtseinsbegriff höchst einschlägige Leistung ist nun, daß die Hand die Oberfläche des Dinges nicht unterbricht, nicht ausfallen läßt, sondern nur derart verdeckt, daß sie unter dem getasteten Befund ›weiterläuft‹, mit diesem also durchaus identifiziert werden kann. Umgekehrt läuft die taktile Schicht auch dort, wo die Oberfläche nicht getastet wird, parallel zu der visuellen Schicht ständig weiter, so daß von jedem Teil einer solchen Oberfläche evident bleibt, daß er Tastqualitäten hat, deren Bestimmtheit sogar mehr oder weniger genau ihm ›angesehen‹ werden kann und beim Fortgang der optischen Wahrnehmung von der Stelle ›nachziehend‹ zu prüfen ist.
Zu sagen, aus den faktischen Wahrnehmungen werde eine Art Folgerung für die Teile der Oberfläche gezogen, die infolge Realisierung des jeweils anderen Sinnes von dessen Sinnesschicht dominiert werden, ist freilich in einem phänomenologischen Text nicht zulässig. Husserl umgeht diese – sich in der Phänomenologie der Fremdwahrnehmung in ganzer Schärfe herausstellende – Schwierigkeit der Vermeidung aller Schlüsse vom Helmholtz-Typus, indem er mit der Einführungsformel *Bildlich gesprochen* sowohl den Vergleich mit der Rückseite als auch die Metapher der Kraft anbietet: *Die parallele Schicht schöpft aus der gesehenen Schicht eine Kraft und eine viel größere Kraft als die Rückseite aus der Vorderseite. In der räumlichen Kontiguität liegt nicht solche Kraft wie in der räumlichen Durchdringung, die der Paral-*

lelismus der Schichten fordert.[114] Was die Vorderseite für die Rückseite leistet, wäre also in der Sache dasselbe – wenn auch von geringerer Intensität – wie das, was die jeweilige Sinnesschicht für diejenigen Teile der Fläche leistet, die ihr durch die andere Sinnesschicht entzogen werden.

Aufregend ist nicht das Phänomen als solches, sondern die zu dem ›äußersten Mittel‹ der absoluten Metapher Zuflucht suchende Verlegenheit des deskriptiven Verfahrens, die ihm gesetzten Verbote zu beachten. Kaum verwundert daher, daß Husserl an dieser Stelle nicht nur die Bezeichnung ›Bildlichkeit‹ gebraucht, sondern ganz adäquat noch den Schritt weiter geht, vom ›Mythos‹ zu sprechen: *Das sind mythische Reden, hinter denen aber phänomenologisch etwas liegt, wie man bei Versenkung in die phänomenologische Sachlage eben sieht.* Es ist ein seltenes Exemplar von Beleg für die Tendenz der absoluten Metapher in philosophischen Texten, die Grenze zur mythischen Hypostase zu überschreiten, wie es Husserl besonders dann zustößt, wenn er streitenden Momenten im Phänomen jeweils ihre ›Kraft‹ beilegt oder sogar eine Art Rhetorik des Objekts gegenüber dem Subjekt durchgehen, jenes zu diesem sprechen läßt.

Im vorliegenden Fall ist fraglich, ob Husserl die Möglichkeiten der vergleichenden Beschreibung ausgeschöpft hat. Es liegt nahe, darauf zu drängen, dem ›Vorphänomen‹ einen Übergang zum Phänomen der ›Rückseite‹ nachzuweisen. Da ist nun ganz evident, daß im Umgang mit physischen Gegenständen die elementare Erfahrung alltäglich gemacht werden kann und gemacht wird, daß der tastende Zugriff ›weiter reicht‹ als der optische. Den Würfel, an dessen visuelle Vorderseite bei unveränderter Relation der Blick gebunden ist, hält und umgreift die Hand derart, daß sie gerade zur Freigabe der frontalen Ansicht die dadurch entzogenen Ansich-

114 Gesammelte Werke XVI 75.

ten in den Griff einbezieht und taktil erfaßt, auch wenn dies ohne jede Zuwendung von Aufmerksamkeit geschieht. Für die der aktuellen Ansicht abgewandten Seiten des Würfels gilt also die Gesetzlichkeit nicht, daß die Abschöpfung der taktilen Schicht die der optischen verhindert; diese ist nämlich schon durch die bloße Konstellation von Betrachter und Ding, nicht erst durch den manuellen Zugriff, im optischen Schatten.

Was ›Rückseite‹ ist, läßt sich also gerade dadurch beschreiben, daß es im Prinzip taktil wahrgenommen werden kann, ohne dadurch die optisch ohnehin negative Situation zu verändern. Hier fehlt das ›Kräftemessen‹ der Sinnesschichten; dafür liegt eine phänomenologisch exzeptionelle Leistung des Bewußtseins in bezug auf die Identität des Gegenstandes vor. Durch Umschaltung der Aufmerksamkeit kann sprunghaft die Zuordnung verschiedener Sinnessphären zu demselben Gegenstand vollzogen werden, die sich nicht in ihrer identischen Zugehörigkeit ausweisen müssen, indem sie einander ausschließen.

Nun kann man noch einen Schritt weitergehen und sagen, der Mensch sei selbst ein solches ›Vorphänomen‹ für das Verhältnis von Vorderseite und Rückseite, für die Inkongruenz der visuellen und der taktilen Oberflächen. Er ist zudem sensorisch so ausgerüstet, daß seine frontalen Leistungen mit einem dorsalen Defizit einhergehen oder sogar erkauft werden. Daraus ergibt sich, daß die Evidenz der eigenen ›Rückseite‹ durch deren Empfindlichkeit bekommt, was Husserl mythisch ihre ›Kraft‹ in der Konkurrenz um die Aufmerksamkeit hätte nennen können – wenn ihm nicht anthropologische Fakten dieser Art selbstverboten gewesen wären.

Dennoch bleibt dies ein Stück ›freier Variation‹: es gibt ein Wesen, das derart auf seinen sensorischen Vorderraum, auf die Frontalseite von Gesicht, Gangrichtung und manuellem

Aktionsradius eingestellt ist, daß ihm nichts lebensdringlicher sein kann, als sich dessen bewußt zu bleiben, was es gerade nicht wahrnimmt. Darin muß es zugleich die Möglichkeit aller anderen ihm etwa riskanten Wesen erkennen, ihrerseits das Ungesehene des Selbst gegen dieses als Aktionsfeld wahrzunehmen. Da rückt etwas, was in der Theorie des Dinges die Neutralität des Wechsels von Vorderseite und Rückseite hat, in das thematische Zentrum – einer möglichen oder unmöglichen, zulässigen oder unzulässigen – phänomenologischen Anthropologie, die die Beziehung zwischen jenem Ding und diesem besonderen ›Ding‹ herzustellen hätte.

Gerade von diesem riskanten Sonderfall reflektiert die Bedeutung, die die Erschließung der Gleichzeitigkeit eines identischen Körpers unter polaren Aspekten bei unmöglicher Vollziehbarkeit durch das identische Subjekt haben kann. Da überschieben sich transzendental-genetische Notwendigkeit und anthropologische ›Wesenseinsicht‹ in das, was den Komplex der Selbsterhaltung konstituiert. Es kommt darauf an, die Abschattungen des Körpers von der Ausschließlichkeit ihrer Bindung an Retention und Protention zu lösen und das Rätsel der Gleichzeitigkeit des Mitbewußtseins vom Ungegebenen erforschbar zu machen.

Wie die genetische Logik Husserls ideal-einmalige ›Augenblicke‹ erschließt, in denen die Konsistenz des Bewußtseins nur über eine prälogische Leistung ›gerettet‹ werden kann, muß auch für den Grenzwert ›Rückseite‹ die Idealfiktion gemacht werden, daß das Andere schon zur Verfügung steht, wenn das Eine noch akut ansteht. Dieses auf Erfüllbarkeit angelegte Bewußtsein muß mit seinen Enttäuschungen fertig werden können, die es nur deshalb geben kann, weil seine Wahrnehmung ihm nicht vorenthält, was in sein Lebensprogramm nicht paßt. Das erstaunlichste Instrument dazu liegt in der Durchstreichung von Vorgriffen seiner Erfahrung, die logisch zur Negation wird; diese Vorkehrung läßt sich ohne Schwierigkeit auf das Phänomen der ›Rückseite‹ als den Grenzfall möglichen Aussetzens von Erfüllung beziehen. So etwas wie eine ›Bewußtseinsgarantie‹ liegt eben darin, daß es einen Körper ohne ›Rückseite‹ – wie enttäuschend sie immer für Vorgriffe sein mag – nicht gibt.

Ein Bewußtsein, das kein festes Repertoire an Signalen hat, muß Vorgriffsfunktion annehmen, in der es Eindeutigkeit im Unterschied zu seiner Behaltungs- und Rückgriffunktion (Retention und Erinnerung) nicht gibt. Der absoluten Bestimmtheit, *daß* ein Raumding eine Rückseite hat, ist die Unbestimmtheit zugeordnet, *wie* sie beschaffen ist. Wäre diese Unbestimmtheit nicht eingeschränkt durch Vorgaben einer gewissen Typik, könnte es Unerfülltheit von Protention und damit die Negation nicht geben. Mit dieser erhält sich das Bewußtsein in seiner Einstimmigkeit, indem es noch seine Enttäuschungen als im Bereich seiner Möglichkeiten liegend erfaßt.

Intersubjektiv ist die Unbestimmtheit für den einen die Bestimmtheit für den anderen, nämlich für den, der als ›Vorderseite‹ hat, was für mich ›Rückseite‹ ist. Er setzt die Position, die verbürgt, daß die Welt nicht in Augenblicke und Partikel auseinanderfällt. Der andere ist der, dem das mir gerade Unmögliche möglich ist: ›zugleich‹ die andere Seite des Dinges *vor sich* zu haben. Zu jeder anderen Zeit als der selben wäre es mir selbst möglich, diejenigen Bewegungen oder Veränderungen zu vollziehen, die auf die mir abgewandte Seite des Gegenstandes tendieren. Ohne mich je vergewissern zu können, sie erreicht zu haben; denn es gibt keine Evidenz dafür, daß jemals eine Vorderseite in aktueller Wahrnehmung die Rückseite zu einer vergangenen Wahrnehmung ist.

Dabei ist jener andere schon nicht mehr der einer ursprünglichen Begegnung. Denn, sofern er auch mich wahrnimmt, hat das durch den zwischen uns stehenden physischen Körper seine Schärfe als Unbestimmtheit *seiner* Absicht und damit *meiner* Vorsicht verloren – ist also über die erste Annäherungsstufe, worin es ›auf mich abgesehen sein kann‹, schon hinaus. Es ist abgefangen in einer, wenn auch noch so beiläufigen oder sogar nur gedachten, gemeinsamen Aufmerksamkeit auf ›dasselbe‹: auf ›dieses dort‹, welches auch für ›diesen dort‹ dasselbe ist.

Damit ist das ›Ding‹ zumindest auf die Vorstufe dessen gebracht, was man irgendwann infolge einer größeren Bestimmtheit der Einstellung – unter der damit verbundenen letzten Abschwächung von Absichten und Vorsichten – als ›Objektivierung‹ wird betrachten und im Entsprechungsspiel von Einstellungen und Verhaltensweisen bis hin zum Austausch von Wahrnehmungen ›realisiert‹ finden können.

Der andere ist immer deutlicher und genauer ›auch Einer‹ geworden; und im selben Zuge das Ding zwischen uns, im Tausch seiner Vorder- und Rückseite, das ›Selbe‹. Dann heißt es nur noch unschlicht ›Objekt‹.

Es ist nicht auszuschließen, daß diese Situation der realisierten oder möglichen Doppelseitigkeit der Dinge in der Welt, sofern ihre theoretische Depotenzierung mißlingt, zur riskanten Anschärfung des Bewußtseins mißrät, es sei dasselbe Objekt, um welches es dem jeweils anderen gerade gehe – und dann haben wir das Schema jenes *status naturalis* vor uns, von dem ausgehend die neuzeitliche Staatsphilosophie ihren konstruktiven Weg genommen hat. Deren Frage konnte es keinesfalls sein, welche Voraussetzungen erfüllt sein müssen, damit die Feindseligkeit der potentiellen Rivalität um ein und dasselbe sich überhaupt aufbauen und in ihren möglichen, eben präsumierbaren Folgerungen begreifen kann. Hobbes nahm das als den von der Stoa definierten Rechtsurzustand des *Omnia dedit natura omnibus.* Die

Dinge werden zu Konvergenzpolen des Willens oder der Vernunft.

Sache dieser Staatstheorie war es auch nicht zu begreifen, daß es genau das *theoretische* Desinteresse am *Besitz* der Dinge war, was die Differenz von Vorderseite und Rückseite den Subjekten gleichgültig machte. Sie ließen sich jeweils mit ihrem Aspekt und seiner immerwährenden Vorderseitigkeit abfinden. Denn Antrieb der natürlichen Neugierde ist es, hinter die Dinge zu kommen, von ihnen zu besitzen, was man gerade und jeweils nicht hat. Dazu scheinen Bewegung und Handlung zu genügen. Die Theorie jedoch verliert, wenn sie eine mögliche Gleichzeitigkeit drangibt, die sie nur im Nichtselbsthaben der Rückseite haben kann. Im Verzicht auf theoretischen Gesamtbesitz – auf den wie immer gestreckten intentionalen Selbstvollzug – bereitet sich die Resignation vor, daß Theorie zum Leidwesen des Individuums die Grundform der nur partiellen Authentizität hat. Nicht die Schwäche der Subjekte, sondern die Wesenseigentümlichkeit des Dinges impliziert die Endform der Theorie als Institution, der die Individuen ihre Ansprüche zedieren. Rückseite ist, was nur im Nichtbesitz besessen werden kann.

XX

Das Dilemma der Selbstverständlichkeit

Sobald die Phänomenologie ihr Grenzthema ›Welt‹ erreicht, gerät sie in ein Dilemma mit dem, was eine Welt und erst recht ihren elementaren Typus, die ›Lebenswelt‹, ausmacht: Selbstverständlichkeit. Phänomenologie ist definiert als Überführung von Selbstverständlichkeiten in Verständlichkeiten. Sie kann es sich daher nicht leisten, dem Thema ›Welt‹ nur eine periphere Rolle zuzuweisen. Im Gegenteil, gerade dort muß sie erweisen, was es mit ihrer Definition auf sich hat.

Dabei haben die Phänomenologen zwei Schwierigkeiten zu überwinden. Die erste ist, zwar zu erkennen, aber doch unzerstört zu lassen, was anderen in ihren Welten und durch diese selbstverständlich ist. Auch Philosophie bedarf des Respekts vor dem, was andere leben läßt.

Die andere Schwierigkeit ist zu erkennen, was dem Phänomenologen selbst selbstverständlich ist. Hier ist die Zerstörung unvermeidlich, und er ist darauf angewiesen, mit ihr zu leben. Ob dieser Einsatz größer ist als der, den Theoretiker anderer Disziplinen zu leisten haben, wird sich der Abwägung entziehen. Die zerstörte Selbstverständlichkeit erfordert eine Art der Lebenskunst, die auch sonst Aufklärer zu praktizieren hatten: sich so zu verhalten, als hätten sie an das Selbstverständliche nicht gerührt. Es gibt eine Rivalität zwischen dem Wunsch, sich selbst leben zu lassen, und den Anforderungen, die eine professionell ausgeübte Methode mit sich bringt, der Ungestörtheit des alltäglichen Lebensvollzuges entgegenzutreten.

XXI

Ein schwerwiegender Beschreibungsfehler

Der Begriff der Intentionalität des Bewußtseins entzieht sich nicht leichthin der Belastung, nur die zum ›Wesen‹ erklärte und erhobene Tendenz der theoretischen Einstellung zu sein – das basierende Stück präsumptiver Gemeinsamkeit mit dem Neukantianismus also. Bei der Wahrnehmung eines regelmäßigen Körpers, etwa eines Hexaeders, der dem Betrachter eine ebene ›Vorderseite‹ zuwenden kann, gibt es für diesen eine optimale Ansicht. Die Gegebenheit jener Seite kann optimiert gedacht werden bis zu dem Punkt, an dem der Betrachter zum Körper die günstigste optische Position hat, die Vorderseite sich ihm vollkommen gleichmäßig und undifferenziert darbietet, so daß nach diesem Maximum der Begünstigung die Intention nur noch abfallen und sich verlieren kann. An diesem Grenzpunkt verweist sie auf keine Erfüllung mehr, *sie ist in dieser Phase der intentionalen Bewegung Bewußtsein des erreichten Zieles.*[115]

Genau an dieser Stelle wird Husserls Beschreibung falsch. Bei der Intention, sich einen regelmäßigen Körper in der günstigsten optischen Position gegeben sein zu lassen, bleibt das Bewußtsein des erreichten Ziels, der durch Erfüllung ablassenden Intentionalität, ausgeschlossen. Es gibt im Bewußtsein nichts, was als Gewißheit bezeichnet werden könnte, kein Rest unerfüllter Intention sei geblieben. Noch genauer ausgedrückt: Der Grenzpunkt, der Erfüllungsgipfel, kann als solcher nicht erlebt werden. Dabei ist das deskriptiv ebenso Merkwürdige wie Evidente, daß sowohl die noch

115 Husserl, Gesammelte Werke XVI 108.

unerfüllte Intention als auch die ablassend-abfallende erlebt werden können – erlebt also wird, daß jene angenommene Grenze der Optimierung überschritten worden ist, also keine Fiktion gewesen sein kann. Aus dem Absinken der intentionalen Spannung kann erschlossen werden, daß die Ziellinie überschritten worden war. Es ist, was man entbehrt, solange es noch aussteht, und was man wiederum dadurch erfährt, daß es vorüber ist. Nur der kritische Limes wird als solcher nicht erlebt, hat keine anhaltbare Evidenz. Würde diese vermutet oder unterstellt, ließe sich niemals ausschließen, daß noch Steigerungsfähigkeit ausgelassen sei, während aus dem faktischen Abfallen nachträglich evident wird, daß es Steigerung nicht mehr geben konnte.

Für phänomenologische Sachverhalte ist dies ein Schema von großer Bedeutung. Eine Evidenz, die im Zuge einer Intention liegt, wird trotzdem als solche nicht erlebt, vielmehr nur erschlossen als Negation der Überbietungsfähigkeit eines zwar erreichten, aber immer schon, wenn es ans Feststellen geht, überschrittenen Niveaus.

Es geht hier nicht um die Frage, *ob nicht eine Wahrnehmungsmannigfaltigkeit denkbar wäre, die zu einem Grenzpunkt hinleiten könnte, in dem absolute Sättigung und Sättigung in jeder Hinsicht bestände.*[116] Die beiden in dieser Frage verwendeten Beschreibungsmittel ›Grenzpunkt‹ und ›absolute Sättigung‹ dürfen so nicht für einander gesetzt werden. Absolute Sättigung wäre etwas, was in sich selbst und an sich selbst den Ausweis des ›Mehr geht nicht‹ trüge, also der genau im Erreichten liegenden Unüberbietbarkeit. Der Grenzpunkt jedoch ist, was zwischen dem ›Noch nicht‹ und dem ›Nicht mehr‹ mit Evidenz liegt und doch in seiner Evidenz nicht angetroffen werden kann, weil nur seine noch nicht gegebene und seine nicht mehr gegebene Unmittelbar-

116 Gesammelte Werke XVI 114.

keit das Erlebbare sind, von dem her jeweils nur die kinästhetische Korrektur des intentionalen Voran oder Zurück reguliert werden kann. Grenzpunkt ist jeder Stand im Zuge intentionaler Vollstreckung, von dem an der ›Sättigungsgrad‹ an Erfüllung wieder schwindet; dadurch wird der Kulminationspunkt keineswegs als der einer absoluten Sättigung ausgezeichnet. Dennoch bleibt er herausgehoben durch die Wendung nach dem Standard der Gegebenheit als Maximalpunkt eines intentionalen Zusammenhangs, der sich als solcher – wo Selbstgegebenheit unerreichbar ist – eben immer nur rückwirkend, nicht aber im Moment seines Gegebenseins abhebt. Es kann von ihm her folglich nicht geschlossen werden, daß nicht bei anderem Verlauf des intentionalen Vollzugs ein Maximum erreichter Gegebenheit möglich wäre, das den faktisch erreichten Kulminationspunkt überbietet. Dieses bleibt das schlechthin Unausgeschlossene, wo absolute Selbstgebung ausgeschlossen ist.

Als Husserl in der »Ding«-Vorlesung des Sommersemesters 1907 der Beschreibung des Maximalpunktes einer Dingwahrnehmung nachging, hatte er die Unterscheidung von Noema und Noesis noch nicht eingeführt. Sonst hätte er die noetische Kulmination einer Körpergegebenheit abheben müssen von der noematischen. Wenn Evidenz eine Bestimmung von Gegebenheitsweisen ist, muß es ganz und gar unzulässig erscheinen, mit der Voraussetzung zu arbeiten, man könne erst hintendrein den Maximalpunkt der Steigerung als Wendepunkt des intentionalen Prozesses im kinästhetischen Verhältnis zwischen Wahrnehmung und Objekt erschließen und nicht von einem *Bewußtsein des erreichten Zieles* als der Erfüllung der Intentionalität ausgehen. Denn in dieser muß für jede Art von Gegenstand angelegt sein, was ihr inhaltliches Ziel ist, so daß dieses im Moment seiner Erreichung in dieser Hinsicht identifiziert werden kann.

Dieser Sachverhalt ist nun auch für eine Theorie der ›Lebenswelt‹, an die zur Zeit der »Ding«-Vorlesung noch nicht zu denken war, von unvergleichlicher Bedeutung. Das läßt sich an einem ganz anderen Sachverhalt als dem der Körperwahrnehmung illustrieren: Der Lebenspunkt maximaler Zufriedenheit, der gleichfalls niemals mit der Evidenz der Steigerungsunfähigkeit ausgezeichnet sein kann, wird als solcher erst erkannt und qualifiziert, wenn er verlassen und vorbei ist. Das gilt methodisch für diese singuläre deskriptive Aufgabe, die mit dem Thema ›Lebenswelt‹ verbunden ist: Man kann ihre Beschreibung nicht betreiben, solange man sich in ihr aufhält und soweit man es tut. Vielleicht wirkt diese Behauptung vertrauter, wenn man sie auf einen trivialen Zustand menschlicher Wünsche und Sehnsüchte, aber auch Erfahrungen bezieht. Wann wird je ein Mensch feststellen: »Jetzt bin ich glücklich«? Dagegen ist die natürlichste Sache von der Welt – und das nicht nur als eine literarische –, daß einer sich erinnert, in seiner Kindheit und Jugend, in dem und dem Jahr, vor so und so langer Zeit, vielleicht noch gestern oder vorgestern oder sonst irgendwann glücklich gewesen zu sein. Davon, sagt man gern, lebt einer. Aber in der Selbstbefragung erkennt er es vor allem daran, daß er es seither nicht mehr oder nicht in annähernd solcher Weise gewesen ist. Als er es aber gewesen war, gab es keine Gewißheit dessen, daß ein derartiges Erfüllungserlebnis alsbald vorbei sei und in dieser Intensität nicht wiederkehren würde, so daß die Erinnerung erst den subjektiven Sättigungsgrad jenes Lebensaugenblicks feststellt.

Hier läßt sich auch sehr schön zeigen, wie die Begriffe von Unüberbietbarkeit und gegenstandsspezifischer Evidenz zueinander gehören. Es hat keinen Sinn, von jener Erinnerung an den Augenblick höchsten Glücks zu sagen, sie habe eine äußerst fragwürdige Evidenz. Da es aber die momentane Evidenz der Unmittelbarkeit gar nicht gibt – einer, der glücklich ist, eben gar nichts weiter ist als dieses, erfüllt von diesem und zu Feststellungen über dieses damit schlechthin unfähig –, ist die erinnernde Qualifikation des erlebten Augenblicks die unüberbietbare Einstellung dazu. Selbst Faust genießt den für ihn tödlichen höchsten Augenblick nicht in der Identität der Glücksempfindung, sondern im ›Vorgefühl‹ des höchsten Glücks, an das er sich nicht erst erinnern darf, um es als solches anzuerkennen, weil das dem Pakt zuwider liefe. Reden muß er davon vorher, weil das als Paktbedingung akzeptierte Glück zugleich sein Ende sein wird. Paul Valéry hat in der Gartenszene seines »Faust« das Unmögliche versucht, die Identität von Empfindung und Beschreibung diesem Sensualisten in den Mund zu legen – insofern zu Recht, als ein Sensualist nach seinen Voraussetzungen dies können müßte.

Blickt man von diesem Exkurs zu Lebenswelt und Glücksbewußtsein zurück auf die schlichteren deskriptiven Probleme der Wahrnehmung, so gibt es da, nach Husserls Analyse, *in gewissen Richtungen Maximalpunkte der Vollkommenheit,* aber es gibt in keiner Wahrnehmungsreihe die Steigerung der Gegebenheit zum absoluten Optimum, *nicht einmal bei günstiger Wahl der Erscheinungsreihe zu absolut bester, also zu absoluter Gegebenheit der betreffenden gegenständlichen Bestimmtheit.* Anders ausgedrückt: Keiner Gegebenheit kann jemals angesehen werden, daß sie die beste ist, selbst wenn sie es wäre, weil es dafür in der Anschauung selbst kein Kriterium gibt, selbst wenn die Wahl der Einstellungen nach Kriterien der Optimierung erfolgt ist. Fast läßt sich erwarten, daß sich hieran bei Husserl die Fiktion eines unendlich vollkommenen Intellekts anschließen muß, wie es tatsächlich geschieht – und wie es den schwerwiegenden Beschreibungsfehler noch verstärkt, was allemal die Folge der Einführung unüberbietbarer Vernunftwesen ist: *Ein unendlich vollkommener Intellekt, möchte man phantasieren, hat von dem Ding und hat von der ganzen Welt reine Anschau-*

ung. Er hat in seinem Gesichtsfeld die und die qualitativ so und so ausgefüllten Gestalten, und das sind die Dinge. Allerdings, unser visuelles Feld ist zweidimensional. Nun, der unendliche Intellekt hat ein dreidimensionales Gesichtsfeld...[117] Husserl spricht vorsichtig von einem phantasierten Intellekt; aber diese Vorsicht genügt nicht, um das Unternehmen einer Phänomenologie der Wahrnehmung nicht zu diskreditieren, die doch Schritt für Schritt den Anspruch reiner Wesensanschauung erhebt und damit ihre Resultate für jedes Bewußtsein und für jede optische Wahrnehmung von Dingen unbedingt verbindlich macht. Es mag sein, daß ein unendlich vollkommener Intellekt andere Begriffe von physischen Dingen hat als wir, die wir immerhin auch Körper beschreiben können, ohne sie abzubilden, indem wir algebraische Bestimmungen verwenden – aber eine im Raum stattfindende und durch Bewegungen im Raum vollziehbare optische Wahrnehmung ist an die Wesensgesetze gebunden, die der Phänomenologe findet, und wenn er recht hätte, dürfte ihm kein Gott Unrecht geben können hinsichtlich dessen, was er über noetisch-noematische Sachverhalte der Wahrnehmung sagt.

117 Gesammelte Werke XVI 117.

XXII

Die Einheit der elementaren Handlungen des Phänomenologen

Die phänomenologische Methode besteht seit ihren Anfängen aus elementaren Handlungen, deren Zusammenhang und Verhältnis zueinander undeutlich bleiben muß, weil ihre Klärung wiederum nur Sache des phänomenologischen Verfahrens sein kann. Die Erklärung der Reduktion in ihrer Urform ergibt sich am einfachsten aus der alten scholastischen *distinctio realis*; sie erlaubt es, ja, sie provoziert es geradezu, eine Erkenntnisform zu denken, in der die Existenz unwesentlich ist und die Essenz allein betrachtet werden kann. Damit dies nun nicht in eine geheimnisvolle Mystik der Anschauung transzendenter Ideen zurückfällt, dem Universalienrealismus gleichkommt, wird ein Verfahren angegeben, welches Gegenstände so behandelt und präpariert, daß ihr Wesen ohne Rücksicht auf Existenz heraustritt: die freie Variation. Auch sie ist im Grunde ein Verfahren der Reduktion: Sie will durch gedankliche Veränderung an Gegenständen von ›Erfahrung‹ im weitesten Sinne herausbekommen, was als Invarianz übrig bleibt, wenn man alle Varianzen durchgespielt, isoliert und reseziert hat. Die Summe des Nur-Faktischen *ist* zwar nicht die Existenz, aber bedingt durch sie: Nichts kann existieren, ohne daß Faktisches zum Wesentlichen hinzutritt und dieses konkret unkenntlich macht.

Nicht gedacht ist bei dem Verfahren der freien Variation, auch das derart vorgehende Subjekt könne oder müsse zu deren Thema werden. Es steht zunächst der Welt seiner Gegenstände – auch wenn dies eine neu erschlossene Welt sein sollte – genau so gegenüber wie das klassische Subjekt seinen Objekten.

Der erste Schritt zum Verlassen dieser statischen Gegenüberstellung ist die Einbeziehung der dem Subjekt durch seinen Leib ermöglichten Bewegung im Raum für die Gegebenheit seiner körperlichen Gegenstände. Bewegung im Raum muß nicht durch physische Anstrengung vollzogen werden; sie kann genauso als gedankliche Operation durchgeführt werden, wie die Drehung des jeweils gegebenen Körpers bei ruhendem Leibsubjekt rein imaginativ vollzogen werden kann. Jedenfalls ist die Kinästhese die früheste Anwendung des Verfahrens der freien Variation auf das Subjekt. Zunächst ist sie es allein zugunsten der Beschreibung des Objekts und seiner Gegebenheitsweisen.

Allerdings liegt nahe, diese freie Variation der Wahrnehmungsbedingungen des Subjekts daraufhin zu prüfen, wieweit sie für andere Subjekte gilt und verallgemeinert werden kann. Dann bekommt man – ganz von selbst und ohne Änderung der Hauptrichtung der Aufmerksamkeit – Aussagen über Wesensbestimmungen von Subjekten, statt von Objekten. Anders gesagt: man macht die Subjekte selbst zu Objekten, integriert sie der Welt dessen, worüber phänomenologische Wesensaussagen möglich sind.

Dann ist auch der Punkt erreicht, an dem jedes faktische Subjekt als ablösbar gedacht werden kann durch ein anderes faktisches Subjekt, weil beide durch die Gemeinsamkeit ihrer Wesensbestimmungen dasselbe zu leisten vermögen. Angewendet auf die früheste freie Variation über das Subjekt – seine Beweglichkeit im Raum kraft seiner Leiblichkeit – bedeutet dies, daß eine auf den Raum verteilte Mannigfaltigkeit von Subjekten dasselbe zu leisten vermag wie die Bewegung eines identischen Subjekts. Das gilt aber nur, sofern es Verfahren gibt, Schlüsse aus der Verhaltensweise der anderen

Subjekte auf das identische Objekt zu ziehen. Das kann sprachliche Verständigung sein, muß es aber nicht. (Rilke, Malte Laurids Brigge)

Löst man sich nun von der isolierten Betrachtung der Beziehung des Subjekts oder der Subjekte auf ein einzelnes physisches Objekt, so muß man in die Beschreibung einbeziehen, daß Subjekte nicht nur Objekte, sondern vor allen Objekten so etwas wie Umgebungen haben, zu denen sie sich je in ausgezeichneter Stellung – nämlich als deren Beziehungszentren – befinden. Zwar sind diese Umgebungen, noch nicht als ›Horizonte‹ bezeichnet, subjektive Bestimmungen von Subjekten, zunächst als Begrenzungen wie als Spielräume ihrer Gegenständlichkeiten und der Verhältnisse zu diesen. Aber sie sind auch Übergänge zu einer erweiterten Objektivität, insofern jedem Subjekt für seine subjektive Umgebung deren Überschreitung durch eigene Bewegung vertraut ist: Dort, wo zuvor die Grenze der eigenen Umgebung lag, kann alsbald und in kontinuierlichem Übergang das Zentrum der neuen Umgebung desselben Subjekts liegen.

Dann kann das Zentrum des einen Subjekts alsbald dort liegen, wo zunächst das Zentrum der Umgebung eines anderen Subjekts gelegen hatte und nun nicht mehr liegt, also gleichsam freigegeben und umbesetzbar geworden ist. Diesen Vorgang beschreibt Husserl schon in der »Ding«-Vorlesung von 1907 als einen Vorgang der Vertauschung: *Vertauschen sie mit uns oder wir mit ihnen die Stellung, so sind nähere Umgebung, Wahrnehmungen und Wahrnehmungsmöglichkeiten, allgemein zu reden, vertauscht.*[118] Ein solcher Stellentausch läßt sich natürlich empirisch vollziehen: Einer sieht nach und vergewissert sich, was ein anderer an der Stelle, wo er sich eben noch befunden hatte, wahrgenommen haben konnte,

118 Gesammelte Werke XVI 5.

um die Seltsamkeit eines unverstandenen Verhaltens an den Tag zu legen. Er ist der andere, insofern er nur durch die Stelle, die er hat und hatte, in seinem Verhalten begriffen werden kann.

Die Möglichkeit des Übergangs von der einen Umgebung in die andere, von der Umgebung des einen in die des anderen, die nun die des einen wird, dieser Übergang vollzieht sich in einer Art erweiterter Umgebung. Sie kann nun nicht mehr in demselben Sinne subjektiv genannt werden, wie es bei der Einführung des Ausdrucks ›Umgebung‹ deskriptiv vorausgesetzt worden war. Für diese erweiterte Umgebung gibt es eine erweiterte Grenze, für diese einen objektiven Grenzwert, der den Namen ›die Welt‹ verdient.

Die Welt ist der objektive Grenzwert der subjektiven Umgebungen. Was sie auszeichnet, ist die Befreiung von der Tatsächlichkeit der eingenommenen Stellen, der vollzogenen Stellenwechsel und Stellentausche. Diese Befreiung ist erneut eine Form der freien Variation. Man kann den eigenen Standort gedanklich mit dem eines anderen tauschen, auch und schließlich fiktiv mit Standorten tauschen, an denen überhaupt kein Subjekt sich befindet oder sogar je befunden haben kann. Wir kennen seit langem die Astronomie, die auf dem Mond oder auf einem anderen Planeten des Sonnensystems stattfinden würde, wo man das zu kontrollieren gelernt hat; aber auch auf der Sonne, wohin niemals jemand gelangen wird.

Es gibt so etwas wie eine ›genetische Phänomenologie‹ der elementaren Handlungen, in denen die phänomenologische Methode besteht, und diese Genesis ist lange vor ihrer schulmäßigen Institutionalisierung und Rechtfertigung in den Deskriptionen und Analysen des ersten Jahrzehnts der neuen Disziplin vorgezeichnet. Eine genetische Klärung ist Voraussetzung für die Zuordnung jener ›Elementarhandlungen‹: der freien Variation, der Wesensschau, der Reduktion und der Reflexion. Am wenigsten hat Husserl selbst auf das Verhältnis von freier Variation und Wesensschau geachtet, vielleicht in der stillen Voraussicht, es werde die Wesensschau gar nicht mehr geben, wenn man die freie Variation mit Hilfe eines entspannten Evidenzbegriffs vom Verdacht der bloßen Induktion befreit.

Als bezogen auf das Subjekt selbst und seine Wesensbestimmung hat die freie Variation ihre (später so genannte) transzendentale Genesis an der Subjektivität als einer leib*haftigen*, nicht nur leib*gebundenen*, sondern vor allem leib*beweglichen* und das heißt vorzüglich stellungs*entbundenen*. Innerhalb einer statischen Phänomenologie hört sich das absurd an, da doch der Leib so etwas wie *Stellungen* und *Stellen* des Subjekts allererst begründet; eine genetische Betrachtungsweise zeigt dies aber gerade als Bedingung der Möglichkeit, den realen Stellenstand und Stellungswechsel in eine imaginäre Modalität umzuformen und aus dieser das Wesen von Handlungen des Subjekts bis hin zu den Elementarhandlungen der Phänomenologie zu begreifen.

Nur durch Leibhaftigkeit wird verstanden, was es bedeutet, daß eine Raumstelle *besetzt* sei, da man sich real so lange nicht auf sie *versetzen* kann, wie sie dies ist. Auch nicht in oder anstelle jedes beliebigen physischen Körpers *versetzen* kann, der diese Stelle hat – was sich sofort ändert, wenn dieser Körper ein Leib ist. Das leibhaftige Subjekt braucht seine Stelle nicht freizugeben und zu verlassen, damit ein anderes sich an sie versetzen kann, weil das primär heißt: seine Stelle als die des Wahrnehmungsbezugs auf eine ›Umgebung‹ vorzustellen. Die Stelle wird dann markiert durch gerade das, was nicht *an* ihr, sondern *um* sie ist. Die Möglichkeit fiktiver Erfahrung anstelle des anderen läßt überhaupt erst verstehen, was er sichtbarlich tut oder was er hörbarlich mitteilt über seine Erfahrung: wir verstehen *seine* wirkliche als *unsere* mögliche Erfahrung.

Das leibbewegliche Subjekt kann mit jedem seiner Stellenwechsel den eines möglichen oder wirklichen anderen vorwegnehmen oder nachvollziehen: Selbstversetzung ist wesensmäßig erlernbar. In die freie Variation wird dann auch ganz folgerichtig einbezogen die Vertauschung der Umgebungen zugleich mit der nur durch Bewegung erreichbaren, aber auch von dieser ablösbaren Einsicht, daß Umgebungen hier wie dort vertauschbar sind, und dies ohne Rücksicht auf ihre Subjekte. Dadurch nämlich gehören sie der *einen* Welt an, in der das Kontinuum des Umgebungswechsels möglich ist.
Husserl spricht nur von faktischer Vertauschung der Stellungen und damit der Umgebungen. Interessanter ist, was nicht da steht: Die freie Variation ist der Akt von Subjekten, die in ihren Umgebungen verbleiben und dennoch imstande sind, sich auf den Standort eines anderen fiktiv zu versetzen, seine Stellung im Beziehungszentrum seiner Umgebung einzunehmen. Dieses Sichversetzen unter die sensorischen Bedingungen eines anderen ist noch ganz unabhängig davon, daß es auch und im weiteren Verfolg der dadurch eröffneten Möglichkeiten ein Sichversetzen *in* den anderen als Subjekt eigener Bestimmtheit bedeuten kann. Erst dadurch gewinnt das Beziehungszentrum seine Wichtigkeit, daß es zunächst als Stelle in der freien Variation bezogen und eingenommen werden kann, um erst dann auf diese Stelle die Eigenheiten von Subjekten – als potentielle Veränderungen der Bedeutung einer solchen Zentralstellung – zu beziehen. Die Homogenität des Raumes ist nicht nur für die Objektivität der Objekte – wie wir lange wissen –, sondern demzuvor für die Subjektivität der Subjekte wesensnotwendig. Jeder Punkt im Raum ist beziehbar, sofern er nicht durch einen physischen Körper blockiert ist. Die Besetzung durch einen physischen Körper unterscheidet von der durch ein Leibsubjekt, daß sich in jenen niemand hineinversetzen kann, folglich dessen Beseiti-

gung von der blockierten Stelle Voraussetzung dafür ist, daß die dort gegebene Möglichkeit der Wahrnehmung auch realisiert werden kann. Das ist der Unterschied zur Besetzung einer Raumstelle durch ein Subjekt, daß dessen physische Körperlichkeit eben nicht daran hindert, sich an seine Stelle zu versetzen, um sich zu vergegenwärtigen, was dies als Erlebnis von einem Beziehungszentrum für Umgebung und Welt bedeuten könnte. Primär ist für diese Möglichkeit ausschlaggebend, daß Subjekte Wesensbestimmungen gemeinsam haben, also gerade das, was durch die Phänomenologie zum Thema gemacht wird. Eines der Resultate, das sie erwartet und zunächst nebenher für sich erwirbt, ist also schon Voraussetzung dafür, daß ihr forschendes Subjekt nicht faktisch tun muß, was es in der freien Variation imaginär tun kann.

Die Pointe dieser Überlegungen ist, daß die freie Variation – dem Verfahren, nicht der Zielsetzung nach – bis in einfache lebensweltliche Verhaltensweisen zurückreicht. Hier läßt sich sogar sagen, daß es nicht der Theoretiker ist, der die Lebenswelt derart idealisiert, daß als bloße Projektion theoretischen Verhaltens erscheint, was doch als dessen Vorstufe dieses verständlich machen, wenn nicht sogar legitimieren soll. Es ist die Lebensdienlichkeit dessen, sich ohne Ortswechsel an einen anderen Standort versetzen oder mit einem anderen den Standort tauschen zu können, was das lebensweltliche Subjekt im Besitz einer Fähigkeit zeigt, worauf in der Phänomenologie, in den Anfängen der Ausbildung ihrer elementaren Beschreibungen, zurückgegriffen werden konnte, obwohl weder die Verlegenheit solchen Anschlusses an die Lebenswelt noch die der Selbstlegitimierung bestand.

Was aber in der Durchführung freier Variation und ihrer Spezifizierung durch imaginären Stellentausch oder Stellenwechsel noch gar keine Erwähnung findet, ist die Verwurzelung der Reflexion in diesem elementaren Vorgang. Der

Stellenwechsel oder Stellentausch läßt sich nicht nur mit der Fiktion vorstellen, die Umgebung eines anderen aus dessen Zentralstellung zu gewinnen und einen beliebigen Gegenstand des eigenen Interesses anders postiert zu sehen. Es ergibt sich im Zuge dieser lebensdienlichen Prozedur auch die nicht mehr so offenkundig lebensdienliche Variante der freien Variation, dabei auf das reell an seiner Stelle verbliebene und durch seine Leiblichkeit erkennbare Subjekt ›zurückzublicken‹. Um es auf eine Erlebnisformel zu bringen: Ich sehe auf mich in der freien Variation zurück, indem ich fiktiv nicht mehr hier, sondern dort bin und von dort meinen Leib in seinem Verhalten als Aufschlußkomplex des Subjekts, das ich bin, wahrnehme, potentiell mit der Intensität der Beobachtung. Ich erfahre, was einer, der ein mir günstiger oder ungünstiger Beobachter wäre, zu meinem Nutzen oder Schaden an mir feststellen könnte. Und da ist wieder oder noch ein Stück Lebensdienlichkeit, ohne die archaische Stabilisierungen nun einmal nicht erklärbar sind.

Sicher ist dies nicht die primitivste Situation, in der solche Reflexivität entsteht. Sicher muß die Erwägung aufrechterhalten werden, daß die Einschätzung der eigenen Sichtbarkeit, auch ohne imaginäre Selbstversetzung auf fremde Standorte, in jeden Verhaltenskalkül menschlicher Frühexistenz eingeschlossen sein mußte. Da stellt sich die Verbindung zu Möglichkeiten einer phänomenologischen Anthropologie her.

Husserls frühe Rede vom Stellentausch zwischen Subjekten ist nicht einmal die konsistente Durchführung eines Falles von freier Variation. Er denkt eher daran, daß so etwas faktisch jederzeit und überall möglich ist und ausprobiert werden kann. Der Rückgriff auf den imaginären Vollzug bringt keinen anderen Vorteil als einen, den Husserl zu diesem Zeitpunkt noch gar nicht benötigt: die Anwendbarkeit des methodischen Ansatzes der Phänomenologie als freier Variation auf das Subjekt statt auf dessen Objekte zu demonstrieren oder gar den Übergang zu diesem ›Objektswechsel‹ genetisch vorzuführen. Nur liest man seither den Text der frühen Vorlesung mit dem Interesse dessen, der längst weiß, was danach daraus geworden ist.

Auch dann bedarf es der ausdrücklichen Reklamation, daß die Möglichkeit eines *genetischen* Verständnisses der Reflexion in der Phänomenologie niemals aufgetreten ist. Da beherrscht die Übermacht der philosophischen Tradition eine ihrer Hervorbringungen, die sich doch von ihr losmachen wollte, mit der dogmatischen Trivialität, der Geist sei nun einmal so: sich auch für sich selbst zugänglich machen zu können und dies dazu noch in jedem Augenblick des Vollzugs anderer Akte des Zugangs zu anderem. Wenn man die Reflexion schon zum ›Wesen‹ des Geistes geschlagen hat, wird man nicht einmal die Aufmerksamkeit aufbringen können, die dazu nötig ist, gerade dieses wirkliche oder vermeintliche Können nicht als selbstverständlich anzusehen.

Auch die Frage, *wie* Reflexion denn möglich sei, bestärkt nur in der Feststellung dieses Mangels; die Frageformel setzt voraus, *daß* Reflexion möglich, weil nämlich wirklich sei. Zu sagen, dies sei vielleicht eine unserer gelungensten Täuschungen über uns selbst, hat allenfalls das schlimmste Odium verloren, nachdem Täuschungen über uns selbst geradezu zum Programm unserer Daseinskonzeption geworden sind – einschließlich der Aufklärung darüber durch eigens dazu bestellte Enttäuscher.

Jeder Versuch, Reflexion schon zum Wesen des Ich zu erklären, nähert sie zwar der Würde des von Aristoteles als sich selbst denkendes Denken eingeführten unbewegten Bewegers an, den sogar die christliche Theologie als adäquaten Ausdruck ihres Gottesbegriffes übernahm, entzieht mit solcher Angleichung an die Transzendenz aber auch den Sachverhalt jeder weiteren Bemühung. Dabei bleibt nicht einmal verständlich, wie das uns allein bekannte Bewußtsein den Anforderungen solcher Würde genügen soll, weil es auch dann, wenn es Reflexion ausübt, keineswegs der Unbedürftigkeit irgendeines anderen Gegenstandes als seiner selbst fähig ist. Vielmehr kann es gerade nur darauf reflektieren, wie es mit solchen anderen Gegenständen als sich selbst umgeht und verfährt. Ein Denken, das sich selbst denkt, denkt nach all unserer beschreibbaren Befunderhebung immer nur ein solches, das *etwas* denkt, was es *nicht selbst* ist. Reflexion reflektiert gerade und nur auf das nicht-reflektierende Bewußtsein. Als solche hat sie unser Interesse. Nur im Vollzug des anderen seiner selbst wäre der Geist für sich beobachtbar, sofern er dies überhaupt sein sollte.

Zweifellos hat die Auffassung von der Wesentlichkeit der Reflexion für das Subjekt etwas mit der Umformbarkeit aller Urteile in *Ich-Urteile* zu tun, die nicht ganz ohne Zusammenhang mit der anderen Umformungshauptthese von Brentano ist, alle Urteile ließen sich in *Existenzsätze* umbilden. Andererseits ist gerade die These von der Umformbarkeit aller Urteile in Ich-Sätze der beste Beweis dafür, daß es *reine* Reflexion nicht gibt; jeder der derart umgebildeten Sätze hat zum Prädikat ein Objekt, das das Ich nicht selbst ist. Die Reflexion erkennt nicht, denn sie geht auf Erkenntnis und setzt diese voraus. Es macht keinen Sinn, von der Reflexion auf eine Empfindung, ein Gefühl, eine Passion, einen Schmerz zu sprechen; sie sind allemal so ›dahin‹, daß sie nur erinnert werden können. Reflexion muß noch ›haben‹, worauf sie geht.

Diesem Phänomen wird durchaus Kants Formel von dem Ich-denke als der begleitenden Vorstellung gerecht. Und zwar in der Fassung, in der das Ich-denke *alle* meine Vorstellungen muß begleiten *können.* Dies ist kein Satz über die Reflexion, nicht einmal über die Möglichkeit der Reflexion. Denn, zum Beweis, nicht einmal dieser allgemeinste Satz selbst ist ein Resultat der Reflexion. Er ist eine Aussage darüber, wie Identität eines Bewußtseins bei der unbestimmten Mannigfaltigkeit seiner Inhalte und über die Leistung der gegenständlichen Synthesis dieser Inhalte hinaus *gedacht* werden kann. Der Satz ist die Explikation eines Begriffs, von dem nicht einmal feststeht, ob es das in ihm Gedachte überhaupt gibt. Gerade wenn und weil das so ist, wird es zum bedrängenden philosophischen Problem, zumal zu einem der Phänomenologie, wie es zur Reflexion als der Subjektivität nicht wesentlicher Einstellung kommen konnte und gekommen ist. Reflexivität ist das Unerwartete und Ungewöhnlichste; daher ist und bleibt zu fragen, ob man auf sie rechnen kann, will man ihr die Maßstäblichkeit aller Evidenz anlasten, um dies von ihr abzuleiten.

Deshalb ist Fichtes Suchen nach einer Metapher für die Reflexion auf so signifikante Weise gescheitert: Es hätte eine absolute Metapher sein müssen, und es wurde eine Sprengmetapher.[119] Seit der Wissenschaftslehre von 1801 und während der letzten dreizehn Jahre seines Lebens habe Fichte der *Gedanke eines Blicks, der sich selbst erfaßt... unverändert fasziniert.*[120] Datiert unter dem 18. August (wahrscheinlich: 1812) hat Henrich die unveröffentlichte Notiz Fichtes über einen Traum mitgeteilt, in welchem ihm eine *Aufgabe sehr leuchtend* erschienen sei: *Das Sehen sei ein sich sehendes Auge... Sich sehendes Auge = Reflexion eines Lebens, eines sich selbst Offenbarens, das eben in sich selbst und seiner Faktizität (bleibt).*

Die Metapher vom Auge des Ich, vom Selbstbewußtsein als einer *Tätigkeit, der ein Auge eingesetzt ist*, wie sie mit der »Wissenschaftslehre« von 1801 auftaucht, ist zunächst von

119 Über diese Unterscheidung: Hans Blumenberg, Paradigmen zu einer Metaphorologie. Bonn 1960, 131.

120 Dieter Henrich, Fichtes ursprüngliche Einsicht. Frankfurt 1967, 28.

der Harmlosigkeit, die der sprachlich den Griechen nahegelegten Gleichsetzung von Wissen und Gesehenhaben entspricht.[121] Der Vorrang des Auges für die Theorie konnte nie ein Problem sein; Problem war der mögliche Vorrang von Sinneseindrücken für das Wirklichkeitsbewußtsein. Henrich hat zu dieser Metapher mit Recht darauf den Nachdruck gelegt, daß Fichte das Passiv der Einsetzung des Auges nicht *präsentisch*, sondern *perfektisch* gebraucht: *Diese Nuance verschärft den Sinn seiner neuen Formel. Sie betont, daß die Tätigkeit immer nur zusammen mit dem Auge gefunden werden kann: Wird das Auge eingesetzt, so geht die Tätigkeit voraus, ehe sie das Auge erhält. Ist das Auge eingesetzt, so sind Tätigkeit und Auge zusammen eines Wesens.*[122] Worauf es hier wie bei jeder Evidenzfunktion der Reflexion ankommt, ist, diese nicht hinter dem reflektierten Akt des Bewußtseins nachhinken zu lassen. Die Frage, wie schlimm das eigentlich wäre, wird nicht aufgeworfen, weil die Gefahr der Entstellung zwischen Akt und Reflexion sogar bei kleinster Differenz unendlich groß zu sein scheint. Deshalb das *Eingesetztsein* des Auges, das nicht einmal die Distanz des *begleitenden* Blicks zuläßt, der immerhin, wenn nicht durch Zeitversetzung, so durch die Trübe des Mediums zwischen Blick und Akt verfälscht werden könnte. Daher muß jedes räumliche Modell genauso versagen wie ein zeitversetztes.

Daß die Schwächen der Metapher, auch in ihrer Zuspitzung zur Sprengmetapher, an der aller Optik inhärenten Bedingung der Distanz liegen, wird erst dann deutlich, wenn auf Sinnesmetaphern ganz verzichtet wird. Denkt man etwa an Heideggers Versuche, der Grundbestimmung des Bewußt-

121 So auch Heidegger mit einer Metapherninterferenz: *Das Sehen in einem ganz weiten Sinn, nämlich in der Bedeutung ›etwas an ihm selbst erfassen‹, war für die Griechen die höchste Erfassungsart von Seiendem überhaupt.* (Logik, Gesamtausgabe XXI 56.)

122 Henrich, Fichtes ursprüngliche Einsicht, a.a.O. 26.

seins als Intentionalität entgegenzutreten, so fällt sein Vorzug auf Phänomene der Ungegenständlichkeit, die wie von selbst Akt und Reflexion in eins darzustellen scheinen. Nicht nur die zentrale Bestimmung des Daseins als Sorge wird zum Korrektiv am intentionalen Bewußtseinsbegriff, sondern erst recht die Befindlichkeit der Angst als ein die Differenz von Akt und Reflexion weniger sprengendes als unmöglich machendes ›Erlebnis‹: Dem Dasein widerfährt seine Grundlosigkeit ohne Bedarf nach diesem Begriff.

Es sieht sich so wenig zu, wie ›Geworfenheit‹ und ›Verfallen‹ als gleichsam unmotivierte Kinästhesen es nahelegen. Wer abstürzt, hat aufgehört daran zu denken, sein eigener Zuschauer zu sein. Er sucht sich Gewißheit über die Tragfähigkeit eines Bodens zu verschaffen, auf dem er nicht mehr steht, auf den er allenfalls schlägt. Die Benommenheit des Daseins vom Sein verschlägt ihm die Sprache der Reflexion.

Zwischen der »Ding«-Vorlesung Husserls von 1907 und Heideggers »Sein und Zeit« von 1927 liegt mehr als die Distanz von zwei Jahrzehnten. Will man es in der Sprache der genuinen Programmatik sagen, muß man feststellen, daß weniger für die ›Wesensschau‹ als für die ihr instrumentell undeutlich zugeordnete ›freie Variation‹ die Voraussetzung des Spielraums verlorengegangen ist. Für Gedankenexperimente steht es mit dem Dasein für diesen Denker – und für die ihm applaudierenden Zeitgenossen, die ihn eben hierin nicht mißverstehen wollten – zu ernst.

Man muß sich wundern, daß nochmals ein Jahrzehnt später der Begriff der ›Sprachspiele‹ entstehen konnte, und sogar die Oberhand behielt über die ihm zunächst gleichrangig zugedachte Option der ›Lebensformen‹. Aber die Sprachspiele sind eben auf einer Insel erfunden worden, die sich noch für eine Insel hielt.

Die Intensität des Durchschlagens von ›Erlebnis‹ – um bei diesem diskreditierten Ausdruck dennoch zu bleiben – auf den Kern des Bewußtseins erscheint am Verfahren der Daseinsanalytik als genuine und primäre Betroffenheit, aus der die Aufspaltung in Akt und Reflexion allenfalls als Derivat, wenn nicht Surrogat, hervorgegangen sein könnte und immer noch hervorgeht. Die Seinsgrundlosigkeit der *Welt* kann nicht erlebt, sie kann nur gedacht werden. Darin unterscheidet sie sich nicht von der phänomenologischen Reduktion, so gern Husserl diese aus einer Denkform zu einer Lebensform gesteigert hätte. Allein die Seinsgrundlosigkeit des *Daseins* kann erlebt werden, und Heidegger hat die von Leibniz formulierte Frage, weshalb eher etwas als nichts ist, genau auf diesen Sachverhalt angewendet: *Daß das Dasein überhaupt ›ist‹ und ›nicht nicht ist‹, ist nicht eine bloße Eigenschaft an ihm, sondern kann von ihm selbst in einer ursprünglichen Erfahrung erfahren werden, das ist nichts anderes als die Befindlichkeit der Angst.*[123]

Das Dasein erlebt den Mangel seines Grundes, ist ganz durchdrungen von ihm. Es braucht daher ursprünglich keine Reflexion auf das, was es ist und kann. Nimmt man, wie es Heidegger selbst getan hat, Grundlosigkeit metaphorisch als Mangel eines Bodens, auf dem zu stehen wäre, so wird auch im Rückblick auf die Phänomenologie klar, daß die Entmachtung der Reflexion etwas zu tun hat mit der eintretenden Ausschaltung der freien Variation: Keine *Variation*, wo keine *Position.* Das steckt schon in dem Satz der Marburger Sommervorlesung von 1925: *Es gibt diese Affektion vom Sein als solchem...*[124]

Erst recht ist das, was nach der Analytik des Daseins kam, kein Produkt der Reflexion. Erst recht keine Rehabilitierung der Reflexion. Was dem Dasein gemangelt hatte, war sprach-

123 Martin Heidegger, Prolegomena zur Geschichte des Zeitbegriffs, Gesamtausgabe XX 403.

124 A.a.O.

lich an ihm die Silbe zu viel: das ›Da‹ am ›Dasein‹. Ohne dieses wäre es das Sein selbst – und wenn nicht dies, dann wenigstens seiner sicher genug. Dieses zu sein, wäre der einzige Ausweg aus der Faktizität und der sie bekundenden Angst. Oder, wenn nicht einmal dies, dann wenigstens: vom Sein begünstigt zu sein. Dann kann die Angst umschlagen in jenen Dank, den Heidegger als den neuen Bezug des Denkens zum Sein entdecken wird. Nicht zufällig, wenn man darin den Ausweg aus der zuvor aufgetanen Abgründigkeit der Seinsgrundlosigkeit des Daseins sehen darf. Eine Kompensation, wenn man es auf die nüchterne Sprache des Tages bringt.

Sorge war das *vorletzte Phänomen* des Daseins gewesen, dessen *Urstruktur* dazu. Als solche ist Sorge Prinzip der Einheit in der Mannigfaltigkeit der Verhaltensweisen des Lebens, feiner ausgedrückt: das Substitut des Ich-denke. Darin liegt die unmittelbare Nötigung zu einer ontologischen Explikation, die das Sein weder als etwas Gegebenes noch als etwas der Reflexion Aufgegebenes finden kann, sondern als das, was in einem einzigen Satz Heideggers völlig aufgeht: *Es geht um das Sein.*[125] ›Es geht ihm‹ um dieses, weil es dieses weder ist noch hat, wohl aber bei diesem in seinem Seinsmangel sich ständig vorweg ist. Aus dieser Zukünftigkeit seiner selbst, die der Inbegriff seiner Sorge ist, kann es auf sich als das gegenwärtige zurückblicken. Da ist so etwas wie Reflexion. Ist es in einer neuen Bedeutung, zur gründlich zeitversetzten – nämlich sogar ekstatisch zeiterzeugenden – Verhaltensweise des Rückblicks auf sich selbst geworden. Das Dasein begreift sich von dem her, was es noch nicht ist, und nichts hindert, dies ›Reflexion‹ zu nennen. Dabei aber begreift es sich auch als das, was es gar nicht vermeiden kann, zu werden. Seine absolute Zukunft ist: der Tod. Er ist so etwas wie der archi-

125 A.a.O. 406f.

medische Punkt einer nur noch äquivoken Reflexion *ohne* die Bedingung der freien Variation.

Sieht man die Phänomenologie bei Husserl und Heidegger, unter Vernachlässigung der Antagonismen, als nicht nur nominelle Einheit, so läßt sich die Nichtthematisierung der Reflexion – trotz ihrer überragenden, wenn nicht ausschließlichen Bedeutung für beide – als Symptom jener durchgängigen Einheit versuchsweise fassen. Indem Heidegger die Bestimmung von ›Phänomen‹ als der selbstgegebenen Sache zur Betonung des dem griechischen Medium eigenen Zwischenwertes von Aktivität und Passivität zu verschärfen sucht, das Sich-Zeigen im Grunde als das den Rang der Sache ausweisende Sich-Vordrängen nimmt, verliert die Reflexion als der auf den Akt gerichtete Akt, als die akrobatische Selbstbezüglichkeit des Geistes, ihre systematische wie methodische Bedeutung. Es ist die Sache, die sich ihr Gewicht gibt und das Bewußtsein beherrscht, das sich daraufhin in ›Akten‹ nur sekundär expliziert. Dieser Sachbegriff erspart dem Phänomenologen die Begründung dafür, daß er sich um die Reflexion nicht weiter zu kümmern braucht.

Für Husserl war sie das, was das Subjekt ›eben kann‹, was es allenfalls in der Übung der Meditation trainiert, was aber selbst der Theorie zu unterziehen nur in den Strudel des unendlichen Regresses stürzt: Die Reflexion zu beschreiben, heißt auf die Reflexion so zu reflektieren, wie sie auf den Akt reflektiert. Husserl hat dieser Einwand nie geschreckt; aber er hat sich auch nie darum gekümmert, was in ihm steckt. Die transzendentale Reflexion fand er vor als ein Stück nicht aus der beliebigen Geschichte der Philosophie, sondern aus ihrer neuzeitlichen Begründung und ihrem dauerhaften Halt, den preiszugeben sich ein ernsthafter Theoretiker der Erkenntnis nicht leisten konnte. Ganz abgesehen davon, wie sehr er ihn benötigte, nachdem der Evidenzbegriff der Wesensschau in der Selbsterfahrung der Korrekturbedürftigkeit seiner Resultate (die wir jetzt im reichen Maße aus der Edition seines Nachlasses kennen) ihm das bewies.

Die erste Form der Reduktion, die nur die Existenz von der Essenz abtrennen sollte, behielt – fast zur Überraschung des Begründers der Phänomenologie – zu viel zurück: nicht nur Wesenskerne, sondern all das Faktische, was die Welt auch dann behält, wenn man sie sich nur als eine der möglichen Welten denkt. Dieser Sachverhalt hatte schon Leibniz stören müssen und ihn zur Einführung des Prinzips vom zureichenden Grunde genötigt. Das ließ sich nicht wiederholen. Damit war aber auch der Störfaktor der Umlagerung der Wesenskerne mit Faktischem nicht auszuschalten. Ergebnis war, daß man die eidetische Reduktion nur ans Ziel bringen konnte, wenn das von ihr Freigelegte nichts mehr von der Welt an sich hatte, der es doch bei Auflösung der *distinctio realis* entnommen werden mußte.

Das Einzige, was die Bedingung erfüllte, nicht in einem Bedingungszusammenhang der faktischen Welt zu stehen oder gestanden zu haben und in diesem Sinne ›absolut‹ zu sein, war die Instanz, die das Instrument der Reduktion beherrschte, um sich am Ziel ihrer Exekution selbst mit sich allein vorzufinden. Auch dies war ›Reflexion‹: auf das Schicksal des Subjekts bei der Suche nach Erfüllung der höchsten Norm mit dem Titel ›Wesen‹. Sie erforderte Abtragung alles dessen, was dem Standard nicht genügte, Erkenntnis ohne Rücksicht auf die faktische Welt zu sichern. Anders gesagt: Ohne dieses ›überraschende‹ Resultat unter dem Namen *Reflexion* wäre die *Reduktion* auf etwas sitzen geblieben, was ihrem Meister nicht genügen konnte, weil es den unbefriedigenden Namen ›Wesenstatsachen‹ verlangte.

Dies ist zwar die Angabe der Stelle, an der sich im Zuge der Ausbildung der Phänomenologie die Reflexion ›zeigte‹ – also selbst zum ›Phänomen‹ im Sinne der Auslegung durch Heidegger wurde –, aber es ist noch nicht die Antwort auf die

Frage, ob es sie gibt und wie sie als das Unselbstverständliche zur Verständlichkeit gebracht werden kann. In der Frühgeschichte der Phänomenologie bleibt es eine bloße Behauptung, daß die Selbstgewißheit des *Cogito* nicht das Signal für das Ende der Reduktion nach dem Erfahrungsbeweis ihrer Unvollendbarkeit angesichts eines harten intramundanen ›Restes‹ ist, vielmehr deren endlich erkanntes Ziel mit einem ständig erweiterungsfähigen thematischen Feld der ›unendlichen Arbeit‹. Diese Differenz von möglichem Ende und möglichem Ziel benennt das Dilemma des Fortgangs der Phänomenologie nach ihrer transzendentalen Wendung. Der vermeintliche Rest an widerständiger Mundanität muß als das in Wahrheit transmundane ›Gebiet‹ aller Zuständigkeit der Phänomenologie okkupiert werden.

Wäre daran noch ein Zweifel möglich, so würde er behoben durch die weitere Überraschung, die sich innerhalb der neu entdeckten *terra incognita* auftut: daß ›Welt‹ nach allen Reduktionen – oder sogar erst recht in deren Folge – selbst zum ›Phänomen‹ wird. Und das wiederum ist ein Zug, der die phänomenologischen Antipoden Husserl und Heidegger unter dasselbe Joch spannt.

XXIII

Reflexion

Kinder haben überall und jederzeit den Ernst der Erwachsenen zum Spiel angeeignet. In seinem Europareisebericht »A Tramp Abroad« schildert Mark Twain, wie er beim Abstieg von Zermatt nach Visp, die angelesenen Schrecken des Matterhorns im Rücken, die Kinder an einem Misthaufen Bergbesteigung spielen sieht.

Das erinnert ihn an die Silberminenzeit in Nevada, wo er die Kinder eben Silberbergbau spielen gesehen hatte. Höhepunkt des Spiels war der Ernstfall: Absturz in einen Schacht mit anschließender Rettung. Dabei gab es, wie bei jedem ernstlichen Spiel, Hauptrollen zu besetzen: hier die zwei des Opfers und des Retters. Steigerung der agonalen Austragung der Rivalität um die Besetzungen war, daß *einer beide* Rollen hatte spielen wollen und sich auch – wie zumeist bei Überansprüchen – damit durchsetzte. *Er stürzte in den Schacht hinab und starb, kam dann an die Oberfläche und stieg auf der Suche nach seiner eigenen Leiche wieder hinunter.*

Es mag nur ein Symptom meines mangelnden Ernstes *in philosophicis* sein, daß ich bei dieser Zuspitzung sofort an die Reflexion denken mußte. Nicht nur, daß da einer agiert und zugleich sich dabei auf die eigene Spur setzt – auch die Ernstverteilung ist dieselbe: In der *intentio recta* ist das Subjekt mit Haut und Haar in seine Lebensvollzüge verwickelt bis hin zur ›Sorge‹ als seiner Selbsterhaltung; in der *intentio obliqua* hat es dann die kühle Distanz zu sich, sich bei all jenem zusehen und den Befund sogleich in Beschreibungen festhalten zu können. Dem Spielvorgang ist sogar noch abzulesen, daß die Reflexion am meisten begünstigt wird, wenn das Subjekt als Objekt seiner Reflexion durch seinen Lebensprozeß zu Tode gekommen ist. Der letale Fall geht der theoretisch optimalen Reflexionslage voraus. Etwas präparatorische Tötung muß wohl ins Spiel des Theoretikers kommen, damit er zum Pathologen seiner selbst werden kann – dem also, der messerscharf öffnen muß, um nachkommend zu beschauen, was sonst nur messerscharf erschlossen bleiben würde. Anders gesagt: Damit das messerscharfe Schließen nicht das Feld beherrscht, wird zugunsten deskriptiver Blickoptimierung das Subjekt messerscharf geöffnet. Damit aber ist es, wenn noch nicht *seziert*, so doch *operativ* einschneidend verändert. Ganz zu Recht halten die Psychosomatiker wenig vom Messer. Nur sind sie es nicht, die sich *letztenendes* recht geben könnten, etwa im einschlägig berühmten Fall von *Morbus Crohn.*

Niemand trifft sich so an, wenn er sich sucht, wie er ungesucht gewesen wäre und sich anzutreffen verlangt. Dazu hatte er sich schon zu vorsorgsam ›als Beobachter‹ *erwartet.*

XXIV

Paradoxien der Reflexion

Die Reflexion ist eine Störung der Subjektivität. Das heißt einerseits genetisch: Sie ist aus einer Störung des rektalintentionalen Subjekts entstanden. Es heißt andererseits: Sie zeigt dem Subjekt das Subjekt zwar in Evidenz, aber nicht in Reinheit.

Die von der Reflexion gelieferte Evidenz wurde am Anfang der neuzeitlichen Philosophie als Behebung des entscheidenden Mangels unserer Erkenntnis begriffen, und diese Errungenschaft blieb das Zentrum aller epochal wichtigen Philosopheme. Angesichts dieser vermeintlichen oder wirklichen Errungenschaft blieb unbeachtet, daß der Mangel, der da durch Reflexion behoben sein sollte, nichts anderes als ein durch Reflexion erzeugter Mangel gewesen war. Denn man wird die Zweifel, die ein Descartes in der Nachfolge vieler anderer mühsamer Analytiker des Erkenntnisvermögens zusammengetragen und zu äußerster Schärfe gesteigert hat, nicht als Resultat eines unreflektierten Weltverhältnisses bezeichnen wollen. Das *Cogito* als Inbegriff der Reflexion und ihres Evidenzerfolges ist doch erst der Gegenschlag gegen allzu vieles, jedenfalls ausgebreitetes Denken über das Denken. Das macht sie nicht überflüssig oder suspekt, denn jenes Denken über das Denken ließ sich so wenig wieder aus der Welt schaffen, wie es mit der äußersten Verschärfung des Zweifels, mochte sie noch so methodisch sein, möglich gewesen wäre. Es gibt Folgen der Theorie, die sich nur durch Folgen der Theorie beheben lassen. Ganz zu Recht hat Richard Avenarius reklamiert, daß uns die Frage nach der

Berechtigung des Glaubens an die Realität der Außenwelt allzu selbstverständlich zur philosophischen Kernfrage geworden sei: *So sollte denn auch z.B. die Frage nicht sein: ›Warum glauben wir an die Realität der Außenwelt?‹, sondern umgekehrt: ›Warum glaubten wir, daß die Außenwelt nicht real sei?‹*[126] So berechtigt diese Frage ist und so beantwortbar sie allein einer historischen Zugangsweise wird, so unberechtigt ist Wittgensteins Rede von dem Zweifel, den man nicht hat, sondern sich macht. Man kann auch so sagen: Wenn er einmal gemacht worden ist, hat man es nicht mehr in der Hand, ihn zu haben oder nicht zu haben. Jedenfalls ist er die Störung, die nur durch eine andere gründliche Störung, eine Gegenstörung, behoben werden kann: die transzendentale Reflexion.

Man darf allerdings nicht von der törichten Verengung der Fragestellung zu einer psychologischen ausgehen, ob denn Descartes oder Husserl so sehr vom Zweifel an der Realität der Außenwelt gequält worden seien, daß sie sich nicht mehr anders zu helfen wußten als durch den transzendentalen Rettungssprung der Reflexion. Auch wenn man selbst nicht zweifelt, aber den Zweifel als Faktum seiner Zeitgenossen wahrnimmt oder unterstellen muß, ist dies kein ausgedachter Zweifel; die Geisteslage der Zeit kann derart sein, daß einer sich wundert, daß die anderen nicht zu zweifeln scheinen, und so kommt er zur Reflexion auf intellektuelle Einstellungen, die er in der Konsequenz der Dinge liegen sieht, ohne ihr Auftreten in der Zeit weiter wichtig zu nehmen. Natürlich ist es immer fraglich – und in den Fällen Descartes und Husserl besonders fraglich –, ob man Formulierungshilfen für so extreme Notlagen, die nur vermutet werden können, liefern sollte. Descartes hat sicher nur zugespitzt, was ungenau und

126 Richard Avenarius, Der menschliche Weltbegriff. [4]Leipzig 1921 ([1]1891), 132.

verworren in den Köpfen seiner Zeitgenossen steckte; aber ohne daß dies der Fall gewesen wäre, läßt sich auch wiederum die Resonanz nicht erklären, die so etwas findet. Bis zu Nietzsche hin findet sich die Epoche in seinem Zweifel wieder, aber nicht so sehr, um diesen zu teilen, als vielmehr, um seine einstmaligen Versuche zur Überwindung durch bessere Angebote zu überbieten. So ist der Zweifel zum Standardmaß dessen geworden, was die Philosophie zu leisten hatte, gleichgültig ob sie wirklich noch an dem Ausgangsproblem litt oder dies nur als ihr unverwerfliches Erbe übernahm. Übrigens ist bei Wittgenstein die Lage dessen, der nicht zweifelt, auch nicht anders als desjenigen, der Zweifel hat, ohne sie sich gemacht zu haben: *›Aber schließt du eben nicht nur vor dem Zweifel die Augen, wenn du sicher bist?‹ – Sie sind mir geschlossen.*[127] Auch das könnte immer noch der *genius malignus* sein, der die Augen vor dem Zweifel verschließt und so erst seine Täuschung von der Realität der Welt vollendet, indem er nicht nur den Beweis scheitern läßt, sondern schon die Reflexion, die den Beweis allererst nötig erscheinen läßt.

Worauf es mir ankommt, ist dieses Muster: Die Reflexion behebt einen Schaden, den sie selbst angerichtet hat. Darin steht sie nicht allein im weiten Reich der Theorienbildung, wenn man die Eilfertigkeit theoretischer Systeme, immer neue Löcher zu stopfen, die sie gerade eben selbst durch eine neu gefundene Antwort aufgerissen haben, als den normalen Verlauf der theoretischen Geschichte ansehen darf. Die Eigentümlichkeit der Verlaufsformen von Theorienentwicklung genauso wie die Paradoxien der Reflexion machen nur immer wieder darauf aufmerksam, daß man sich nicht damit begnügen darf, in der Theorie und erst recht in der Reflexion

127 Wittgenstein, Philosophische Untersuchungen II, Schriften I. Frankfurt a. M. 1960, 537.

die bloßen Gipfelpunkte der Entwicklung des menschlichen Geistes zu bestaunen. Denn in der Tat erscheint die Reflexion schon dadurch als etwas Unüberbietbares, daß ihre eigentümliche Rückwendung des Subjekts auf sich selbst nicht beliebig wiederholt werden kann.

Die Reflexion verändert, worauf sie reflektiert. Die Auffälligkeit des Subjekts für sich selbst, in dem sie eigentlich besteht, verunsichert dieses, macht ihm den Vollzug natürlicher und unmittelbarer Verhältnisse unmöglich. Unser Blickfeld ist nur im Zentrum scharf und nimmt zu den Rändern an Unschärfe ständig zu; es ist uns aber nicht möglich, diesen Sachverhalt selbst ins Zentrum unserer Aufmerksamkeit zu rücken. Blicke ich dort hin, wo eben die Unschärfe meiner Wahrnehmung war, so ist gerade dorthin das Zentrum dieser Wahrnehmung gewandert, das Objekt, worauf es mir angekommen war, verschwunden. So wenig wir die Umgebungen unserer zentrierten Erfahrung in diese Erfahrung einbeziehen können, so wenig können wir uns zu Beobachtern unserer Handlungen, unserer Gefühle, unserer Stimmungen machen, ohne diese zu stören, wenn nicht zu zerstören. Man erlebt nicht seine Erlebnisse, auch wenn man seine Wahrnehmungen wahrnehmen kann. Wittgenstein hat von den Erlebnissen notiert: *Ihr Charakteristikum ist dies, daß ihre dritte Person aufgrund von Beobachtungen ausgesprochen wird, nicht aber die erste.*[128] Mit der Reflexion verhält es sich nicht anders als mit der passiven Optik: Wer sich beobachtet glaubt, kann sich nicht mehr so verhalten, als glaubte er dies nicht. Die pathologischen Befunde, die in der Literatur berichtet werden, gehen bei vermeintlicher oder wahnhafter Beobachtung durch andere bis zur völligen Ver-

128 Bemerkungen über die Philosophie der Psychologie, Schriften VIII. Frankfurt a. M. 1980, 154.

krampfung und Erstarrung, bis zur Unfähigkeit, sich zu geben.

Dann kann man das Paradox der Reflexion nicht nur so formulieren, daß sie den Gegenstand nicht mehr antrifft, um dessentwillen sie ihre Rückwendung überhaupt vollzieht, sondern daß sie selbst verschwindet als das, was nur durch die Erreichbarkeit ihres Gegenstandes ›Reflexion‹ genannt zu werden verdient. Reflexion ist etwas, was es gar nicht gibt. Sie wird, ausgehend von den Selbstbezüglichkeiten, die der Selbsterhaltung in der passiven Optik notwendig werden, nach dem erlernten Muster künstlich hergestellt. Dann aber ist es unausbleiblich, daß sie genauso verunsichert, worauf sie sich bezieht, wie das Wesen verunsichert worden war, das in seiner Bemerkbarkeit durch andere die Besorgnis seiner Selbsterhaltung mobilisierte. Es ist zwar nicht konsequent, aber doch konsistent, aus dem Mittel der Verunsicherung das Instrument der neu zu gewinnenden Sicherheit zu machen. Die Konsistenz besteht darin, daß man sich auf derselben Ebene hält. Ich kann mich nicht unbeobachtet beobachten, notiert Wittgenstein als »Zettel« (§ 592), denn man beobachte sich selbst nicht zu dem gleichen Zweck wie man den anderen beobachtet. Dann gilt für die Reflexion nicht nur die Frage, ob sie möglich ist hinsichtlich der zu ihrer Evidenz erforderten strikten Identität von Akt und Über-Akt, sondern ob sie, wenn sie möglich sein sollte, den Akt durch den Über-Akt unversehrt ließe.

Das Phänomen der Spiegelung gibt dafür immer wieder aufschlußreiche Anhalte: *Beobachtete ich mich, so wäre mein Gesicht nicht mehr verläßlicher Index; und ich könnte auch, wenn es dies für einen Andern wäre, keine Schlüsse aus ihm ziehen.*[129] Dieser Sachverhalt im Phänomen der Spiegelung eröffnet die anthropologische Dimension am Paradox der

129 A.a.O. 163.

Reflexion: Soll, darf ein Gesicht überhaupt der verläßliche Index für einen Andern werden oder ist es nicht vielmehr das Organ, das diejenige Art von Ausdruck erzeugt und vermittelt, auf die es in gegebener Situation dem sich ausdrückenden Subjekt gegenüber dem Andern ankommen muß? Es hat für sich selbst nur das eine Interesse, das Organ seines Ausdrucks sich verläßlich verfügbar zu machen, die Nebenwirkungen der unkontrollierten Information auszuschalten. Der Ausdruck darf nicht die Zwangsläufigkeit des Unvermeidlichen annehmen, der ihn als Organ der Verfügung des Subjekts entziehen würde und damit dem Kriterium des Dienstes an der Selbsterhaltung nicht mehr genügen könnte. Beim Phänomen der Spiegelung wird es aber schwierig, dieses Lebensinteresse an der Verfügbarkeit über das Organ des Ausdrucks in Einklang zu bringen mit dem Wunsch, sich selbst unbeobachtet zu beobachten, der Unwillkürlichkeit des Ausdrucks auf die Schliche zu kommen. Der Augenblick der Reflexion kann nicht der der Unbefangenheit sein; auch mir selbst gegenüber werde ich der sein, der zu sein ich wünsche. Die Reflexion trifft auf ein Objekt, das sich definiert hat, nicht auf eines, das vor ihr bloß liegt. Das ändert an der formalen Stichhaltigkeit der Evidenz des cartesischen *Cogito*-Arguments nichts, wohl aber an jeder Erweiterung dieser Reflexivität für den theoretischen Zuschauer, der der Phänomenologe gegenüber sich selbst zu werden verpflichtet ist.

Sollte das Objekt der Reflexion, das in seinem Akt begriffene Subjekt selbst, durch seinen immanenten Beobachter gestört, verkrampft oder verzerrt sein, so gäbe es kein Mittel, dies jemals zu entdecken. Wer sollte es feststellen? Die Evidenz der Reflexion beruht auf der Voraussetzung ihrer Unmittelbarkeit und damit Unstörbarkeit; wenn aber das Objekt selbst durch sie gestört würde, wie es bei der Selbstbeobachtung von Körperbewegungen durchaus der Fall ist, gäbe es durch die Versicherung der Unmittelbarkeit keinen Schutz. Der böse Dämon des Descartes könnte, auch ohne alle Bosheit und Dämonie, das Subjekt als Objekt selbst sein. Wittgenstein kennt offenkundig den Dämon des Descartes gar nicht, sonst würde er sich nicht bei seiner Frage nach der Verfügbarkeit der Erinnerung durch Beschreibung des Ausdrucks ›Kobold‹ bedienen: Wer seine gesamte Erinnerung und damit sein Leben vollständig beschreiben könnte und wollte, würde einem Irrtum seines Gedächtnisses nicht entgehen können. Wittgenstein antwortet ähnlich wie Leibniz auf den Zweifelsversuch des Descartes, als er ihm entgegenhielt, eine totale Täuschung sei jedenfalls kein Betrug. Aber eben doch eine Täuschung? Da geht Wittgenstein einen Schritt weiter: *Ein Irrtum, der prinzipiell nicht entdeckt werden kann, ist kein Irrtum.*[130] Es liegt im Gegenteil in der unterstellten Vollständigkeit der Beschreibung, daß diese keine erkennbaren Konsistenzbrüche aufweist und daher keinen Punkt mehr hat, von dem her sie ins Unrecht gesetzt und korrigiert werden könnte, wie etwa eine auftauchende neue Erinnerung. Es ist das Argument, das einer beschreibenden Philosophie unanfechtbar zur Verfügung steht: Sie habe beschrieben, was vorliegt, und es läßt sich ihr nicht nachweisen, daß es nicht vorgelegen habe.

Wittgenstein und Husserl ist gemeinsam, daß sie sich von jedem Versuch abwenden, argumentierend mit dem Zweifel des Descartes fertig zu werden. Sobald dies geschehen ist, gibt es keine Erkenntnistheorie mehr. Aber auch keinen absoluten Vorzug der Reflexion, denn für diese gilt eine geringe Abwandlung des Arguments von Wittgenstein: Eine Störung der Reflexion durch diese selbst könnte prinzipiell nicht entdeckt werden und wäre daher keine Störung. Doch wäre sie sehr wohl ein Einwand dagegen, in der Reflexion und nur in

130 Philosophische Bemerkungen, Schriften II. Frankfurt a. M. 1964, 104.

ihr liege der Punkt absoluter Evidenz und damit der Zugang zur absoluten Subjektivität als deren Träger.
Die Auslegung dieser Differenz ist Husserls Rezeption der Monadologie als eines pluralistischen Systems transzendentaler Subjektivität.

XXV

Sätze über Sätze

Sätze über Sätze statt Sätze über Sachen wäre die Kurzformel für die Distanzierung des Logischen Positivismus der Wiener Schule und Wittgensteins von der Philosophie. Diese wird mit demselben Verdikt sowohl jeder ›ordentlichen‹ Aufgabe entkleidet als auch mit einer erst recht definierten Zuständigkeit investiert. Diese Merkwürdigkeit, daß aus ein und derselben Feststellung so gegensätzliche Folgen abgeleitet werden können: Aussonderung und Zuordnung, verweist wohl darauf, daß dies zumindest nicht das letzte Wort zur Sache sein muß.

Es ist für die kontinentale Geschichte der Philosophie im zwanzigsten Jahrhundert bestimmend, daß auch die gegenläufige Programmierung *Nicht zu den Sätzen, sondern zu den Sachen* in Gestalt der Phänomenologie Husserls einen balancierenden Einfluß gewonnen hat. Wer noch ›philosophieren‹ will und es zu können beansprucht, muß diese Balance sich vergegenwärtigen, mag es auch das eine Leben, das jeder nur hat, ihm nicht gestatten, in beiden Vollzugsformen zu ›leben‹. Um eine Entscheidung zwischen ihnen wird es nicht gehen, weil die eine Seite als ›Gegenstand‹ gar nicht anerkennt, was die andere unter dem Titel ›Erlebnis‹ beschreibbar zu machen sucht als das, was die ›Herkunft‹ aller ›Gegenstände‹ erst begreiflich macht. An ihr Anteil zu nehmen kann vielleicht gerade der nicht motiviert werden, dem die theoretische Verfügung über ›Gegenstände‹ und allenfalls noch die Klärung der Sätze, in denen dies deponiert ist, durch Sätze wünschbar erscheinen und ausreichen mag.

Trotz der Dualisierung des philosophischen Stroms durch das letzte Jahrhundert des zweiten Jahrtausends gibt es Konvergenzen. Die wichtigste besteht in der Depotenzierung des Problems der Kausalität. Und da läßt sich leicht sehen, daß dessen Geringschätzung für Positivismus wie Phänomenologie eine gemeinsame Wurzel hat: das Königgrätz-Trauma und die Umgehung des preußischen Königsberg. Denn beide Hauptformen der Philosophie oder ›Philosophie‹ stammen aus dem Raum der Habsburger Monarchie wie Freuds Psychoanalyse. Daher auch ist der Neukantianismus, von Prag und Wien her gesehen, ein Ereignis der Provinz, und der Anspruch, der faktischen Wissenschaft die Bedingungen ihrer Möglichkeit wie zur Beruhigung über ihre ›letzten Dinge‹ gleichsam nachzutragen, eine Folge mangelnder Einweihung in die Mysterien der exakten Wissenschaft, die in Wien und Prag durch Mach, Boltzmann, Schlick, Einstein und Frank zur Bedingung für den Meistergrad erhoben worden war. Wer Wissenschaft betreibt, verliert die Bedingungen ihrer Möglichkeit aus dem Auge, indem er die Bedingungen ihrer Wirklichkeit zu setzen lernt. Das ist kein Vorwurf im Stile der Invektiven gegen die ›positiven Wissenschaften‹, wie sie in der phänomenologischen Schule leider zum Repertoire gehörten – und nicht ohne Schielen auf den Beifall der Disziplinen, die sich nur schwer von der Überwertigkeit des exakten Forschens freimachen konnten.

Alle philosophische Tätigkeit nach dem neunzehnten Jahrhundert muß unter diesem Aspekt ihrer Funktion für das angeschlagene Selbstbewußtsein der Nicht-Exakten gesehen werden. Ohne eine solche Selbstaufwertung und ihre Rhetorik ist der Fortbestand der philosophischen Exklave nicht zu denken. Und das behält sein Gewicht auch dann, wenn man die Rolle der ›Kompensation‹ für die Geisteswissenschaften nicht als ›zureichenden Grund‹ ihrer Existenz ansieht. Philosophie ist immer ein Angebot an die, die es für sich erproben wollen – man kann ihnen die Frage *Wozu Philosophie?* zuvor und als Bedingung der Annahme des Angebots nicht beantworten. Unter welchen Umständen und mit welchen Rechtfertigungen dieses Angebot aufrechterhalten werden kann, ist von politischer, nicht von reeller Bedeutung. Daß es Philosophie gibt, kann – wie sehr man das bedauern mag – nicht aus den Bedürfnissen heraus beansprucht und durchgesetzt werden, denen sie dient. Es ist so wenig möglich, mit diesen Bedürfnissen öffentlich zu argumentieren, wie man es für Konzert und Oper mit den Befriedigungen tun kann, die sie verschaffen – man muß sich da immer etwas einfallen lassen, was gerade nicht impliziert, daß es am Ende nur ein kleiner Bruchteil aller sein wird, die das ›Angebot‹ annehmen, das in den öffentlich verbürgten Institutionen bereitgehalten wird. Aber inzwischen gehen mehr Leute in die Kunstmuseen als in die Fußballstadien – das hätte noch vor nicht langer Zeit niemand geglaubt.

Philosophie ist ein Angebot, das nicht ausschließen darf, daß die meisten anderes und sogar besseres zu tun haben oder tun zu sollen meinen. Ein Angebot zur Anprobe – das setzt sich bewußt in den Verdacht frivoler Unverbindlichkeit und voreiligen Relevanzverzichts. Wer nicht den Mut hat, darauf zu bestehen, relevant sei, was für ihn relevant ist, mag durch das Rechtfertigungsverlangen in Verlegenheit, wenn nicht unter Druck geraten. Und um nochmals frivol zu sein: Wer ließe sich das bei der Sportausübung gefallen, der er sich und einen guten Teil seiner Mittel verschrieben hat? Es gibt hier auch eine verborgene Gemeinsamkeit: Erfahren zu wollen, was man *kann*, und noch gesteigert: was man *aushalten* kann. In der Philosophie, ohne Unterschied von Provenienz und Denomination, muß man etwas aushalten können, und das noch und erst recht, wenn man andere Formen der Selbsterprobung aus Lebenszeitgründen längst hinter sich lassen mußte.

Wo gibt es das sonst: einen Anspruch, der weder sich noch den Beanspruchten bis zum letzten seiner Tage entkräftet?
Nun ist es mit ›Sachen‹ und ›Sätzen‹ eine Sache für sich: Die Sachen selbst sind es, die nicht zulassen, bei ihnen zu bleiben. Dies ist eine philosophische Feststellung, und sie ist *die* elementare Feststellung über das Verhältnis von Sachen und Sätzen. Denn die Sätze über Sachen zur ›Sache selbst‹ zu machen, ist nur *eine* der Formen, von den Sachen zurückzukommen, weil sie nicht dulden, daß man bei ihnen bleibt. Selbst der Philosoph der platonischen *Paideia* durfte nicht bei den Ideen bleiben, die seine Sache waren.
Das zwanzigste Jahrhundert begann, wie es sich gehört und vom nächsten zu erwarten ist, mit der Unlust an der Unlust des vergangenen, folglich mit neuer Lust zu neuen ›Sachen‹ im weitesten Sinn von den theoretischen bis zu den ästhetischen und unästhetischen. Zu den ›Sachen‹, als wären sie in Vergessenheit geraten, forderte die Phänomenologie auf. Und gleichzeitig fand sich unter ihnen, vom ganz anderen Aspekt des ›Wertes‹ und seiner verzweifelten Unbestimmbarkeit und Unverbindlichkeit her als ›Leitfaden‹ zum Wesen des ›Wert‹ Genannten entdeckt, das Geld als Angebot für neue theoretische Lust auch wegen des hohen Alters und der Unbändigkeit der Lust an ihm. Edmund Husserls »Logische Untersuchungen« und Georg Simmels »Philosophie des Geldes« erschienen gleichermaßen mit dem Verausgabungsdatum 1900. Zwar war ihnen gemeinsam das deskriptive Verfahren mit analytischer Nutzung der gewonnenen Befunde, doch mußte die Differenz ihrer Einstellungen ›zu den Sachen‹ tief genug gehen, um in der Nachwirkung die wirkliche oder vermeintliche Beeinflussung durch den einen zum Rechtstitel der Polemik unter Berufung auf den anderen zu machen: der ›Begründer‹ gegen die ›Beschreiber‹ oder gar – am verwerflichsten – ›Erzähler‹. Da spielen dann die professionsüblichen und wohl nie ganz zufälligen Verwechslungen

hinein: So kann ein Programm der *Begründung* mittels *Beschreibung* von *Anschauung* durch Akzentuierung des deskriptiven Mediums als Beihilfeleistung zur Verfestigung des Entfestigenswerten verklagt werden, oder es kann die das historische Material nur zur ›Illumination‹ von Einsichten verwendende und daher anekdotenreich erscheinende Flüssigkeit der Darbietung der Sache ›Geld‹ als narrative Leichtfertigkeit gegenüber dem ›blutigen Ernst‹ des *Mittels zu allem* diffamiert werden. Diese säkularen Nachspiele fallen weder für noch gegen die eine oder andere Seite ins Gewicht. Nur zu oft gilt auch im Theoretischen: Man nimmt, was man findet, um damit zu werfen.

Immerhin ist aufschlußreich, daß Simmels weiterer Weg von der Thematik des Geldes zu der des ›Lebens‹ führte und der Husserls zur Thematisierung der *Lebenswelt* und der *Urquellen* aller Sachen im *Urleben*, das aufs Haar dem *Urerlebnis* glich, mit dem nur wenige Jahre zuvor, mitten im Ersten Weltkrieg, Friedrich Gundolf dem Phänomen *Goethe* nahezukommen gesucht hatte. Dilthey, der nie so spektakuläre Erfolge mit einprägsamen Ausdrücken hatte wie seine Nachfolger, stand mit der Analytik der *Erlebnisse* anstiftend und darin nie zureichend gewürdigt im Hintergrund. Schließlich hatte schon Simmel, aus eigener theoretischer Verlegenheit heraus, wie man sie bis zur Jahrhundertwende mit Gequältheit eingestanden hatte, im Grunde die *Erlebnisse* beschrieben, die mit dem Geld und durch das Geld möglich – und die, die ebendadurch unmöglich geworden waren. In dieser zweiten Hinsicht – der auf die Blockierung des Bewußtseins für bestimmte seiner Möglichkeiten – war Simmels Beschreibungskunst der aller anderen voraus. Ausgenommen Sigmund Freud, der nun mit der »Traumdeutung« den *Jahrhundertwendern* hinzugesellt werden muß, weil dieses erste Hauptwerk trotz des raunenden Elements ›Deutung‹ im beherrschenden Doppelbegriff vor allem eine deskriptive Mei-

sterleistung ist, und das ohne Rücksicht auf die Tragfähigkeit und ›Praxis‹ der analytischen Befunde. Das gilt im übrigen auch für die beiden zuvor eingeführten Inauguratoren des Jahrhundertgeistes: Ihre deskriptiven Errungenschaften haben Bestand ganz unabhängig von den systematischen Folgerungen, die daraus entwickelt wurden. Für das Programm »Zu den Sachen!« bedeutet dies nicht nur, daß man sie für eine andere Systematik ›umwidmen‹ kann wie einen Haushaltstitel, sondern mehr: sie sogar ohne Rücksicht auf erkenntnis- oder werttheoretische Optionen auf die schlichtere Funktion zurückzubringen vermag, etwas *sehen zu lassen*, was sonst nicht gesehen wurde oder würde, also *mehr* zu sehen, als Alltag *und* Wissenschaft uns sehen machen.
Das mochte dem systemwilligen und dadurch zur Transzendentaloption der ›Erkenntnistheorie‹ verurteilten Husserl zu wenig gewesen sein, um ihm fiktiv seine Einwilligung zu unterstellen, und es wäre Simmel zu wenig an Zuschreibung an die Lebendigkeit des *Lebens* gewesen, erst recht Freud ein Minus im Vergleich zur zweiten und dualistischen Schematik des ›psychischen Apparats‹ mit Lust und Tod als Antagonisten, das ›Leben‹ in der Unentschiedenheit ihrer Ansprüche, im nie eingelösten Umgang mit dem Wortversprechen der ›Metapsychologie‹ (wieviele Metastasen von ›Meta-‹ sind dem gefolgt!). Die kleine Kasuistik der Jahrhundertwender zeigt, daß man den Ertrag von Theorien nicht selbstverständlich gleichsetzen darf mit ihren Selbstanwendungen, Selbstdeutungen und (vielleicht, zumeist wahrscheinlich) Selbstmißverständnissen. So etwa ›folgt‹ der Transzendentalidealismus weniger aus Husserls deskriptiven Vorleistungen bis zur ›Wende‹, die erst 1913 den Schulgründer zum ersten *diasporeus* der ›Schüler‹ macht; vielmehr läßt sich der ›Idealismus‹ mühelos als methodische Erleichterung des Zugangs *zu den Sachen* ansehen, als einen heuristischen Kunstgriff ihrer genetischen Präparation, den nach gehörigem Zuge-

winn der Gleichgültigkeit – nicht einmal der kaum möglichen Durchstreichung – zu überlassen, mir als eine der zentralen Bedingungen für den Umgang mit der Phänomenologie erscheint. *Bewiesen* freilich wäre dann nichts: Wer *zu den Sachen* gekehrt ›hinsieht‹, wird den Zugewinn an Sichtbarkeit aus dieser eigenen Einstellung ›wahrhaben‹ können und wollen – oder er wird sagen, er sehe das nicht bzw. anders und dann sagen können müssen, was denn er sieht. Auch darin würde er gewonnen haben. Die Betrübnis derer, denen er Zustimmung und Mitsicht verweigert, hält sich in Grenzen, weil dieses Verfahren ohnehin ein sich selbst neue Evidenz stetig vorbehaltendes ist. *Mehr* zu sehen heißt nie *Alles*; aber es bedeutet auch nicht die ständige Revision durch jedes *Mehr*. Denkbar bleibt Einstimmigkeit als Dauerform.

Theoretische Bescheidenheit hat sich noch nie ausgezahlt. Keiner der bisher Genannten hat sie geübt, und den Epigonen scheint es am schwersten zu werden, den anspruchsvollen Gestus der Urheber nicht mitzumachen – und Mitmachen heißt dann unvermeidlich: Überbieten. Davon ist auch Simmel, allem Anschein entgegen, nicht verschont geblieben; nur hat man es gar nicht bemerkt, aus dem einfachen Grunde, daß er kein Stichwortgeber war und die von ihm Induzierten die Stigmata der Induktion nicht wahrnehmen lassen. Dabei läßt sich zeigen, daß auch größere programmatische Zurückhaltung von der Nachwelt nicht honoriert wird. Wittgenstein, den man den Jahrhundertgründern nicht mehr zurechnen kann trotz seiner Wirkung auf das Jahrhundert, war asketisch im systematischen Akt – er konnte es auch leichter sein, weil er nicht mehr unter dem Bekenntnisdruck der noch offenen ›Erkenntnistheorie‹ stand wie Husserl –, widerstand auch den Bedrängnissen derer, die es *endlich ganz genau wissen wollten* (wie immer von Philosophen erwartet und dann auch mit gordischen Knotenschlägen befriedigt wird).

Und doch ist Wittgenstein der vermeintliche ›Gehorsam‹ nicht erspart geblieben, den er zwar verachtete, aber auch begünstigte durch die ›Aura‹ seines Evidenzbesitzes, der ihn Widerspruch so wenig ertragen, weil nicht begreifen ließ. Auch er wollte *sehen lassen*, was er sah – wie konnte man es *nicht zu sehen* behaupten, sofern man nicht *anderes* zu sehen beschreibend zu vertreten vermochte? Hermann Lübbe hat Wittgensteins Nähe zur Phänomenologie zuerst angemahnt, aber die Verschiedenheit der ›Dogmatiken‹ hat nicht genügend ermutigt, dieser Anweisung nachzugehen. Denn was hatten die ›Sprachspiele‹ in ihrer kulturellen Kontingenz hier mit den ›Wesensanschauungen‹ dort zu tun? Doch wohl auch, daß gerade die Kontingenz der Sprachwelten an die Stelle jener *freien Variation* treten konnte, mit der phänomenologisch der Wesenskern des Anschaulichen herauszupräparieren sein sollte; und das mit dem Resultat, daß zwar die ›Sprachspiele‹ auch innerhalb derselben Sprachkulturwelt differieren und partiell kongruieren konnten (und wohl im Sinne der ›Verwandtschaften‹ auch mußten), aber in ihrer *Funktion* die ›Identität‹ besaßen und besitzen mußten, die sie zum Rang des Wesentlich-Anschaulichen erhob. Im methodischen Schulprogramm muß da gar nichts Gleichlautendes stehen. Wahrscheinlich war sogar Wittgenstein dem Programmatiker der Unbefangenheit des Sehens in beiläufigen Formeln fürs Gesollte überlegen – er hat sich in seiner lebensformgemäßen Freizügigkeit mehr ›gestattet‹. Husserl hätte wohl gezögert, dem Postulat zuzustimmen: *Auf das Sehen kommt es an und nicht auf das Beweisen*,[131] weil er gern das letztere dem ersteren substituiert hätte. Auch aus dem Grund, weil er mehr unter der kontinentalen Pression stand, wozu eine einheitliche ›Wissenschaftsidee‹ und erst

131 Wittgenstein, Philosophische Bemerkungen, Schriften II. Frankfurt a. M. 1964, 336.

recht ›Wissenschaftsmoral‹ verpflichtete. Jeden Falls: einen *Beweis* nicht schuldig zu bleiben. Und was ein Beweis ist, wußte man eben zu genau und wagte nicht, sich wie Wittgenstein darum nicht zu kümmern.

Zur Sache zu kommen, endlich und endgültig, ist der Funktion nach ein Zwischenruf, in eine Suada hinein, gegen die Verselbständigung des Mediums, Kampfruf gegen die Rhetorik und ihre Hilfsmittel. Als Ordnungsruf hat das Programm, das doch nicht die Phrase eines einzelnen war, die präzise Stelle im Pathos der Jahrhundertwende, deren der Kalenderkontingenz ein höheres Recht verleihender intellektueller Ansatz zur Nutzung der ›Gelegenheit‹ *auch* Gegenrhetorik als Rhetorik war: Bekehrung zu einem noch unbekannten Heil. Wie es Ordnungsrufe an sich haben, brechen sie etwas ab, ohne zugleich etwas anbrechen zu lassen. Die Antithese *Res non verba* ist eine der ältesten, der mit den Zeitversetzungen die ›Bedeutungen‹ erst zugeführt oder auch nur suggeriert werden. Was waren jeweils die Sachen, denen sich zuzuwenden von den ›bloßen Worten‹ man sich abzuwenden hatte? Jedenfalls niemals dieselben, doch immer Annäherungen an ein Heil, eine Epiphanie, eine Gewißheit, einen Halt, eine Klarheit. Als Husserl seinen Ordnungsruf ausstieß, war vor allem klar, daß die ›Sachen‹ nicht die ›Ursachen‹ waren, von denen in der Sprache der Wissenschaften als dem Erkenntniswürdigen und Wirkungssichernden gesprochen wurde: im Naturalismus, im Psychologismus, im Historismus, im Evolutionismus. Es war ein Zwiebelschälungsvorgang, bei dem nach und nach alles abfiel und ›reduziert‹ wurde, was *noch nicht die Sache selbst* sein konnte. Sie war nicht ›das Ding‹ und nicht ›der Sachverhalt‹, an denen sich nur die *Intentionalität* des Subjekts ihre Leitfäden des Zugangs zur *Sache selbst* abgewann. Die Sache selbst war und blieb ein Sich-entziehendes, ein Phantom, je reiner sich die Einstellung zu ihr von allen faktischen Voraussetzungen machte: Reinheit hier und Reinheit dort, beim Subjekt *und* beim Objekt schienen sich gegenseitig herzustellen, bis es zur Formel vom *Residuum der Weltvernichtung* kam, als ob dies der Inbegriff jener ›Sachen‹ gewesen wäre, zu denen zu kommen der Schulschwur sein sollte: Konspiration gegen die Impertinenz des Vordergründigen. Nur, was war dieses nicht, wenn die Welt selber es war, eben mit *allem, was der Fall ist,* obgleich es so noch nicht gesagt war? Insofern ist die phänomenologische *Reduktion* in allen ihren Metamorphosen das Instrument der Abwehr gegen einen offenbar stetig unterschätzten Vordergrund des ›Unwesentlichen‹.

Das *Residuum der Weltvernichtung* lag nicht irgendwo in der Ferne des Raumes wie ein erloschener Stern; es war im Gegenteil nichts anderes als ›das Nächstliegende‹. Man muß diese Auskunft nicht transzendentalphilosophisch lesen, wie Husserl es kurzent- und -geschlossen tat. Das Nächstliegende ist ›die Sache‹ deshalb, weil der Blick immer von ihr und über sie hinweg abgelenkt wird durch etwas, was man etwas abenteuerlich ›die Lockung der Ferne‹ nennen könnte. Ihr ist auch die Philosophie nie entzogen. Die Schwierigkeit der ›Reduktion‹ trägt zum Vorurteil bei, es müsse am Ende ums ganz Entlegene gehen: den imaginären Polpunkt einer mühseligen Expedition durch ›Nacht und Eis‹. Daß die ›Sachen‹ die Qualität von Phantomen annehmen, hängt mit der vorgeprägten Erwartung zusammen, die auf sie hin besteht, mit der präsumtiven – und unvermeidlich präsumtiven, weil intentionalen – Natur des Bewußtseins selber. Es *ist* prätentiös, hat etwas von dem angenommen oder auf sich genommen, was in Kants Dialektik der reinen Vernunft als deren Selbstverwicklung in die eigenen unaufgebbaren Ansprüche entdeckt worden war. Wir wissen eben schon zu viel, wie die ›Sache‹ sein muß, um eine ›Sache‹ sein zu können, wie wir wissen zu können meinen, was Geld ist, indem wir in die Tasche greifen oder nach dem Scheckbuch oder nach der Kreditkarte. Da ist man, schlichtweg gesagt, immer schon *zu weit weg*. Husserl hat Freuds Liebhabermetapher von der Archäologie weder gekannt noch selbst erzeugt; die schuttabräumende Freilegung von Verborgenem wäre ihm wohl deshalb nicht passungsgenau erschienen, weil das Moment des *Unvertrauten* als Konnotation nicht zu beheben war. Die Philosophie vom neuen Typus sollte *Wissenschaft von den Trivialitäten* sein, doch gerade deswegen nicht deren Inventar oder deren Museum. Nur im Rückblick auf die schon getane Arbeit – aus dem Programm einer *unendlichen* – konnte das Erstaunen entstehen, das hier nicht Anfang, sondern Resultat der Philosophie geworden wäre, daß es um nichts anderes zu tun gewesen war als um das, worauf man *beinahe selber gekommen wäre*, sogar mit der Tönung der Schuldigkeit: *hätte kommen müssen*.

Die Philosophie – sich vollendend im Selbstbewußtsein des Phänomenologen, sie ihrer Urintention nach verstanden zu haben – hat es mit dem zu tun, was sich von selbst versteht. Die Moral kann sie daher auf sich beruhen lassen, weil es von der ›bekannt‹, sie sei, was sich von selbst verstehe. Aber ›die Sachen‹ stehen unter der Suggestion, sie zu verstehen sei alles andere als das Selbstverständliche. Nur im nachkommenden Bewußtsein, es sei in der Phänomenologie doch immer nur herausgekommen, worauf man beinahe von selbst gekommen wäre – und das heißt: im nächsten Schritt schon –, entdeckt die Reflexion die Qualität der Selbstverständlichkeit, die *nur noch* der beschreibenden Einholung bedurfte und bedarf, um als ›Theorie‹ – als Logos von Phänomenen – dazusein. *Zu den Sachen!*, das appelliert an nichts anderes als an jenes Einholen des immer Gegebenen, als ob es ein ›Nachholen‹ wäre: Worauf man beinahe von selbst gekommen wäre, das sind ›die Sachen‹. Aber auch nur dieses. Und in dieser Einschränkung liegt die ganze so schwer faßliche, weil im Überfluß der deskriptiven Protokolle des Meisters untergegangene, verkennbare, scheinbar widerlegte Schwierigkeit der phänomenologischen Arbeit, die, folgt man den Klagen ihres Vorarbeiters, nicht nur unendliche Ausdauer, sondern auch die Katharsis des Asketen verlangt, soll der ›Weltstoff‹ nicht das Destillat verunreinigen. *Asepsis* der Sachen ist die Sorge ihres Deskribenten. Keine Operation – und die Trennung von Wesen und Faktum ist eine – ohne Aseptik, die im Fall der Phänomenologie *Reduktion* heißt. Daß sie ein ›reines‹ Endprodukt, das ›Residuum der Weltvernichtung‹ als die transzendentale Subjektivität cartesianisierender Deszendenz zutage brächte, ist eine die Resultate der positivistischen Destruktion des *Ich* verkennende oder verleugnende Präsumtion – am Ende doch so etwas wie ein *Epochē*-Verzicht. Daß die erkenntnistheoretische Entscheidungsschlacht auf dem Boden der Phänomenologie nicht geschlagen werden konnte – weil sie überflüssig zu machen gerade die Intention des vollendenden Philosophen gewesen war, wenn er sich denn selber in seinen Selbstverständlichkeiten beigekommen wäre –, macht den Idealismus der »Ideen« Husserls von 1913 nur als methodischen Kunstgriff zulässig – wie alles andere im Dienst des *Mehr-sehens*, nicht des *Mehr-als-sehens*.

Wieder war es Wittgenstein, der 1939/40 für »Bemerkungen über die Grundlagen der Mathematik« notierte: *Die philosophische Unbefriedigung verschwindet dadurch, daß wir mehr sehen.*[132]

132 Wittgenstein, Schriften VI. Frankfurt a. M. 1974, 218.

Editorische Notiz

Bereits mehr als ein Jahrzehnt vor seinem Tod hatte Hans Blumenberg (1920-1996) mit dem Suhrkamp Verlag die Veröffentlichung eines Buches »Zu den Sachen und zurück« vereinbart. Dazu kam es nicht, doch ein Schuber gleichen Titels findet sich im Nachlaß des Philosophen. Die darin enthaltenen maschinenschriftlichen Manuskripte sind zu verschiedenen Zeiten entstanden und unterscheiden sich erheblich im Ausmaß der an ihnen ersichtlichen Korrekturen und Ergänzungen.

Die vorliegende Ausgabe bringt diese Manuskripte in der vorgefundenen Reihenfolge – mit der kleinen Abweichung, daß die unter I, II und III am Anfang gedruckten Texte im Nachlaß-Schuber am Ende stehen. Vor dem Manuskript I finden sich dort eine Kopie des bereits Mitte der achtziger Jahre vom Verlag entworfenen Schutzumschlags, ein Blatt »Inhalt«, das freilich dann nur den Text II nennt, und ein weiteres Blatt mit dem Motto des Buches (oben Seite 7). Die darin begründete Vermutung, daß der Autor *hier* den Anfang seines Buches gesehen haben könnte, führte zu der ›Bevorzugung‹ der drei folgenden Manuskripte.

Die Numerierung der Texte mit römischen Ziffern stammt vom Herausgeber. Bei zwei Manuskripten ohne Titel – unter I und XXV gedruckt, vielleicht als ›Einleitung‹ und ›Schluß‹ gedacht – wurden die Anfangsworte als Titel benutzt. Der unter XI gedruckte Text sieht im Schuber so aus: Einem einzelnen Blatt mit der Aufschrift »Auffallen und Aufmerken« folgen zwei Texte, die beide die Überschrift »Aufmerksamkeit« tragen; sie sind hier – durch * getrennt – unter dem erstgenannten Titel zusammengefaßt. Zitatnachweise erfolgen dort wo, so wie und nach den Editionen, aus denen der Autor selbst sie gibt.

Nicht vermutliche, sondern lediglich offensichtliche Fehler wurden stillschweigend korrigiert. Belassen wurden insbesondere Eigenwilligkeiten im Wortgebrauch – etwa »Objektität« (162) oder »rektal« (331) –, Inkonsistenzen der Zeichensetzung sowie Varianten der Schreibweise: z. B. »präsumtiv« neben »präsumptiv« (42, 55, 60 u. ö.). – Den Lesern komplizierte Wendungen und lange Wege nicht zu ersparen, hat der Autor immer als seine Art betrachtet, ihnen Respekt zu bekunden. Deshalb hat es der Herausgeber auch dort unterlassen, vermeintlich hilfreich gliedernd einzugreifen, wo ihm selbst gelegentlich die Grenze des syntaktisch Durchdringbaren oder extensional Überschaubaren erreicht zu sein schien.

M. S.

Namenregister

Hans Blumenberg
im Suhrkamp und im Insel Verlag

Ästhetische und metaphorologische Schriften. Herausgegeben von Anselm Haverkamp. stw 1513. 462 Seiten

Arbeit am Mythos. stw 1805. 699 Seiten

Begriffe in Geschichten. BS 1303. 260 Seiten

Beschreibung des Menschen. 918 Seiten. Gebunden

Die Genesis der kopernikanischen Welt. stw 352. 802 Seiten

Goethe zum Beispiel. Herausgegeben vom Hans-Blumenberg-Archiv unter Mitwirkung von Manfred Sommer. 248 Seiten. Gebunden

Höhlenausgänge. Gebunden und stw 1300. 827 Seiten

Das Lachen der Thrakerin. Eine Urgeschichte der Theorie. stw 652. 162 Seiten

Lebenszeit und Weltzeit. stw 1514. 378 Seiten

Die Legitimität der Neuzeit. Erneuerte Ausgabe. stw 1268. 707 Seiten

Die Lesbarkeit der Welt. stw 592. 415 Seiten

Matthäuspassion. BS 998. 307 Seiten

Paradigmen zu einer Metaphorologie. stw 1301. 199 Seiten

NF 129/1/11.06

Schiffbruch mit Zuschauer. Paradigma einer Daseinsmetapher. BS 1263. 106 Seiten

Die Sorge geht über den Fluß. BS 965. 222 Seiten

Die Verführbarkeit des Philosophen.
210 Seiten. Gebunden. stw 1755. 208 Seiten

Die Vollzähligkeit der Sterne. 557 Seiten. Gebunden

Zu den Sachen und zurück. Aus dem Nachlaß herausgegeben von Manfred Sommer. 360 Seiten. Gebunden

Über Hans Blumenberg

Die Kunst des Überlebens. Nachdenken über Hans Blumenberg. Herausgegeben von Franz Josef Wetz und Hermann Timm. stw 1422. 476 Seiten

NF 129/2/11.06

Einzelausgaben

Letzte Schriften über die Philosophie der Psychologie. Das Innere und das Äußere 1949-1951. Herausgegeben von Georg Henrik von Wright und Heikki Nyman. 131 Seiten. Gebunden

Logisch-philosophische Abhandlung. Tractatus logico-philosophicus. Kritische Edition. Herausgegeben von Brian McGuinness und Joachim Schulte. Gebunden und stw 1359. 310 Seiten

Philosophische Untersuchungen: Kritisch-genetische Edition. Herausgegeben von Joachim Schulte in Zusammenarbeit mit Heikki Nyman, Eike von Savigny und Georg Henrik von Wright. 1164 Seiten. Gebunden

Philosophische Untersuchungen. Auf der Grundlage der kritisch-genetischen Edition neu herausgegeben von Joachim Schulte. Mit einem Nachwort des Herausgebers. BS 1372. 312 Seiten

Tractatus logico-philosophicus. Logisch-philosophische Abhandlung. es 12. 116 Seiten

Tractatus logico-philosophicus. Logisch-philosophische Abhandlung. BS 1322. Textkritisch revidiert und mit einem Nachwort von Joachim Schulte. 152 Seiten

Über Gewißheit. Herausgegeben von G. E. M. Anscombe und G. H. von Wright. Neu durchgesehen mit Rush Rhees. BS 250. 192 Seiten

NF 151/2/3.06

Vermischte Bemerkungen. Eine Auswahl aus dem Nachlaß. Herausgegeben von Georg Henrik von Wright unter Mitarbeit von Heikki Nyman. Neubearbeitung durch Alois Pichler. 205 Seiten. Gebunden

Vorlesungen 1930-1935. Cambridge 1930-1932. Aus den Aufzeichnungen von John King und Desmond Lee. Herausgegeben von Desmond Lee. Cambridge 1932-1935. Aus den Aufzeichnungen von Alice Ambrose und Margaret Macdonald. Herausgegeben von Alice Ambrose. Übersetzt von Joachim Schulte.
Gebunden und stw 865. 452 Seiten

Vortrag über Ethik. Und andere kleine Schriften. Herausgegeben und übersetzt von Joachim Schulte.
stw 770. 142 Seiten

Wittgensteins Vorlesungen über die Grundlagen der Mathematik, Cambridge, 1939. Nach den Aufzeichnungen von R. G. Bosanquet, Norman Malcom, Rush Rhees und Yorick Smythies. Übersetzt von Joachim Schulte.
Gebunden. 363 Seiten

Über Ludwig Wittgenstein

John Gibson/Wolfgang Huemer (Hg.). Wittgenstein und die Literatur. stw 1782. 450 Seiten

P. M. S. Hacker. Wittgenstein im Kontext der analytischen Philosophie. Übersetzt von Joachim Schulte.
634 Seiten. Gebunden

NF 151/3/3.06

Merrill B. Hintikka/Jaakko Hintikka. Untersuchungen zu Wittgenstein. Übersetzt von Joachim Schulte. stw 1224. 419 Seiten

Wolfgang Kienzler
- Wittgensteins Wende zu seiner Spätphilosophie 1930 bis 1932. Eine historische und systematische Darstellung. 339 Seiten. Pappband

Der Konflikt der Lebensformen in Wittgensteins Philosophie der Sprache. Herausgegeben von Wilhelm Lütterfelds und Andreas Roser. stw 1382. 253 Seiten

Saul A. Kripke. Wittgenstein über Regeln und Privatsprache. Eine elementare Darstellung. Übersetzt von Helmut Pape. stw 1783. 180 Seiten

Brian McGuinness. Wittgensteins frühe Jahre. Übersetzt von Joachim Schulte. Gebunden und stw 1014. 492 Seiten

Eike von Savigny/Oliver Scholz (Hg.). Wittgenstein über die Seele. stw 1173. 304 Seiten

Joachim Schulte
- Chor und Gesetz. Wittgenstein im Kontext. stw 899. 166 Seiten
- Ludwig Wittgenstein. sb 9. 160 Seiten

Joachim Schulte (Hg.). Texte zum Tractatus. Aufsätze von Hidé Ishiguro, Anthony Kenny, Norman Malcolm, Brian McGuinness, David Pears, Frank Ramsey, Peter Simons. Herausgegeben und übersetzt von Joachim Schulte. stw 771. 194 Seiten

Georg Henrik von Wright. Wittgenstein. Übersetzt von Joachim Schulte. 226 Seiten. Gebunden

NF 151/4/3.06

Karl Heinz Bohrer
- Plötzlichkeit. Zum Augenblick des ästhetischen Scheins. es 1058. 261 Seiten

Pierre Bourdieu. Die Regeln der Kunst. Genese und Struktur des literarischen Feldes. Übersetzt von Bernd Schwibs und Achim Russer. stw 1539. 552 Seiten

Peter Bürger. Theorie der Avantgarde. es 727. 147 Seiten

Arthur C. Danto. Die Verklärung des Gewöhnlichen Eine Philosophie der Kunst. Übersetzt von Max Looser. stw 957. 321 Seiten

Jacques Derrida.
- Grammatologie. Übersetzt von Hans-Jörg Rheinberger und Hanns Zischler. stw 417. 541 Seiten
- Die Schrift und die Differenz. Übersetzt von Rodolphe Gasché. stw 177. 451 Seiten

Jacques Derrida/Hans-Georg Gadamer. Der ununterbrochene Dialog. es 2357. 112 Seiten

John Dewey. Kunst als Erfahrung. Übersetzt von Christa Velten, Gerhard vom Hofe und Dieter Sulzer. stw 703. 411 Seiten

Michel Foucault. Schriften zur Literatur. Herausgegeben von Daniel Defert und François Ewald unter Mitarbeit von Jacques Lagrange. Übersetzt von Michael Bischoff, Hans-Dieter Gondek und Hermann Kocyba. Auswahl und Nachwort von Martin Stingelin. stw 1675. 402 Seiten

Peter Gendolla/Thomas Kamphusmann (Hg.). Die Künste des Zufalls. stw 1432. 302 Seiten

NF 104/2/4.06

Michael Giesecke

- Der Buchdruck in der frühen Neuzeit. 944 Seiten. Kartoniert
- Von den Mythen der Buchkultur zu den Visionen der Informationsgesellschaft. Trendforschungen zur kulturellen Medienökologie. stw 1543. 458 Seiten
- Sinnenwandel, Sprachwandel, Kulturwandel. Studien zur Vorgeschichte der Informationsgesellschaft. stw 997. 374 Seiten

Ernst H. Gombrich/Julian Hochberg/Max Black. Kunst, Wahrnehmung, Wirklichkeit. Übersetzt von Max Looser. es 860. 156 Seiten

Nelson Goodmann. Sprachen der Kunst. Entwurf einer Symboltheorie Übersetzt von Bernd Philippi. stw 1304. 254 Seiten

Jack Goody (Hg.). Literalität in traditionellen Gesellschaften. Übersetzt von Friedhelm Herborth und Thomas Lindquist. 502 Seiten. Leinen

Hans Ulrich Gumbrecht

- Diesseits der Hermeneutik. Über die Produktion von Präsenz. es 2364. 190 Seiten
- Die Macht der Philologie. Über einen verborgenen Impuls im wissenschaftlichen Umgang mit Texten. 140 Seiten. Kartoniert
- 1926. Ein Jahr am Rand der Zeit. 540 Seiten. Gebunden. stw 1655. 544 Seiten

Anselm Haverkamp. Figura cryptica. Theorie der literarischen Latenz. stw 1574. 272 Seiten

NF 104/3/4.06

Jochen Hörisch.
- Brot und Wein. Die Poesie des Abendmahls. es 1692. 297 Seiten
- Kopf oder Zahl. Die Poesie des Geldes. es 1998. 370 Seiten

Wolfgang Iser. Das Fiktive und das Imaginäre. Perspektiven literarischer Anthropologie. stw 1101. 522 Seiten

Vladimir Jankélévitch. Das Verzeihen. Essays zur Moral und Kulturphilosophie. Herausgegeben von Ralf Konersmann. Übersetzt von Claudia Brede-Konersmann. Mit einem Vorwort von Jürg Altwegg. Gebunden und stw 1731. 292 Seiten

Hans Robert Jauß
- Ästhetische Erfahrung und literarische Hermeneutik. 877 Seiten. Leinen
- Zeit und Erinnerung in Marcel Prousts »A la recherche du temps perdu«. Ein Beitrag zur Theorie des Romans. stw 587. 366 Seiten

Renate Lachmann. Erzählte Phantastik. Zu Phantasiegeschichte und Semantik phantastischer Texte. stw 1578. 502 Seiten

Wolf Lepenies. Melancholie und Gesellschaft. Mit einer neuen Einleitung: Das Ende der Utopie und die Wiederkehr der Melancholie. stw 967. 337 Seiten

Niklas Luhmann. Die Kunst der Gesellschaft. stw 1303. 517 Seiten

Paul de Man. Allegorien des Lesens. Übersetzt von Werner Hamacher und Peter Krumme. es 1357. 233 Seiten

NF 104/4/4.06

Christoph Menke.
- Die Souveränität der Kunst. Ästhetische Erfahrung nach Adorno und Derrida. stw 958. 311 Seiten
- Die Gegenwart der Tragödie. stw 1649. 300 Seiten

Winfried Menninghaus
- Walter Benjamins Theorie der Sprachmagie. stw 1168. 282 Seiten
- Paul Celan. Magie der Form. es 1026. 291 Seiten
- Ekel. Theorie und Geschichte einer starken Empfindung. stw 1634. 592 Seiten
- Lob des Unsinns. Über Kant, Tieck und das Märchen vom Blaubart. 272 Seiten. Gebunden
- Das Versprechen der Schönheit. 386 Seiten. Gebunden

K. Ludwig Pfeiffer. Das Mediale und das Imaginäre. Dimensionen kulturanthropologischer Medientheorie. 624 Seiten. Gebunden

Siegfried J. Schmidt. Die Selbstorganisation des Sozialsystems. Literatur im 18. Jahrhundert. 489 Seiten. Gebunden

Peter Szondi
- Schriften II. Essays: Satz und Gegensatz. Lektüren und Lektionen. Celan-Studien. Anhang. Frühe Aufsätze. Leinen und stw 220. 458 Seiten
- Studienausgabe der Vorlesungen in fünf Bänden. stw 15/stw 40/stw 72/stw 90/stw 124. 2158 Seiten. Die Bände sind auch einzeln lieferbar.
- Band 1: Die Theorie des bürgerlichen Trauerspiels im 18. Jahrhundert. Der Kaufmann, der Hausvater und der Hofmeister. stw 15. 280 Seiten
- Band 2: Poetik und Geschichtsphilosophie I. Antike und Moderne in der Ästhetik der Goethezeit. stw 40. 537 Seiten

NF 104/5/4.06

- Band 3: Poetik und Geschichtsphilosophie II. Von der normativen zur spekulativen Gattungspoetik. Schellings Gattungspoetik. Herausgegeben von Wolfgang Fietkau. stw 72. 354 Seiten
- Band 4: Das lyrische Drama des Fin de siècle. Herausgegeben von Henriette Beese. stw 90. 532 Seiten
- Band 5: Einführung in die literarische Hermeneutik. Herausgegeben von Jean Bollack und Helen Stierlin. stw 124. 455 Seiten

Einzelausgaben:
- Briefe. Herausgegeben von Christoph König und Thomas Sparr. 381 Seiten. Gebunden
- Lektüren und Lektionen. Versuche über Literatur, Literaturtheorie und Literatursoziologie. 202 Seiten. Kartoniert
- Theorie des modernen Dramas. es 27. 169 Seiten

Robert Weimann (Hg.). Ränder der Moderne. Repräsentation und Alterität im (post)kolonialen Diskurs. stw 1311. 356 Seiten

NF 104/6/4.06